三酷猫学编程丛书

Java

从入门到项目开发实战

（视频教学版）

刘瑜 车紫辉 姜斌 阚伟 李爱华◎著

U0233364

北京理工大学出版社
BEIJING INSTITUTE OF TECHNOLOGY PRESS

图书在版编目（CIP）数据

Java 从入门到项目开发实战：视频教学版 / 刘瑜等
著. -- 北京 ：北京理工大学出版社, 2023.5
（三酷猫学编程丛书）
ISBN 978-7-5763-2334-4

Ⅰ. ①J… Ⅱ. ①刘… Ⅲ. ①JAVA 语言—程序设计
Ⅳ. ①TP312.8

中国国家版本馆 CIP 数据核字(2023)第 077969 号

出版发行 / 北京理工大学出版社有限责任公司
社　　址 / 北京市海淀区中关村南大街5号
邮　　编 / 100081
电　　话 / （010）68914775（总编室）
　　　　　（010）82562903（教材售后服务热线）
　　　　　（010）68944723（其他图书服务热线）
网　　址 / http：//www.bitpress.com.cn
经　　销 / 全国各地新华书店
印　　刷 / 文畅阁印刷有限公司
开　　本 / 787毫米×1020毫米　1 / 16
印　　张 / 21.25　　　　　　　　　　　　　　　　责任编辑 / 江　立
字　　数 / 465千字　　　　　　　　　　　　　　　文案编辑 / 江　立
版　　次 / 2023年5月第1版　　2023年5月第1次印刷　责任校对 / 周瑞红
定　　价 / 89.80元　　　　　　　　　　　　　　　责任印制 / 施胜娟

Java 语言自问世以来一直深受软件开发人员的青睐。它是一门面向对象的开发语言，具有跨平台开发的特点，在各种编程语言中具有得天独厚的优势，是 IT 产业的主力编程语言之一。Java 语言广泛应用于各行各业，如 Web 开发、移动开发和人工智能等，是学生就业和企事业单位进行软件开发的主流编程语言。可以说，学习 Java 编程是每一个想要进入软件开发领域的人的必修课。

写作缘由

写作本书的起因是笔者的 Python 图书群里有很多读者希望看到一本像 Python 的"三酷猫"图书风格的 Java 图书："小白"们一边听着 *Three Cool Cats*（电影《九条命》的主题曲），一边与三酷猫一起学习 Java，一定是件快乐的事。

在筹划写作本书的过程中，笔者认识了保定学院的车紫辉和李爱华老师，以及软件公司的技术总监阚伟和研发经理姜斌。他们有的在高校里主讲 Java 语言，有的在软件公司里用 Java 语言开发大数据和电商平台等大型项目。大家经过充分的沟通，决定发挥各自的优势，编写一本具有鲜明特色的 Java 入门图书。

本书带领读者从零开始上手，逐步提升，最终达到可以开发小型项目的水平。本书兼顾易读性和实用性，理论结合典型示例，并进行项目开发实战，而且提供课后习题和实验题，可方便读者巩固和提高所学知识。

本书特色

1. 由浅入深，循序渐进

本书的内容编排经过深思熟虑，讲解由浅入深，循序渐进，学习梯度非常平滑，符合读者学习和认知的规律，可以帮助读者在较短的时间里理解和掌握 Java 编程的相关知识。

2. 体例丰富，风格活泼

本书采用文、图、表、脚注、注意、说明、提示、示例和案例等多种体例相结合的方式讲解，从多个角度帮助读者学习，从而更好地理解和吸收所学知识。另外，本书还引入"三酷猫"的角色，用三酷猫学 Java 的故事引导读者探究 Java 编程世界，生动而有趣，让学习不再乏味，从而增强读者学习的兴趣和动力。

3．示例丰富，案例典型

本书结合 128 个示例对 Java 语言的基础和进阶知识做了详细的讲解，帮助读者夯实基础。另外，本书充分体现笔者已经出版的"三酷猫"图书的实战特色，全书提供 17 个小型案例和 1 个综合项目案例，帮助读者提高实战水平。

4．给出多个"避坑"提醒小段落

本书在讲解的过程中穿插了 47 个诸如"注意""说明""提示"类的"避坑"提醒小段落，帮助读者绕开学习中的各种"陷阱"，让他们少走弯路，顺利学习。

5．视频教学，高效、直观

本书特意为每章的重点和难点内容配备了教学视频（共 388 分钟），以方便读者更加高效、直观地学习。读者结合这些教学视频进行学习，效果更好。

6．提供课后练习题和实验题

本书特意在第 1～17 章的最后安排了 170 道练习题和 20 道实验题，帮助读者巩固和提高所学知识，并方便老师在教学时使用。这些配套练习题和实验题的参考答案以电子书的形式提供。

7．提供教学课件

本书特意提供了完善的教学课件（PPT），既方便相关院校的老师教学，也可以帮助读者梳理知识点，从而取得更好的教学和学习效果。

本书内容

本书从入门读者的角度介绍 Java 基础知识，帮助他们快速上手，并从程序员的角度结合项目案例介绍 Java 项目开发的知识，帮助他们提升。本书共 20 章，分为以下 3 篇。

第1篇　基础知识

本篇包括第 1～12 章，主要从 Java 的工作原理、Java 语言的特点、Java 的下载与安装、IntelliJ IDEA 的安装与使用、Java 的基本语法、条件分支、循环、数组、类、对象、方法、面向对象编程、异常、集合、泛型、常用类库、I/O 处理、注解和反射等方面介绍 Java 编程的基础知识。通过学习本篇内容，读者可以熟练掌握 Java 的基本语法与面向对象编程的相关知识，为后续学习打下扎实的基础。

第2篇　进阶提高

本篇包括第 13～17 章，主要从 JVM、多线程编程、锁机制、数据库操作、Web 开发和后端开发等方面详细介绍 Java 编程的进阶知识。通过学习本篇内容，读者可以了解 Java 虚拟机的运行机制，并掌握 Java 开发的一些高级技术，以及 Web 开发基础知识和 Java 后端开发技术。

第3篇　电商项目实战

本篇包括第 18～20 章，主要从三酷猫电商生鲜系统项目的整体设计、后端功能实现和前端功能实现三个方面介绍实际商业项目开发的完整流程。通过阅读本篇内容，读者可以全面了解 Java 项目开发的基本流程，达到开发小型项目的水平。

读者对象

- Java 编程入门与进阶人员；
- Java 编程从业人员；
- Java 项目开发人员；
- 其他 Java 编程爱好者；
- 培训机构的 Java 学员；
- 大中专院校相关专业的师生。

配书资源

本书赠送的配套学习资料如下：
- 示例和案例源代码；
- 配套教学视频；
- 配套习题和实验题参考答案；
- 配套教学课件（PPT）。

读者可以通过本书学习交流和资料下载 QQ 群（群号：809482456）下载这些配套资源，也可以搜索并关注微信公众号"方大卓越"，然后回复"java 入门 ly"获取下载地址。

本书作者

刘瑜：高级信息系统项目管理师、软件工程硕士、CIO、硕士企业导师。有 20 余年的编程经验，熟悉 C、Java、Python 和 C#等多种编程语言。开发过 20 余套商业项目，承担了省部级（千万元级）项目 5 个，在国内外学术期刊上发表了 10 余篇论文。曾经主笔编写并出版了《战神——软件项目管理深度实战》《NoSQL 数据库入门与实践（基于 MongoDB、Redis）》《Python 编程从零基础到项目实战》《Python 编程从数据分析到机器学习实践》《算法之美——Python 语言实现（微课视频版）》《Python Django Web 从入门到项目开发实战》等技术图书。

车紫辉：软件工程硕士，保定学院副教授，中国计算机学会会员。具有多年的 C、Java 和 Python 等语言开发经验，主持完成教育部产学合作协同育人项目（软件工程专业校企协同育人课程体系改革）1 项，指导学生参加程序设计大赛并多次获得国家级和省级奖项。

姜斌：毕业于北京联合大学信息学院，有 10 年的 Java 开发经验，对多线程、高并发和 JVM 等技术均有深入研究。目前在某软件公司担任研发经理，从事医疗相关软件的设计和开发工作，主攻 B 端 EMR 的相关研发工作。

阚伟：毕业于哈尔滨工业大学，获硕士学位。有 10 年以上的软件开发经验，对 Java 和 Spring 等技术有深入的理解，擅长后端系统开发和大数据架构。曾经参与或主持开发过多个后端服务系统和大数据应用项目。

李爱华：毕业于华北电力大学，获硕士学位。保定学院讲师，中国计算机学会会员。精通 C、Java 和 Python 等编程语言，具有丰富的软件开发和教学经验。曾多次在教学比赛中获奖，主持完成河北省一流本科课程立项 1 项。

致谢

在本书的编写过程中，我们得到了大量读者的鼓励，也得到了家人和朋友们的大力支持，还得到了国内 IT 领域一些技术人员与高校老师的关心与支持，在此一并表示感谢。

售后服务

本书提供以下完善的售后服务方式：
- 学习交流和资料下载 QQ 群（群号：809482456）；
- 为各院校的老师定向提供技术咨询和帮助的 QQ 群（群号：651064565）；
- 问题反馈与资料下载微信公众号——方大卓越；
- 经验和知识传播微信公众号——三酷猫的 IT 书；
- 答疑电子邮箱（bookservice2008@163.com）。

虽然笔者与其他参编作者都对本书内容进行了多次核对，但由于水平所限，在编写的过程中恐有考虑不周之处，敬请广大读者批评与指正。

刘瑜

目录

第1篇 基础知识

第 2 篇　进阶提高

第 3 篇　电商项目实战

第1篇
基础知识

本篇是为从来没有接触过 Java 语言的读者准备的。读者须脚踏实地地学习本篇,掌握基础知识,为后续的进阶提高和项目实战学习打下基础。此外,Java 程序员也可以通过对本篇的学习回顾相关的知识。

本篇以 Java 基础语法和面向对象的基础知识为主,内容包括:

第 1 章　初识 Java

Java 语言在编程领域是公认的优秀编程语言。从 1996 年正式发布 1.0 版到现在，它一直都是程序员首选的编程语言，也是主流软件公司必选的一种开发语言。

本章是为零基础的 Java 编程读者准备的，主要内容如下：

- Java 的发展历史；
- Java 的原理；
- Java 的特点；
- 下载与安装；
- 注释与代码规范。

说明：第 1 章的所有示例代码统一存放在 StudyJava 项目的 com.skm.demo.chapter01 包里。

1.1　Java 的发展历史

20 世纪 90 年代初，美国 SUN 公司筹备策划一种新的编程语言，以实现在不同硬件环境下进行编程控制，如基于电视机机顶盒、面包烤箱、移动电话以及不同操作系统的个人计算机环境等编程。SUN 公司的员工帕特里克（Patrick）、詹姆斯·高斯林（James Gosling）等承担了该项任务，开发了 Java 的雏形产品（开始叫 Oak，后来改为 Java），并与互联网（Internet）技术进行了结合。

- 1996 年 1 月，SUN 公司正式发布了 Java 的第一个开发工具包（JDK 1.0[①]），被程序员们用来开发网站。
- 1997 年 2 月，相对实用的 JDK 1.1 正式发布，它在全世界范围内被程序员所追捧。
- 1998 年 12 月，企业版 Java 开发工具 J2EE（Java 2 Enterprise Edition）正式发布，标志着 Java 技术开始普及。
- 1999 年 4 月，支持 Java 可移植运行的 HotSpot 虚拟机（Java Virtual Machine，JVM）

---

① JDK（Java Development Kit，Java 开发包）包括 Java 语言运行环境（Java Runtime Environment，JRE）、相关核心开发工具及 Java API 文档。

正式发布，它后来成为 JDK 的标配虚拟机。JVM 主要用于把 Java 代码转换为中间的统一字节代码，在执行时再转换为不同的机器指令，供不同类型的硬件使用，实现"一处编程，处处使用"的可移植性设计目的。同年，SUN 公司推出了 Java 开发平台的 3 个版本：标准版（Java SE）、企业版（Java EE）和微型版（Java ME）。

📓说明：学过微机原理的读者都知道，不同类型的操作系统，计算机的 CPU 指令是不同的，相关的操作系统有 Linux、Windows、macOS 和 Solaris。

- 2006 年 11 月，SUN 公司正式宣布 Java 平台开源，全世界的所有程序员都可以免费下载并修改其源代码。
- 2009 年 4 月，甲骨文（Oracle）公司收购 SUN 公司，Java 作为其旗下的一款产品。
- 2018 年 9 月，甲骨文公司发布 Java SE 11。
- 2020 年 9 月，甲骨文公司发布 Java SE 15。

根据 TIOBE 和 RedMonk 等世界范围的编程语言排行榜可知，Java 语言一直占据排行榜的前 3 名。图 1.1 为 TIOBE 排行榜 2020 年 12 月的编程语言排行情况。

Dec 2020	Dec 2019	Change	Programming Language	Ratings	Change
1	2	∧	C	16.48%	+0.40%
2	1	∨	Java	12.53%	-4.72%
3	3		Python	12.21%	+1.90%
4	4		C++	6.91%	+0.71%
5	5		C#	4.20%	-0.60%

图 1.1　TIOBE 排行榜 2020 年 12 月编程语言排行情况

1.2　Java 的工作原理

Java 既是一种编程语言，也是一个平台。这是因为 Java 除了提供核心的 JDK 开发包外，还提供大量的应用 API 类库和集成开发环境（Integrated Development Environment，IDE）。

在使用 Java 语言进行代码开发之前，需要简单了解一下其工作原理，如图 1.2 所示。Java 的工作原理与实现过程如下：

1）编写 Java 代码。程序员利用代码开发工具（各种代码编辑器）编写 Java 代码文件，并将其保存为扩展名为.java 的文件。

2）编译成字节码。为了让 Java 程序在不同的操作系统环境中都可以执行，通过 Java 专用编译器把 Java 代码文件编译成字节码文件，其扩展名为.class。该字节码标准统一，初步接近机器码。

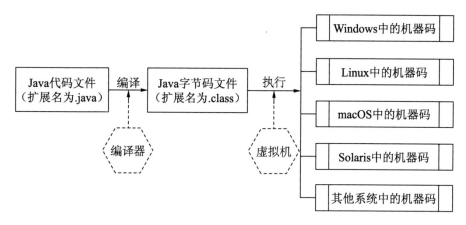

图 1.2 Java 的工作原理

3）执行字节码。在特定的操作系统中执行 Java 程序时，Java 自带的虚拟机快速把字节码解析成对应的机器码（二进制码），以便在特定环境中能够顺利执行。例如，在 Linux 操作系统中解析成 Linux 可以执行的机器码，在 Windows 操作系统中解析成 Windows 能识别的机器码。

1.3 Java 的特点

不同的编程语言各有特点。例如：C 和 C++语言擅长底层技术，是面向操作系统和硬件开发的利器；Python 语言简单易学，集成大量的第三方库，在数据分析和人工智能方面占有优势；Java 语言在设计时深入研究了 C++的弱点，如 C++对内存资源管理的问题和无法跨平台移植等，摒弃了 C++的很多缺点，保留了其优点，然后在其基础上进行了大幅度拓展。下面根据 Java 官网的介绍和笔者的实际使用体验，总结一下 Java 的主要特点。

1. 跨平台

Java 语言在设计之初就是为了解决在不同硬件平台下的可移植和可使用性，设计目标是"一处编程，处处使用"。这个目标 Java 实现得很好，Java 程序可以在 Windows、Linux、macOS 和 Solaris 等系统中顺利迁移，可在多处运行。这是 C++等编程语言所不具备的，也是 Java 风靡世界的原因之一。

2. 面向网络开发

Java 语言在研发过程中及时融入了对网络技术（支持网站开发、互联网通信和 App 开发等）的支持并获得巨大成功。到目前为止，主流网络系统开发和重量级开发所使用的工具一般就是 Java。Java 对网站、手机 App 等技术的全方位支持，使其成为就业市场最受欢迎的开发工具之一，也是程序员就业的一大利器。

3．技术的标准化

虚拟机技术使 Java 语言具备与其他语言混合编程的能力；开放的 API 为技术 Java 语言在不同的编程语言环境下进行数据共享等提供可操作性。

4．开源

Java 语言秉承免费和开源的思想，全世界范围内的优秀工程师都可以为它提供新的和优秀的功能代码，同时它也为全世界的程序员所用，知识共享促进了 Java 生态圈的形成。从传统的图形用户界面、Web 开发和数据库开发，到大数据、云平台、人工智能、物联网和 5G 等，都有 Java 技术提供的优秀产品。

5．其他

- 是一款面向对象的编程语言。
- 具有丰富的学习资料。
- 内容相对易学。

上述主要特点决定了 Java 在编程领域广受欢迎。

1.4　下载与安装

JDK 是 Java 语言的核心安装包，在任何编程环境中使用之前，都需要先下载并安装，然后才能正常使用。

1.4.1　下载 JDK

JDK SE 11 发布于 2018 年 9 月，属于稳定性高和兼容性强的一个版本。本书采用该版本作为代码编写的基础平台。

在 Oracle 官网上找到 Java SE 下载页面，如图 1.3 所示。在该页面上找到 Java SE 11(LTS)，在其右边找到 Oracle JDK，然后单击 JDK Download 链接，进入如图 1.4 所示的页面，根据自己的操作系统类型选择对应的安装包。例如，Windows 10 系统选择最下面的 jdk-11.0.10_windows-x64_bin.exe，单击链接就可以将其下载到本地计算机上。

说明：通过百度等搜索引擎搜索 Oracle Java SE 11 JDK，可以直接找到如图 1.3 所示的下载链接。

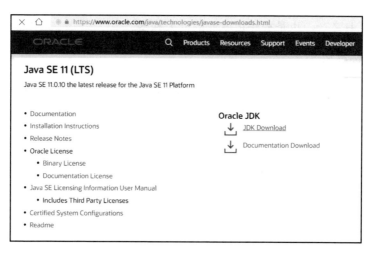

图 1.3　Java SE 11（Oracle JDK）安装包下载页面

Product / File Description	File Size	Download
Linux ARM 64 Debian Package	145.64 MB	jdk-11.0.10_linux-aarch64_bin.deb
Linux ARM 64 RPM Package	152.22 MB	jdk-11.0.10_linux-aarch64_bin.rpm
Linux ARM 64 Compressed Archive	169.37 MB	jdk-11.0.10_linux-aarch64_bin.tar.gz
Linux x64Debian Package	149.39 MB	jdk-11.0.10_linux-x64_bin.deb
Linux x64 RPM Package	156.12 MB	jdk-11.0.10_linux-x64_bin.rpm
Linux x64 Compressed Archive	173.31 MB	jdk-11.0.10_linux-x64_bin.tar.gz
macOS Installer	167.51 MB	jdk-11.0.10_osx-x64_bin.dmg
macOS Compressed Archive	167.84 MB	jdk-11.0.10_osx-x64_bin.tar.gz
Solaris SPARC Compressed Archive	184.82 MB	jdk-11.0.10_solaris-sparcv9_bin.tar.gz
Windows x64 Installer	152.32 MB	jdk-11.0.10_windows-x64_bin.exe

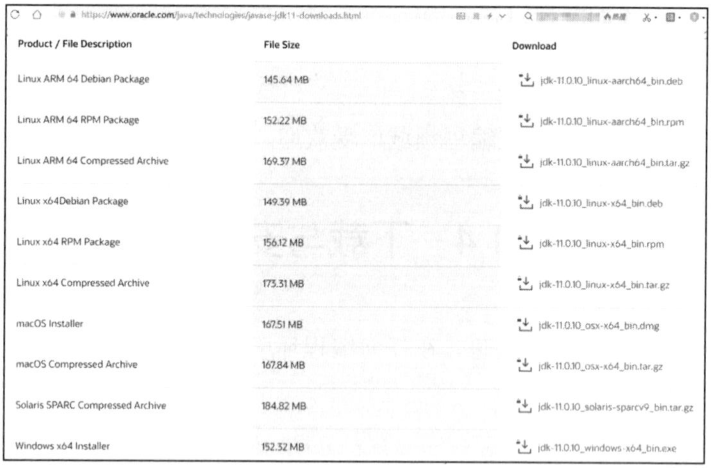

图 1.4　选择安装版本

1.4.2　在 Windows 中安装 JDK

在 Windows（本书采用的是 Windows 10 操作系统）中安装 JDK 分为安装和配置两个步骤。

1．安装JDK包

1）下载如图 1.4 所示的 jdk-11.0.10_windows-x64_bin.exe 安装包，然后双击该安装包，弹出“安装程序”对话框，单击“下一步”按钮，进入“定制安装”对话框，如图 1.5 所示。

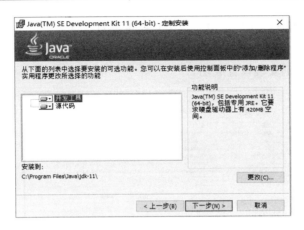

图 1.5　"定制安装"对话框

2）单击"下一步"按钮，进入安装过程对话框（安装过程用进度条持续显示）。

📖提示：

- 建议在 JDK 的安装路径中不要包含中文字符、空格或者$等特殊字符。
- 记住安装路径，后续配置时要用。
- 本书将默认的安装路径修改为 C:\Java\jdk-11。

3）安装完成后单击"关闭"按钮，完成 JDK 包的安装。

2．配置JDK

JDK 包安装完成后，还需要在操作系统的运行环境中设置参数才能正常使用。设置步骤如下：

1）在计算机桌面上右击"计算机"图标，在弹出的快捷菜单里选择"属性"命令。

2）在弹出的"设置"对话框中找到"高级系统设置"按钮并单击。

3）在弹出的"系统属性"对话框的"高级"选项卡中单击"环境变量（N）"按钮。

4）在弹出的"环境变量"对话框的"系统变量"列表框中单击"新建(W)"按钮。

5）在弹出的"新建系统变量"对话框中的"变量名"文本框中输入 JAVA_HOME，在"变量值"文本框中输入 C:\Program Files\Java\jdk-11，如图 1.6 所示，然后单击"确定"按钮，完成一项环境变量的设置。

6）在"环境变量"对话框的"系统变量"列表框中双击 Path，在弹出的对话框中单击"新建"按钮，添加"%JAVA_HOME%\bin"，然后单击"确认"按钮。

📖提示：如果第（6）步中的变量存在 Java 字符的值，则需要做两个操作：一是把已经存在的带 java 的变量都删除，二是在 C:\Java\下查看是否存在多个 Java 版本的文件夹，如果存在，则需要把除 jdk-11 以外的都卸载干净（通过控制面板里的程序卸载功能进行卸载）

7）连续两次单击"确认"按钮，关闭其他设置对话框。

8）验证安装是否成功。可以在命令提示符下执行 java -version 命令，如果给出正确的 Java 版本提示信息，则安装设置成功。

图 1.6 单击"确认"按钮完成环境变量的设置

1.4.3 在其他系统中安装 JDK

在实际使用中还会碰到在 Linux 和 macOS 等操作系统环境中使用 Java 的情况。在这些操作系统中使用 JDK 也需要进行安装和配置，这里一并简要介绍。

1. 在Linux中安装和配置JDK

1）在图 1.4 所示的页面中下载 jdk-11.0.10_linux-x64_bin.tar.gz 安装包。

2）把安装包上传到 Linux 指定的文件夹里，如/DATA/jdk-11。

3）用命令 tar -zxvf jdk-11-linux-x64_bin.tar.gz -C /DATA 解压缩文件包。

4）配置环境变量，用命令 vim /etc/profile 打开配置文件，配置如下新变量：

- export JAVA_HOME=/DATA/jdk-11
- export CLASSPATH=$:CLASSPATH:$JAVA_HOME/lib/
- export PATH=$PATH:$JAVA_HOME/bin

5）使用命令 source /etc/profile 刷新环境变量。

6）用 java -version 命令查看安装和配置是否成功。

2. 在macOS中安装和配置JDK

1）在如图 1.4 所示的页面中下载 jdk-11.0.10_osx-x64_bin.dmg。

2）双击安装包，按照默认提示完成安装。

3）配置环境变量，在终端输入 sudo vim /etc/profile，在配置文件里输入如下配置内容：

```
JAVA_HOME="/Library/Java/JavaVirtualMachines/jdk1.8.0_241.jdk/Contents/
Home"
export JAVA_HOME
CLASS_PATH="$JAVA_HOME/lib"
PATH=".$PATH:$JAVA_HOME/bin"
```

按 Esc 键退出编辑模式，然后进入命令输入状态，输入 wq!命令并保存配置信息。

4）在终端输入 source /etc/profile，配置正式生效。

5）在终端输入 java -version，如果能看到已经安装的 Java 版本信息，则表示 JDK 安装和配置成功。

1.5　案例——Hello 三酷猫

JDK 安装完成后，就具备了基本的 Java 编程条件。三酷猫决定用 Java 代码指挥计算机与朋友们打个招呼。

1）在"记事本"中输入如下代码并保存为 Hello.java 源代码文件。

```
01    public class Hello{
02    /* 第一个 Java 程序
03     * 它将输出字符串 Hello 三酷猫！
04     */
05    public static void main(String[] args) {
06        System.out.println("Hello 三酷猫！");
07    }
08}
```

🐱注意：代码中的序号只是为了方便读者阅读而加的，在实际编写代码时并不用加序号。

2）用 javac 编译 Hello.java 文件。

在命令提示符下执行 javac -encoding utf-8 Hello.java，把源代码编译成字节码文件 Hello.class。

3）用 Java 执行编译后的程序。在命令提示符下输入 java Hello，执行程序，显示的执行结果如图 1.7 所示。

图 1.7　执行结果

🔔**注意：**

- 如果无法执行 javac，则需要关闭命令提示符窗口，然后重新打开并进入即可。
- 聪明的读者可能已经猜出来，javac 就是 JDK 自带的编译器。
- 不建议用"笔记本"编写代码，因为它对使用者的要求太高。在第 2 章中我们将使用智能代码编辑工具 IntelliJ IDEA 来解决该问题。

4）对 Hello 代码进行分析。

- public class Hello{...}：用来定义一个公共的 Java 类，类名为 Hello，一个 Java 文件只有一个公共类。
- /*...*/：注释语句，不会被执行，仅起到对代码进行说明的作用。
- public static void main(String[] args)：定义一个公共的静态主程序方法。一个 Java 程序先从 main()开始执行，主要执行其中的代码。
- System.out.println("Hello 三酷猫！")：用于输出"Hello 三酷猫！"，这行代码是程序的主要功能代码。

上面的程序框架是一种固定的结构，其核心是第 6 行代码，该行代码的变化会导致程序功能的变化。

1.6　注释与代码规范

任何语言都有规则和要求，没有规矩不成方圆，Java 语言也是一样。

1.6.1　注释

注释用于解释代码，以便让开发人员更加容易阅读和理解程序。

注释主要说明代码的功能、作用和参数等，同时还可用于对整体代码的功能进行介绍，也可对编写者、编写时间和代码版本等进行说明，让软件工程师对所编写的代码更加容易阅读和理解。

Java 语言的注释分单行注释和多行注释。

1. 单行注释

单行注释用"//"表示，例如：

```
System.out.println("Hello 三酷猫！");     //打印输出"Hello 三酷猫！"
```

这行代码的注释告诉读者，通过调用 println()方法打印输出"Hello 三酷猫！"

2. 多行注释

多行注释用"/*...*/"表示，例如：

```
/* 第一个 Java 程序
 * 它将输出字符串 Hello 三酷猫!
 */
```

上述多行注释，分行说明了注释下面的代码功能。

在 Java 代码文件中，注释部分的内容会被 Java 编译器忽略，也就是不会被编译执行。利用注释的不被执行功能，可以暂时注释掉不想执行的代码，这在调试代码时是一种技巧。

1.6.2　代码规范

Java 语言必须遵循代码规范，Java 编译器只能识别符合规则要求的 Java 代码，否则在运行代码时将会报错。

Java 语言的所有组成部分都需要命名，如类名、变量和方法等统称为标识符（Identifier）。例如，main、System 和 Hello 等都是 Java 标识符。

1．对大小写敏感

Java 标识符对英文字母大小写敏感，如 hello 和 Hello 是两个不同的标识符，这要求读者在编写代码时必须仔细对待，避免代码出错。

2．命名规则

Java 标识符的命名规则如下：
- 所有的标识符必须以字母（A～Z 或 a～z）、美元符（$）、下划线（＿）三者之一开头；正确的如 name、＿id、$sale，错误的如 133OK、!age、-ID。
- Java 自带的关键字（详见 1.6.3 小节）不能作为自定义命名的内容，否则 Java 编译器无法区分关键字和自定义命名的标识符。
- 所有类名的第一个字母必须大写，如果类名包含若干个英文单词，则每个单词的第一个字母大写，如 MyNameClass，该命名方法类似骆驼的双峰有起有伏，因此叫作驼峰命名法。
- 所有的方法名都应该以小写字母开头，如果方法名中包含若干个英文单词，则从第二个单词开始的第一个字母大写，如 getName。
- 源代码文件名必须和公共类（一个代码文件里只有一个以 public 开头的公共类）名的命名保持一致，如类名为 Hello，则对应的源代码文件名为 Hello.java。

1.6.3　关键字

Java 语言自带的关键字组成了 Java 语言的基础部分，如表 1.1 所示。

表 1.1　Java语言自带的关键字

关　键　字	说　　明	关　键　字	说　　明
abstract	定义抽象类和成员方法	instanceof	判断对象是否类实例
assert	断言	int	定义整型数据
boolean	定义布尔类型的数据	interface	定义接口
break	中断并跳出循环	long	定义长整型数据
byte	定义字节类型的数据	native	声明C和C++等语言实现的方法
case	在switch语句中表示一个分支	new	创建类的实例对象
catch	用来捕捉异常	package	定义包
char	定义字符类型的数据	private	定义私有对象
class	定义类	protected	定义对象为保护模式
const	保留关键字，无实际意义	public	定义对象为公共模式
continue	跳回循环开始处	return	从成员方法中返回数据
default	在switch语句中表示默认分支	short	定义短整型数据
do	用于do-while循环结构	static	定义为静态对象
double	定义双精度浮点数类型的数据	strictfp	定义FP_strict数据
else	在if语句中表示条件不成立时的分支	super	父类引用或父类构造方法
enum	定义枚举类型的数据	switch	多分支语句的开始
extends	表明一个类型是另一个类型的子类型	synchronized	同步执行一段代码
final	用来说明最终属性	this	指向当前实例对象的引用
finally	表示异常发生后必须被执行的部分	throw	抛出一个异常
float	定义单精度浮点数类型的数据	throws	成员方法中要抛出的异常
for	for循环	transient	定义非序列化的成员域
goto	保留关键字，无实际意义	try	捕捉异常的开始语句
if	if条件判断语句	void	表示当前方法没有返回值
implements	类实现给定的接口	volatile	多变量必须同步发生变化
import	导入类或包	while	while循环

表 1.1 中的 50 个 Java 关键字后续将会陆续介绍，在这里读者只需要有一个印象即可。

1.7　练习和实验

一、练习

1．填空题

1）Java 语言是面向（　　）的语言，具有免费和（　　）的特点。

2）Java 编译器实现（　　）向（　　）的翻译过程。

3）JDK 安装分为（　　）、（　　）和（　　）3 个主要步骤。

4）Java 的注释分（　　）注释和（　　）注释。

5）Java 标识符命名（　　）敏感。

2．判断题

1）Java 是跨平台语言，可以在 Windows、Linux 和 macOS 等不同的操作系统下顺利运行。　　　　　　　　　　　　　　　　　　　　　　　　　　　（　　）

2）Java 虚拟机为 Java 代码在不同平台的移植提供了运行环境。　（　　）

3）Java SE、Java EE 和 Java ER 是 Java 的三个不同定位的产品。　（　　）

4）name、while 和$OK 都为正确命名的自定义标识符。　　　　（　　）

5）_ID、age18 和$price 都为正确命名的自定义标识符。　　　（　　）

二、实验

实验 1：安装 JDK。

1）下载并安装 JDK。

2）配置 JDK。

3）测试 JDK 是否安装成功。

实验 2：编写第一个 Java 程序。

1）要求输出自己的名字、班级和学校名称。

2）截取输出结果的图片。

3）形成代码和图片为主的实验报告。

第 2 章　IntelliJ IDEA 简介

IntelliJ IDEA 是 Java 语言最优秀的智能开发工具之一。本书的主要代码都是通过该工具进行编写的。

作为初学 Java 的读者，需要认真掌握 IntelliJ IDEA 的使用。本章主要内容如下：

- 编程工具的选择；
- 初识 IntelliJ IDEA；
- IDEA 的功能介绍；
- 调试。

📄说明：第 2 章的案例代码统一存放在 StudyJava 项目的 com.skm.demo.chapter02 包里。

2.1　编程工具的选择

"工欲善其事，必先利其器。"编程工具也是一样，选择一款高效、容易使用的编程工具是 Java 编程人员必须考虑的一件事情。

关于编程工具，其专业术语叫作集成开发环境（Integrated Development Environment，IDE）。IDE 提供代码编写、代码分析、代码编译和代码调试功能，一些高级、智能的 IDE 还提供智能代码补全、第三方库集成、项目团队管理和多种语言编辑等功能。

选择一款好用的 IDE 可以成倍地提高编程效率。目前，支持 Java 语言的 IDE 很多，比较有名的有 IntelliJ IDEA、Eclipse、NetBeans 和 Oracle JDevoper 等。

IntelliJ IDEA 是由 JetBrains 公司推出的一个 Java 智能编程工具。该公司成功推出了诸如 GoLand、PHPStorm 和 PyCharm、Rider 等大名鼎鼎的编程工具，IntelliJ IDEA 是 Java 最好用的工具之一，它分为免费的社区版和付费的商业版。

Eclipse 是著名的免费、开源和可扩展的开发平台，主要用于 Java 语言编程。它是由 IBM 牵头 Oracle 等几百家软件公司参与开发的项目，其主要优点是提供了一个标准化的插件框架，不同的人可以根据自己的需要增加插件功能。

NetBeans 是一款开源、免费且以 Java 编程语言为主的 IDE，它提供了丰富的学习资料和第三方插件。该工具最早由 SUN 公司提供，目前为 Oracle 旗下的产品。

Oracle JDevoper 是 Oracle 公司提供的一款免费的 IDE，该 IDE 主要融合了 Oracle 产

品的中间件。

　　选择一款好的编程工具需要从获得成本是否足够低、学习资料是否丰富、功能是否强大、是否易学、商业环境下是否流行等角度进行综合考虑。

　　本书选择 IntelliJ IDEA 社区版，主要原因有 3 点：首先，它的功能非常强大；其次，它是免费的；最后，它的学习资料非常丰富，学习界面很友善，国内主流软件公司选择它作为开发工具的占比较高。

📖提示：在搜索引擎输入 IntelliJ IDEA、Eclipse、NetBeans 或 Oracle JDevoper，可以找到
　　　　这些工具对应的官网地址，下载对应的安装包。

2.2　初识 IntelliJ IDEA

要使用 IntelliJ IDEA，先要安装它。下面介绍具体的安装步骤。

2.2.1　安装 IntelliJ IDEA

IntelliJ IDEA 的安装步骤包括下载安装包、本地安装和安装配置共 3 步。

1. 下载安装包

　　在网上用搜索引擎搜索 IntelliJ IDEA Download，单击官网链接进入如图 2.1 所示的下载页面。单击 Community（社区版）下面的 Download 按钮即可下载安装包，如下载 ideaIC-2020.3.2.exe。

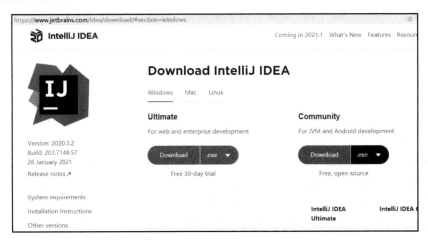

图 2.1　下载界面

2．本地安装

安装包下载完成后，双击安装包 ideaIC-2020.3.2.exe 进行安装。完整的安装过程如下：

1）启动欢迎安装对话框。双击安装包 ideaIC-2020.3.2.exe，打开欢迎安装对话框，在对话框中单击 Next 按钮进入下一步。

2）选择安装路径。在如图 2.2 所示的安装对话框中单击 Browse 按钮，选择可以安装的路径。一般建议不要在 C 盘上安装，主要是为了避免和操作系统争夺磁盘空间。选择好安装路径后单击 Next 按钮进入下一步。

3）选择安装选项。安装选项的选择对话框如图 2.3 所示。

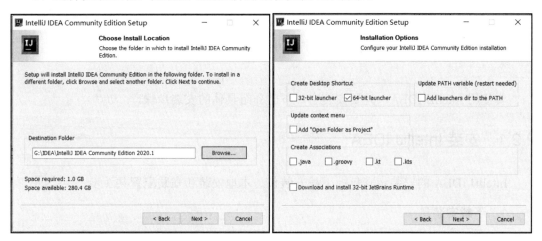

图 2.2　选择安装路径　　　　图 2.3　安装选项的选择

安装选项说明：

- Create Desktop Shortcut：创建桌面快捷方式，选择 32 位或者 64 位，这个是必选项。目前主流的操作系统都是 64 位，这里选择 64-bit launcher。
- Update PATH variable（restart needed）：更新路径变量（需要重新启动），以便能够在命令提示符下使用 IDEA 的相关命令，是可选项，很少用到，这里未选。
- Update context menu：更新上下文菜单，Add "Open Folder as Project"表示添加打开文件夹作为项目，在操作系统桌面上右击时会多一个"快速把文件夹以 IDEA 的项目打开"的快捷命令，可选项，这里未选。
- Create Associations：创建关联，可选项，双击扩展名为.java 的文件，默认会自动启动 IDEA。如果选择.java、.groovy、.kt 和.kts 复选框，则双击这些扩展名的文件时都会用 IDEA 打开，这里采用默认状态（未选）。
- Download and install 32-bit JetBrains Runtime：安装 32 位的 JRE，可选项，因为之前已经安装了 JDK 包，所以这里未选。

这里选中 64-bit launcher 复选框，单击 Next 按钮进入下一步。

4）正式安装。在进入的对话框中单击 Install 按钮正式安装 IDEA，在安装过程中有绿色进度条提示。

5）安装完成。安装完成后单击 Finish 按钮即可，之后在操作系统的桌面上将看到一个 IntelliJ IDEA Community Edition 的快捷图标。

3．安装配置

安装配置的主要步骤包括确认配置文件导入、确认授权和综合设置。

1）确认配置文件导入。第一次在操作系统桌面端双击 IntelliJ IDEA Community Edition 快捷图标启动 IDEA 时，会弹出 Import IntelliJ IDEA Settings 配置文件导入确认对话框，在其中选择 Do not import settings 单选按钮，单击 OK 按钮进入下一步。

2）确认授权。在弹出的 JetBrains Privacy Policy 授权对话框中，选择最下面的复选框，表示同意该授权，然后单击 Continue 按钮进入下一步。

3）综合设置。如图 2.4 所示，综合设置窗口主要包括 Projects（项目）、Customize（个性化外观设置）、Plugins（各种插件安装）和 Learn IntelliJ IDEA（帮助）等几项。

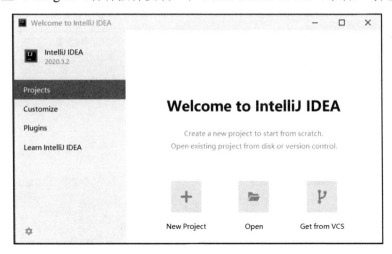

图 2.4　综合设置窗口

- Projects（项目）操作：在 IDEA 里，把一个相对独立的程序文件的集合叫项目。如图 2.4 所示，IntelliJ IDEA 提供了 New Project（新建项目）、Open（打开现有项目）和 Get from VCS（从 GitHub 仓库同步项目）的功能。
- 外观颜色设置：在默认情况下，如图 2.4 所示的窗口是黑色的，选择 Customize 选项，窗口的右边将显示 Color theme 下拉列表框，其中默认选项为 Darcula，选择 IntelliJ Light 选项，将 IDEA 窗口设置为白色，如图 2.5 所示。其他选项可以根据个人喜好进行设置。

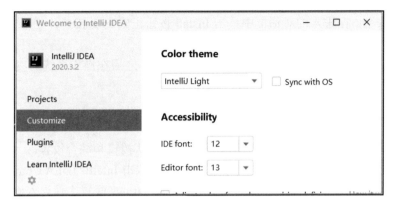

图 2.5　设置外观窗口

2.2.2　第一个项目

在图 2.4 中单击 New Project 按钮，进入如图 2.6 所示的新项目设置对话框。

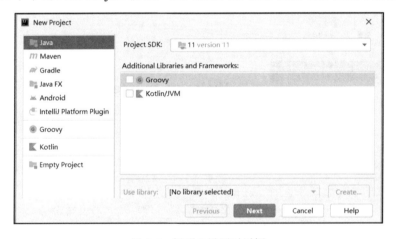

图 2.6　新项目设置对话框

在图 2.6 中，左边为编程语言或管理工具选项，依次为 Java、Maven（项目管理工具）、Gradle（基于 JVM 的构建工具）、Java FX（基于 Java 的 Web 开发工具）、Android（安卓开发工具）、IntelliJ Platform Plugin（插件开发工具）、Groovy（一种基于 Java 虚拟机 JVM 的敏捷开发语言）、Kotlin（一种用于现代多平台应用的静态编程语言）和 Empty Project（创建一个空项目）。

在图 2.6 的右上边，Project SDK 用于设置 IDEA 需要依赖的 JDK 版本。由于前面已经完成了 JDK-11 包的安装，所以将其作为该选项的默认值。如果没有该选项，可以单击 Project SDK 下拉列表框，然后下载 JDK 并进行设置。在图 2.6 中选中左边的 Java 选项，在右边的 SDK 设置正确的情况下单击 Next 按钮，进入如图 2.7 所示的设置新项目对话框。

在图 2.7 中选中 Create project from template（建立从模板项目）复选框，然后单击 Next 按钮进入如图 2.8 所示的对话框，在其中依次设置项目存放路径和项目名称。

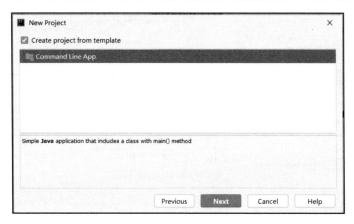

图 2.7　设置新项目

这里的项目存放路径（Project location）可以通过右边的"..."按钮进行选择；项目名称 Project name 可以自行输入。然后单击 Finish 按钮，进入如图 2.9 所示的编程主界面。

如果出现 Tip of the Day 提示框，单击 Close 按钮将其关掉即可。

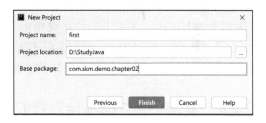

图 2.8　设置项目存放路径和项目名称

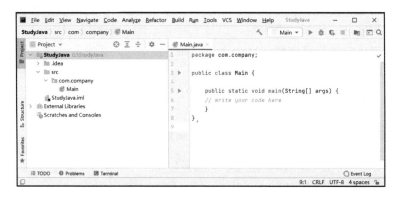

图 2.9　编程主界面

在如图 2.9 所示的默认代码的基础上输入如下代码：

```
System.out.println("Hello, 三酷猫！");
```

运行结果如图 2.10 所示。

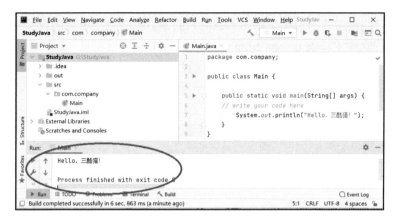

图 2.10　运行第一个程序

2.2.3　简单运行

用 IDEA 实现了一个简单项目的编程后，在 public class Main 代码行左边的三角按钮（为绿色）上单击，在弹出的快捷菜单里选择 Run Main 命令（或按 Ctrl+Shift+F10 键），开始编译并执行所编写的 Java 代码。运行结果如图 2.10 所示（椭圆框所标内容），显示"Hello，三酷猫！"，执行结果符合编程设计的要求。

2.2.4　案例——三酷猫绘制旗帜

三酷猫借助 IDEA 工具编写了第一个 Java 程序，兴趣正浓的他准备继续利用 IDEA 编写另一个新的程序——绘制一面旗帜。

三酷猫绘制旗帜的程序文件（Main.java）如下：

```
package com.company.chapter02;            //包声明，所有的类都要归类于指定的包

public class Main {                        //公共类 Main

    public static void main(String[] args) {   //主方法 main()
    // write your code here                     //打印输出旗帜形状
    System.out.println("Hello，三酷猫！");
    System.out.println("*");
    System.out.println("***");
    System.out.println("*****");
    System.out.println("*******");
    System.out.println("***********");
    System.out.println("*");
    System.out.println("*");
    System.out.println("*");
```

```
        System.out.println("*");
    }
}
```

运行该程序，执行结果如下：

```
Hello, 三酷猫！
*
***
*****
*******
***********
*
*
*
*
```

📖提示：从案例代码中可以看出，编写代码必须整齐。虽然 Java 语言对代码行之间的对齐并
没有强制要求，但是 IDEA 提供了自动对齐功能，这是一种良好的编程风格。

2.3　IDEA 功能简介

初步学会了 IDEA 开发工具的使用后，接着从整体上介绍一下该工具的功能。

2.3.1　界面功能

IDEA 开发工具的主界面如图 2.11 所示。下面具体介绍一下各部分的功能。

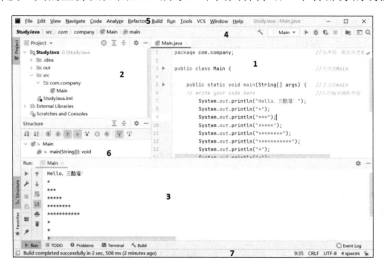

图 2.11　IDEA 开发工具的主界面

如图 2.11 所示，可以将 IDEA 开发工具分 7 大功能区。

1．代码编辑区域

程序员的主要工作是在代码编辑区域（Code Editor）中进行的，在其中可以输入代码、修改代码、调试代码和阅读代码，其基本操作与普通文本编辑器类似。

2．项目工具窗口

项目工具窗口（Project Tool Window，可以用 Alt+1 开/关该窗口）主要进行文件目录结构管理。一个空的目录结构默认包括如下内容（参考图 2.11）：

- 项目名称（含项目路径）；
- .idea：Project 的配置文件目录；
- out：存放代码编译结果文件（扩展名为.class 的文件）的目录；
- src：存放源代码的目录，这里包括包（package）子文件目录和源代码文件。例如在图 2.11 中，com.company 为包名子目录，Main 为源代码文件。
- Study.Java.iml：项目 Module 的配置文件。

🔔注意：在 IDEA 环境下编写 Java 代码时必须先包后类。也就是说，不同的类需要归到不同的包里，如果没有包只有类，则编译时会报错。

3．运行工具窗口

运行工具窗口（Run Tool Window）用于显示程序编译及运行的结果，它是程序员频繁使用的一个编程区域。

- 出错判断：当编译程序出错时，提示信息就在该区域显示，程序员需要根据出错提示信息准确判断出代码的错误所在。
- 运行结果判断：程序运行后，在该区域显示运行结果信息，程序员应该根据提示信息确认程序的输出结果是否符合设计要求。

4．导航栏

导航栏（Navigation Bar）提供项目文件导航和常用工具快捷键两个功能。

- 如图 2.11 所示，项目文件导航依次显示 StudyJava、src、com、company、Main 和 main，用鼠标单击标题，可以显示对应的内容。
- 常用工具快捷键在导航栏的右边，如图 2.12 所示，从左到右依次为绿色榔头（编译，快捷键为 Ctrl+F9）、需要运行的代码文件名下拉列表框、绿色三角（运行，快捷键为 Shift+F10）、绿色虫子（Debug 调试，快捷键为 Shift+F9）、绿色小箭头（代码覆盖测试快捷键）、灰色方块（强

图 2.12　常用工具快捷键

制终止程序运行，快捷键为 Ctrl+F2）等。

5．主菜单

主菜单（Menus）集成了 IDEA 编程的主要菜单，位于如图 2.11 所示界面的顶端，从左到右的菜单项依次如下：

- File：文件选项。
- Edit：文件编辑选项。
- View：IDEA 主界面上各部分功能区是否可视等选项。
- Navigate：代码内容导航选项。
- Code：代码功能选项。
- Analyze：代码选项。
- Refactor：类等重构选项。
- Build：构建和编译项目等选项。
- Run：调试和运行项目选项。
- Tools：文件转换和不同编程语言切换等选项。
- VCS：基于 GitHub 仓库项目代码的不同版本控制系统选项。
- Window：IDEA 编程主界面不同区域的窗口展现设置选项。
- Help：提供编程相关的帮助资料。

6．代码文件结构窗口

当代码文件的内容过多时，可以用代码文件结构窗口（Structure Alt+7）以结构形式查看类和方法等内容。可以在如图 2.11 所示的主界面左下侧选择 Structure，显示或关闭该窗口。

7．状态栏

状态栏（Status Bar）左边用于显示最新的事件消息，如编译结果信息；右边显示光标焦点在代码编辑区里的行数和列数等提示信息。

2.3.2　常用功能

根据编程人员的使用频率要求，这里继续介绍 IDEA 工具主界面上的一些常用编程功能。

1．代码编辑区

代码编辑区有几个重要的功能需要熟悉，主要包括保存代码、代码自动补全、智能飘窗说明和查找源码导航。

（1）保存代码

在默认情况下，该编辑区每隔几秒会自动保存一次代码，以避免所编写的代码丢失，也可以用 Ctrl+S 组合键手工保存所编写的代码。随时保存所编写的代码是一种良好的编程习惯。

（2）代码自动补全

只要程序员在代码编辑区输入部分标识符内容，IDEA 就会自动、智能地提供补全信息，这样可以提高编程效率，减轻程序员的编程工作量。

图 2.13 显示的是自动补全功能的效果，只需要在代码编辑区输入 S，以该字母开头的相关标识符会自动罗列出来，这为程序员准确输入代码提供了助记功能。

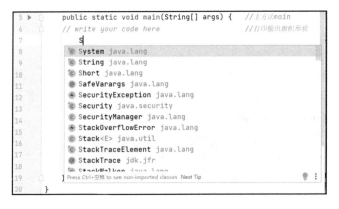

图 2.13　代码自动补全

（3）智能飘窗说明

当程序员需要了解一个代码对象的功能时，可以把光标移动到该对象上。如图 2.14 所示，把光标移动到 println 标识符上，就会给出关于该方法的使用说明。

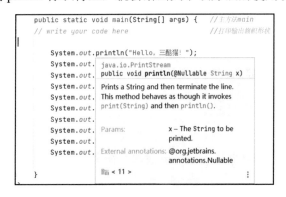

图 2.14　智能飘窗说明

（4）查找源码导航

如果程序员想了解类和方法具体是如何定义的，可以在对应的标识符上右击，将弹出如图 2.15 所示的快捷菜单，选择 Go To 命令即可。

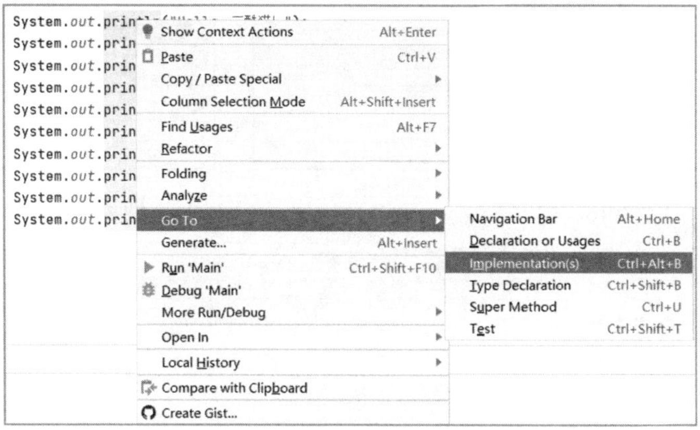

图 2.15　查找源码菜单命令

- Navigation Bar：在项目中使用导航栏。
- Declaration or Usages：跳转到标识符对应的代码定义处。
- Implementation(s)：跳转到方法的代码功能实现处。
- Type Declaration：跳转到标识符的类型声明处。
- Super Method：跳转到方法的父方法处。
- Test：导航到一个现有的测试实例，或者创建一个新的测试实例。

2．项目工具窗口需要熟悉的几个功能

在 IDEA 编程环境下代码之间的关系为：项目（Project）最大，模块（Module）其次，包（Package）再次，类（Class）文件最小。也就是说，一个项目可以有不同的模块，不同的模块可以存放不同的包，不同的包存放对应的类文件。

（1）建立模块

在如图 2.16 所示的项目名称上右击，在弹出的快捷菜单中选择 New | Module 命令，进入 New Module 界面，单击 Next 按钮，设置模块名（Module name:）、模块存放地址（Module file location:）[①]，单击 Finish 按钮，完成模块的创建，如图 2.17 所示。

（2）创建包

在如图 2.17 所示的 firstModule 模块的 src 子路径上右击，在弹出的快捷菜单中选择 New | Package 命令，如图 2.18 所示，在弹出的对话框中输入包名，如 Cats，然后回车，这样就完成了在模块下创建包的操作。

---

① 建议采用默认的模块路径。

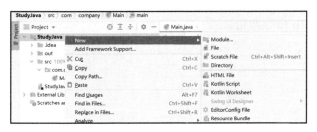

图 2.16　建立模型　　　　　　　　　　图 2.17　创建完成的一个模块

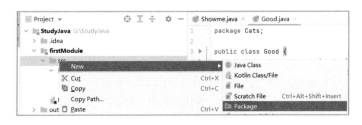

图 2.18　创建包

（3）创建类文件

在 Cats 包里创建类文件。在 Cats 上右击，然后在弹出的快捷菜单中选择 New｜Java Class 命令，在弹出的对话框中输入类名，如 Good，回车，这样就完成了 Good.java 类文件的创建，如图 2.19 所示。

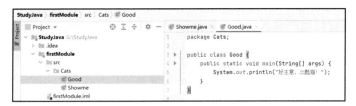

图 2.19　创建类文件

类文件 Good.java 创建之后，只有 Good 类的框架，需要在里面输入 main 并回车，以自动补全方式建立主方法，然后再在里面输入 println()方法，建立一个完整的 Java 功能程序。

🔔注意：必须先建立包，再在包里建立类文件，没有包的类在 IDEA 里执行时将会报错。

2.4　调　　试

调试程序是程序员的一项必要技能。下面介绍调试程序的步骤。

2.4.1　调试功能简介

IDEA 提供了强大的代码调试功能。

1．调试界面

图 2.20 为 Debug 调试界面。这里继续打开 Main.java 文件，在代码编辑框左边用鼠标单击一下，就会出现一个断点（Breakpoint），然后单击导航栏右侧的虫子图标，程序执行到断点处会进入代码调试状态。

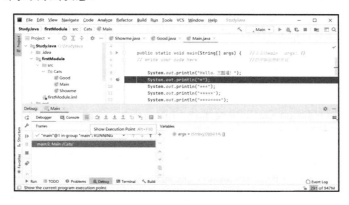

图 2.20　Debug 调试界面

2．调试功能

启动代码调试状态后，会出现 Debug 工具窗口（Debug Tool Window），包括 Frames 标签窗口、Variables 标签窗口、调试快捷按钮栏和服务快捷按钮栏等。

（1）Frames 标签窗口

Frames 标签窗口用于查看代码在线程的调用堆栈中的运行情况。

（2）Variables 标签窗口

Variables 标签窗口用于显示所选框架或线程中的变量列表。对变量进行检查，有助于理解程序为何以某种方式运行。

（3）调试快捷按钮栏

如图 2.21 所示，调试快捷按钮栏上有 8 个调试快捷按钮，程序的调试过程主要由这些按钮来实现。把鼠标光标移动到对应的按钮上，将会弹出按钮的使用说明和快捷键提示信息。

从左到右调试快捷按钮依次如下：

- ≡：跳转到当前执行的代码行处（Show Execution Point，快捷键为 Alt + F10），当鼠标光标在其他代码行或工具窗口中时，单击该按钮可跳转到当前代码执行的行，此时会出现一个提示的灯泡图，如图 2.22 所示。

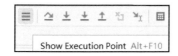

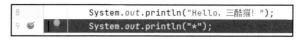

图 2.21　调试快捷按钮　　　　　　　图 2.22　跳转到当前代码执行处

- ⬆：单步执行（Step Over，快捷键为 F8），表示一行一行地执行代码，如果代码行上有方法，则不会进入方法定义的内部。该功能有利于程序员一步步地边执行代码，边观察代码执行过程中变量值和逻辑运行方向等方面的变化。
- ⬇：单步进入执行（Step Into，快捷键为 F7），表示一行一行地执行代码，如果当前行有方法，则进入方法内部一步步地执行代码。一般进入自定义方法而不进入开发平台自带的方法，如 println()。
- ⬇：强制步入执行（Force Step Into，快捷键为 Alt + Shift + F7），表示能进入任何方法，查看并一步步地执行底层的源代码。
- ⬆：步出执行（Step Out，快捷键为 Shift + F8），表示从步入的方法内退回到方法调用处，此时方法已执行完毕，只是还没有完成赋值。
- ⤴：回退断点（Drop Frame），表示回退到代码行前面的最近一个断点处。
- ⤵：运行到光标处（Run to Cursor，快捷键为 Alt + F9），程序员可以将光标定位到需要查看的代码行处，然后单击该按钮，代码就会运行到该行而无须设置断点。
- ▦：计算表达式（Evaluate Expression，快捷键为 Alt + F8），表示当一些数值需要计算时，或者计算涉及的数据比较复杂时（如 XML[①]数据），可以通过单击该按钮，获取计算的最终结果。

（4）服务快捷按钮栏

服务快捷按钮栏从上到下有 7 个按钮，它们在图 2.20 所示的 Debug 窗口的左边。

- ↻：重启（Rerun 'Main'，快捷键为 Ctrl + F5），表示关闭当前运行程序后再重新启动运行。
- 🔧：修改运行配置。单击该按钮，进入可修改当前代码文件的运行配置信息界面。
- ▶：恢复往下执行的程序（Resume Program，快捷键为 F9），表示往下执行代码，直到下一个断点或代码执行完毕。
- ⏸：暂停正在调试执行的程序（Pause Program）。
- ⏹：关闭正在调试的程序（Stop 'Main'，快捷键为 Ctrl + F2），表示当程序执行进入死循环时，可以强制退出。
- ⬤：查看所有断点（View Breakpoints，快捷键为 Ctrl + Shift + F8）。单击该按钮，将跳出查看所有已经设置断点情况的窗口。

---

① XML（Extensible Markup Language，可扩展标记语言）用于记录结构化数据。

- 　：设置断点失效（Mute Breakpoints）。单击该按钮，所有断点将变为灰色，断点失效，再次单击该按钮，所有断点恢复其功能。

2.4.2　调试过程

代码调试过程一般如下：

1）编写代码。

2）在需要调试的代码行处设置断点。

3）单击 Debug 上的虫子按钮，执行程序到断点处，进入调试状态。

4）单击单步执行按钮或单步进入执行按钮，然后查看 Frames 和 Variables 标签窗口里程序执行逻辑方向和变量值的变化情况，以判断所设计的程序逻辑是否正确，以及计算过程的值是否正确等。如果发现代码编写出错，则可以直接在代码编辑区修改代码，继续调试代码。

5）代码调试执行结束，单击 Run 按钮运行代码。

2.5　案例——三酷猫建立鱼销售项目

了解了 IDEA 的基本知识后，三酷猫决定创建一个新项目，这个项目会为后续建立鱼销售程序打下基础。创建要求如下：

- 创建独立的项目。
- 创建独立的模块。
- 建立一个类文件、一个 HTML 文件和一个 TXT 文件。
- 在类文件里输出"三酷猫鱼销售项目创建成功！"

创建过程如下：

1）启动 IDEA。如果直接进入一个最近的项目，则在 File 菜单里选择 Close Project 命令关闭现有的项目，在新界面上单击 New Project，或者直接在如图 2.4 所示的窗口中单击 New Project 按钮。

2）创建新项目。在 New Project 对话框中单击 Next 按钮，接着在进入的对话框中单击 Next 按钮，第一次不选 Create project from template（创建项目自动产生类模板）复选框，项目创建路径为 G:\fishSale，项目名为 fishSale，单击 Finish 按钮，进入项目编程主界面。

3）创建模块。在项目名称上右击，选择 New | Module 快捷命令，进入 New Module 对话框。单击 Next 按钮，在进入的对话框中输入模块名 fish，其他值保持默认即可，单击 Finish 按钮即可完成新模块的创建。

4）创建 fish 包。双击模块名 fish，在展开的 src 子目录上右击，选择 New | Package 快捷命令，在弹出的对话框中输入 fish 后回车，即可创建新包。

5）创建 Hellofish 类。在包名 fish 上右击，选择 New | Java Class 快捷命令，在弹出的对话框中输入 Hellofish 后回车，即可创建 Hellofish.java 文件。

6）创建 HTML 文件。在包名 fish 上右击，选择 New | HTML File 快捷命令，在弹出的对话框中输入 ShowFish 后回车，即可创建 SHowFish.html 文件。

7）创建 TXT 文件。在包名 fish 上右击，选择 New | File 快捷命令，在弹出的对话框中输入 SetConfig 后回车，在弹出的 Register New File Type Association 中选择 Open matching files IntelliJ IDEA，在列表框中选择 Text，单击 OK 按钮即可创建 SetConfig.txt 文件。

8）在 Hellofish.java 文件里编写如下代码：

```
package fish;

public class Hellofish {
    public static void main(String[] args) {
        System.out.println("三酷猫鱼销售项目创建成功！");
    }
}
```

代码执行结果如下：

```
三酷猫鱼销售项目创建成功！
Process finished with exit code 0
```

2.6　练习和实验

一、练习

1．填空题

1）IntelliJ IDEA 是 Java 语言最优秀的（　　）开发工具之一。

2）集成开发环境的英文简写是（　　）。

3）IntelliJ IDEA 安装包括（　　）安装包、本地（　　）和安装（　　）共 3 个环节。

4）程序员的主要工作就是在（　　）中进行代码编写。

5）（　　）是存放源代码的目录。

2．判断题

1）IDEA 只能用于 Java 程序的编写、调试与运行。（　　）

2）IDEA 自带 JDK，无须重复安装。（　　）

3）IDEA 编程开发工具是免费的。（　　）

4）在 IDEA 里，一个完整的项目创建一般包括项目、模块、包和类文件 4 个创建环节。　　　　　　　　　　　　　　　　　　　　　　　　　　　　（　　）

5）在 IDEA 里必须先创建包再创建类，否则运行时会报错。　　　（　　）

二、实验

实验 1：安装配置 IntelliJ IDEA。

1）截取下载、安装和配置过程的界面。

2）截取编程主界面。

3）形成安装过程的实验报告。

实验 2：编写一个 Java 项目。

1）创建一个新项目。

2）截取创建过程的界面。

3）编写一个输出自己姓名、班级名称和学校名称的程序。

4）形成实验报告。

第 3 章　语 法 基 础

学习编程往往是从语法基础开始的，学习 Java 语言也不例外。本章主要内容如下：
- 基本数据类型；
- 变量和常量；
- 运算符；
- 类型与进制转换。

📖说明：第 3 章的示例代码统一存放在 StudyJava 项目的 com.skm.demo.chapter03 包里。

3.1　基本数据类型

现实世界中的数据有数字、文字、图片、语音和视频等，要想让这些五花八门的数据被计算机的编程语言识别并快速处理，必须进行数据类型定义。基本数据类型包括整型、浮点型、布尔型、字符型和字符串型。

3.1.1　整型

Java 里的整数类型的对应的值就是数学里的整数，包括负整数、零和正整数，如-1、0 和 10 等。

根据表示数值范围的大小，Java 的整型分为 byte、short、int 和 long 4 种，如表 3.1 所示。

表 3.1　Java的整型分类

整型分类	内存位数（单位bit）	取值范围
byte（字节）	8	−128～127
short（短整型）	16	−32768～32767
Int（整型）	32	−2147483648～2147483647
long（长整型）	64	−9223372036854775808～9223372036854775807

其中，8bit=1Byte（B）。

1．整型的定义

以 int 为例，整型定义的格式为：int 整型变量名=整型数值。

2．示例

在 IDEA 工具的 StudyJava 项目里执行如下代码，实现整型变量的定义并输出。

【示例 3.1】定义整型并输出结果（文件名：TestInteger.java）。

```java
package com.skm.demo.chapter03;

public class TestInteger {
    public static void main(String[] args) {
        int age=10;                          //定义值为 10 的整型变量
        byte num=1;                          //定义值为 1 的字节变量
        System.out.println(age);             //输出 age 的值
        System.out.println(num);             //输出 num 的值
    }
}
```

3．注意事项

如果给 age 赋值 10000000000000000000，则会在代码编辑区给出红色波纹提示，将光标移向波纹处，将出现错误提示，如图 3.1 所示。

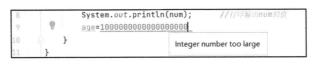

图 3.1　赋值超范围出错提示

运行代码，将出现如图 3.2 所示的错误提示"整数太大:9"。其中，9 表示出错的代码行。

图 3.2　运行结果出错提示

3.1.2　浮点型

Java 语言里的浮点数就是数学里带小数的数字，如-0.1、10.8 和 0.001 等。

Java 的浮点类型分为单精度浮点类型（float）和双精度浮点类型（double），两者之间的区别在于取值范围的不同，开发一般使用 double 较多，如表 3.2 所示。

表 3.2　Java的浮点型分类

浮点型分类	内存位数（单位bit）	取 值 范 围
float（单精度）	32	−3.40E+38～+3.40E+38
double（双精度）	64	−1.79E+308～+1.79E+308

1．浮点型的定义

以 double 为例，浮点型的定义格式为：double 浮点型变量名=浮点型数值。

2．示例

在 IDEA 开发工具的 StudyJava 项目中执行如下代码，定义浮点型变量。

【示例 3.2】定义浮点型数值（文件名：TestFloat .java）。

```java
package com.skm.demo.chapter03;

public class TestFloat {
    public static void main(String[] args) {
        double price = 12.6;          //定义值为12.6的双精度类型变量
        float weight = 6.66F;         //定义值为3.5的单精度类型变量
    }
}
```

3．注意事项

如果给 weight 赋值 6.66，则会在代码编辑区给出红色波纹提示，将光标移到波纹处，将出现错误提示，如图 3.3 所示。出错的原因是 Java 中的一个小数在内存中默认表示的数据类型为双精度浮点型，不能从 double 转换到 float。如果需要将其赋值为单精度类型的数据，则需要在小数后面加 f 或者 F。

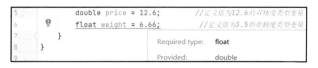

图 3.3　不兼容的类型出错提示

运行代码，将出现如图 3.4 所示的出错提示"不兼容的类型：从 double 转换到 float 可能会有损失:6"。

图 3.4　运行结果出错提示

3.1.3 布尔型

Java 语言里的布尔型又称逻辑类型，只有 true（真）和 false（假）两个值。布尔型数据通常被用来作为判断逻辑的条件。

1. 布尔型的定义

布尔型的定义格式为：boolean 布尔变量名=true（或者 false）。

2. 示例

在 IDEA 开发工具的 StudyJava 项目中执行如下代码，定义布尔型变量。

【示例 3.3】定义布尔类型（文件名：TestBoolean.java）。

```java
package com.skm.demo.chapter03;

public class TestBoolean {
    public static void main(String[] args) {
        boolean  nameTom = true;          //定义值为 true 的布尔类型变量
        boolean nameJerry = false;        //定义值为 false 的布尔类型变量
    }
}
```

3. 注意事项

在 Java 语言中，布尔类型的 true 和 false 不能用数字 1 和 0 替换，否则会报错，而且不能用整型代替布尔型，如图 3.5 所示。

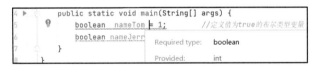

图 3.5 不兼容的类型出错提示

运行代码，将出现如图 3.6 所示的出错提示"不兼容的类型: int 无法转换为 boolean:5"。

图 3.6 运行结果出错提示

3.1.4 字符型

在英语语言环境下，存在 a 至 z 或 A 至 Z 的 26 个英文字符；在中文、日文和阿拉伯语等语言环境下存在更加复杂的单个"字"，如"中""国""ﻝ""ﻙ""ﺽ"和"ﻁ"等。英文字母在计算机里统一用 ASCII 码表示（见附录 A），代表单字节字符（8bit）；中文等在计算机里用双字节或三字节等实现，统一用 Unicode[①]码（可以看作对 ASCII 码的扩充）表示。

Java 语言通过字符型（char）来存储单个字符。定义字符类型变量时赋值的字符用单引号（单撇）括起来，可以使用 Unicode 编码代表字符。

1．字符型的定义

字符型的定义格式为：char 字符变量名='单个字符'或（字符对应的十进制码）

2．示例

在 IDEA 开发工具的 StudyJava 项目中执行如下代码，以定义字符型变量并输出其值。

【示例 3.4】定义字符型变量并输出结果（文件名：TestChar.java）。

```
package com.skm.demo.chapter03;

public class TestChar {
    public static void main(String args[]){
        char x = 'a';       //定义值为 a 的字符类型变量 x
        char y = 97;        //定义值为 97 的字符类型变量（ASCII 码 97 对应的字符为 a）
        char z = '中';       //定义值为"中"的字符类型变量 z
        System.out.println(x);      //输出变量 x 的值
        System.out.println(y);      //输出变量 y 的值
        System.out.println(z);      //输出变量 z 的值
    }
}
```

在示例 3.4 中，x 和 y 变量的输出结果都是字符 a，z 变量的输出结果是"中"。

3．注意事项

字符"\"是 Java 的一个特殊字符，称为转义字符（详见表 3.3）。其后跟一个或多个字符，转义后的字符含义不同于字符原有的含义。例如，"\n"的含义是"回车换行"。示例 3.5 实现转义字符\n 的回车换行功能。

【示例 3.5】利用转义字符"\n"实现换行输出。

```
package com.skm.demo.chapter03;

public class TestChar {
    public static void main(String[] args) {
        char x = '\n';                      //把转义字符赋值给 x 变量
        System.out.println("第一行");        //利用 println 输出"第一行"后换行
```

---

① Unicode（又称统一码、万国码或单一码）是计算机科学领域的一项标准，包括字符集和编码方案等，它为每种语言里的每个字符设定了统一并且唯一的二进制编码。

```
        //print 本身不能换行，利用 x 变量存储的转义字符换行
        System.out.print("第二行" + x);
        //利用 print 输出"第三行"后不换行
        System.out.print("第三行");
    }
}
```

在示例 3.5 中，System.out.print("第二行" + x)是通过 x 变量存储的转义字符"\n"进行换行，输出结果如图 3.7 所示。

图 3.7　运行结果

常见的 Java 转义字符如表 3.3 所示。

表 3.3　常见的Java转义字符

转 义 字 符	意　义	ASCII码值
\b	退格（BS），从当前位置移动到前一列	008（十进制）
\f	换页（FF），从当前位置移动到下一页开头	012（十进制）
\n	换行（LF），从当前位置移动到下一行开头	010（十进制）
\r	回车（CR），从当前位置移动到本行开头	013（十进制）
\t	水平制表（HT）（跳到下一个Tab位置）	009（十进制）
\v	垂直制表（VT）	011（十进制）
\\	代表一个反斜线字符"\"	092（十进制）
\'	代表一个单引号（单撇）字符	039（十进制）
\"	代表一个双引号（双撇）字符	034（十进制）
\0	空字符（NULL）	000（十进制）
\ddd	1~3位八进制数所代表的任意字符	三位八进制
\uhhhh	1或2位十六进制所代表的任意字符	二位十六进制

3.1.5　字符串型

单个字符无法满足人类语言的表达需要。一句话的内容在计算机里是怎么处理的呢？例如"我是三酷猫！"这个字符串，在 Java 语言里用字符串型怎么表示呢？

Java 语言里的字符串型（String）是用双撇号（""）括起来的字符，字符个数可以是 0 个、1 个或者多个。

1. 字符串型的定义

字符串型变量的定义分两种格式：
- 格式 1：String 字符串变量名="单个或多个字符"。
- 格式 2：String 字符串变量名=new String("单个或多个字符")。

🔔注意：

- 关键字 String 的第一个字母 S 必须大写。
- 值为""，则为空字符串。

2．示例

在 IDEA 开发工具的 StudyJava 项目中执行如下代码，定义字符串型变量。

【示例 3.6】定义字符型变量并输出结果（文件名：TestString.java）。

```java
package com.skm.demo.chapter03;

public class TestString {
    public static void main(String[] args) {
        String empty = "";                 //定义字符个数为 0 的空字符串变量
        String single = "a";               //定义字符个数为 1 的字符串变量
        String much = "abc";               //定义字符个数为多个的字符串变量
        String str = new String("skm");    //用格式 2 定义字符串变量
        System.out.println(empty);         //输出 empty 字符串
        System.out.println(single);        //输出 single 字符串
        System.out.println(much);          //输出 much 字符串
        System.out.println(str);           //输出 str 字符串
    }
}
```

上述代码的执行结果如图 3.8 所示。

3．注意事项

只要是双撇号（""）引起来的就是字符串，哪怕只有一个字符。

图 3.8　执行结果

4．"+"字符串操作

"+"运算符可以连接多个字符串并产生一个 String 对象。

在 IDEA 开发工具的 StudyJava 项目中执行如下代码，连接多个字符串并输出其值。

【示例 3.7】利用"+"连接字符型字符串并输出结果。

```java
package com.skm.demo.chapter03;

public class TestStringJoin {
    public static void main(String[] args) {
        String str = "三酷猫";
        String fish = "鲫鱼";
        System.out.println(str + "爱吃" + fish);
    }
}
```

运行代码，结果如图 3.9 所示。

5．获取字符串的长度

以下代码用字符串自带的方法 length()获取字符的长度。

```
String title ="Hello 三酷猫!";
System.out.println("字符串长度："+title.length());//输出结果为"字符串长度：10"
```

6．查找字符串

字符串中的每个字符对应一个下标值，字符串的下标从 0 开始，如图 3.10 所示。

图 3.9　运行结果

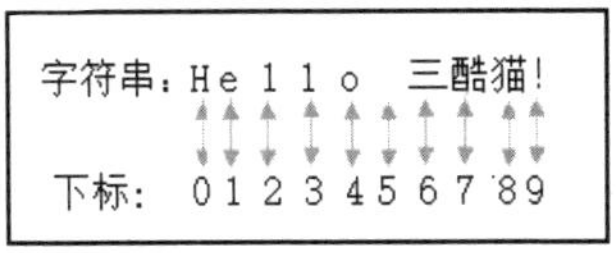

```
字符串：H e l l o　三酷猫！
下标：  0 1 2 3 4 5 6 7 8 9
```

图 3.10　字符串的下标

想要查找字符串中指定字符的下标位置，可以使用 indexOf()、lastIndexOf()和 charAt() 方法。

indexOf()方法用于查找字符串中指定字符首次出现的位置，其返回值为字符首次出现 的下标位置值。下标值从 0 开始。如果没有检索到目标字符，则返回值为-1。

```
String str="Hello 三酷猫!";
int index= str.indexOf("e");                   //返回的 e 在字符串里的下标值为 1
```

lastIndexOf()方法用于查找字符串中指定字符最后一次出现的位置，返回字符最后一 次出现的下标位置值，下标从 0 开始。如果没有检索到目标字符，则返回值为-1。

```
String str = "Hello 三酷猫";
int index = str.lastIndexOf("l"));            //index == 3
```

charAt()方法用于返回指定索引位置的一个字符，其中参数 index 用于指定下标值。如 果 index 超过字符串的下标范围，则给出 IndexOutOfBoundsException 出错提示。

```
String str = "Hello 三酷猫";
char mychar=str.charAt(1);                     //mychar=="e"
```

7．获取子字符串

以下代码用于获取从下标索引开始到结尾的子字符串，其中，参数 beginIndex 为下标 开始值。

```
String str = "Hello 三酷猫";
String str2 = str.substring(4);                //str3="o 三酷猫"
```

以下代码用于获取从下标索引 beginIndex 开始，到指定下标索引 endIndex 结束的子串。 注意，下标包含 beginIndex 位置的字符，而不包含 endIndex 位置的字符，也就是获取数学 集合左闭（[）和右开区间（)）范围内的字串。

```
String str = "Hello 三酷猫";
String str2 = str.substring(2,4);            //str2=="ll"
```

8．去除空格

以下代码用于去除字符串前端和尾部的空格（不能去除字符串中间的空格）。

```
String str = "  Hello 三酷猫    ";
String str2 = str.trim();                         //str2=="Hello 三酷猫"
```

9．判断字符串是否相等

比较运算符"=="用于判断两个字符串的地址是否相同。equals()方法用于比较字符串的内容是否一致，区分大小写；equalsIgnoreCase()方法用于比较字符串的内容是否一致，不区分大小写。这两个方法返回的是 boolean 类型的数据，true 代表比较一致，false 代表比较不一致。

```
String str1 = new String("skm") ;
String str2 = new String("skm");
String str3 = "Skm";
boolean b1 = str1 == str2; //返回 fasle，因为 str1 和 str2 在内存中的地址不同
boolean b2 = str1.equals(str2);//返回 true，因为 str1 和 str2 的内容相同
boolean b3 = str1.equals(str3);//返回 false，因为 str1 和 str3 的 S 大小写不同
//返回 true，因为 equalsIgnoreCase()方法忽略大小写
boolean b4 = str1.equalsIgnoreCase(str3);
```

3.2　变量和常量

Java 语言的赋值对象分为变量（Variable）和常量（Constant）两类。

3.2.1　变量

程序在运行过程中需要将相关数据保存到内存单元中，每个内存单元都分别用标识符进行标识。这些保存数据的内存单元称为变量，标识内存单元的标识符称为变量名。

1．变量的声明格式

在 Java 语言中，所有变量在使用前必须提前声明。声明变量的基本格式如下：

```
type variableName [ = value][, variableName  [= value] ...] ;
```

格式说明：type 为 Java 数据类型，variableName 是变量名。可以使用逗号来隔开多个同类型的变量，建议每次只声明一个变量。

2．示例

【示例 3.8】声明变量，部分变量在声明的同时进行了赋值（文件名：TestVariable.java）。

```
package com.skm.demo.chapter03;
public class TestVariable {
    public static void main(String[] args) {
        int num;                        // 声明一个 int 型整数：num
        int age = 43;                   // 声明一个整数并赋予初值
        String str = "三酷猫";          // 声明并初始化字符串 str
        double pi = 3.14;               // 声明双精度浮点型变量 pi
        char c = 'x';                   // 声明 char 类型变量 c 的值是字符 'x'
    }
}
```

3．注意事项

声明变量时要符合 Java 命名规则，同时不能使用 Java 关键字作为变量名。

3.2.2　常量

在程序中，在内存单元中不能修改的数据称为常量，标识常量的标识符称为常量名。

1．常量声明方式

在 Java 中使用 final 关键字来修饰常量，声明方式和变量类似。

2．示例

【示例 3.9】声明常量并进行赋值。

```
final double PI = 3.1415927;
```

3．注意事项

声明常量时也要符合 Java 命名规则，但是为了识别方便，一般常量名全部使用大写字母来表示。常量只能被赋值一次，如果再次对常量赋值就会出现错误，如图 3.11 所示。

运行图 3.11 所示的代码，将给出如图 3.12 所示的出错提示"无法为最终变量 PI 分配值:6"。

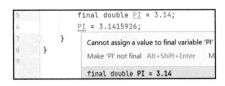

图 3.11　不能给常量再次赋值出错提示

图 3.12　运行结果出错提示

3.2.3　变量的作用域范围

因为变量声明后在内存中是临时存在的，所以它是有生命周期的，当程序执行到某个点时，该变量就会被释放，变量有效范围称为变量的作用域。

1．变量的分类

在 Java 中，根据变量的作用域，将变量分为成员变量和局部变量。

2．成员变量

类（类的定义详见 6.2 节）内定义的变量统称为成员变量。成员变量又分为静态变量和实例变量，实例变量在整个类中都有效，也就是成员变量的作用域是整个类，而静态变量可以在整个程序中都有效。静态变量定义时用关键字 static 开头。

在 Java 语言中，根据作用域的范围不同，变量的分类如图 3.13 所示。

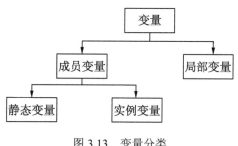

图 3.13　变量分类

成员变量在类里的声明示例如下：

【示例 3.10】声明成员变量，分别声明静态变量和实例变量。

```
package com.skm.demo.chapter03;

public class TestClassScope {              //在类内声明两个成员变量
    static int allClicks=0;                //静态成员变量
    String name = "三酷猫";                 //实例变量
}
```

3．局部变量

局部变量声明在类的方法或者语句块中，其作用域也仅限于声明的方法或者语句块中。

【示例 3.11】声明局部变量，分别声明静态变量和实例变量。

```
package com.skm.demo.chapter03;

public class TestPart {
    public static void main(String[] args) {
        int age = 0;                              //局部变量，声明在 main()方法内
        age = age + 5;
        System.out.println("三酷猫的年龄是：" + age);
    }
}
```

4．注意事项

如果在一个类中，局部变量与成员变量同名，则在局部变量作用域范围内，成员变量将被暂时隐藏。

【示例 3.12】声明成员变量和局部变量并使用相同的名称，通过输出示例，成员变量被隐藏。

```
package com.skm.demo.chapter03;

public class TestSameName {
    double weight = 5;                              //成员变量
    public static void main(String[] args) {
        double weight = 6;                          //局部变量
        System.out.println("局部变量 weight"+weight);
    }
}
```

运行代码，结果如图 3.14 所示。输出结果为局部变量 weight 的值 6 而不是成员变量 weight 的值 5。

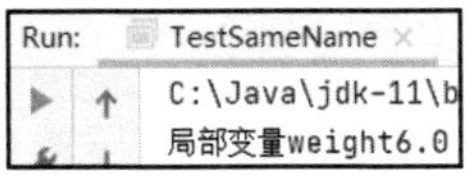

图 3.14　运行结果

3.3　运　算　符

Java 运算符包括算术运算符、关系运算符、位运算符、逻辑运算符、赋值运算符和条件运算符，并且 Java 规定了它们的运算优先顺序。

3.3.1　算术运算符

算术运算符主要用在数学表达式中，在 Java 中的作用和在数学中的作用一样。

1．算术运算符及其运算规则

Java 中的算术运算符及其运算规则如表 3.4 所示。表格中的示例是假设变量 x=10，变量 y=5。

表 3.4　算术运算符

运　算　符	功　能　描　述	示　　例
+	加法：对运算符两侧的值相加	x+y=15
−	减法：左操作数减去右操作数	x-y=5
*	乘法：对运算符两侧的值相乘	x*y=50
/	除法：左操作数除以右操作数	x/y=2

续表

运 算 符	功 能 描 述	示 例
%	取余：左操作数除以右操作数的余数	x%y=0
++	自增：操作数的值加1	x++或++x等于11（二者的区别见示例3.10）
--	自减：操作数的值减1	x--或--y等于9（二者的区别见示例3.10）

2．算术运算符使用示例

在 IDEA 开发工具的 StudyJava 项目中执行如下代码进行变量的算术运算符运算并输出结果。

【示例3.13】 对 x 和 y 变量进行+、-、*、/、%运算并输出运算结果。

```
package com.skm.demo.chapter03;

public class TestOperator {
    public static void main(String[] args) {
        int x = 10;
        int y = 5;
        System.out.println("x + y = " + (x + y) );        //加
        System.out.println("x - y = " + (x - y) );        //减
        System.out.println("x * y = " + (x * y) );        //乘
        System.out.println("x / y = " + (x / y) );        //除
        System.out.println("x % y = " + (x % y) );        //取余
    }
}
```

运行代码，结果如图 3.15 所示。

图 3.15　运行结果

3．自增、自减运算符

自增(++)、自减(--)运算符是一种特殊的算术运算符，只需要一个操作数进行运算，并且自增、自减运算符在操作数前后稍有不同：前缀自增自减法(++x,--x)是先进行自增或者自减运算，再进行表达式运算，后缀自增自减法(x++,x--)是先进行表达式运算，再进行自增或者自减运算。

自增、自减运算符的代码示例如下：

【示例3.14】 验证自增、自减运算符在操作数前后是否不同并输出运算结果。

```
package com.skm.demo.chapter03;

public class TestSelfAddMinus {
    public static void main(String[] args) {
        int x = 5;
        int y = 5;
        int a = 8*(++x);
        int b = 8*(y++);
        System.out.println("自增运算符前缀运算后 x="+x+",x="+a);
```

```
        System.out.println("自增运算符后缀运算后 y="+y+",y="+b);
    }
}
```

运行上述代码,结果如图 3.16 所示。

示例 3.10 实际运行的前缀自增过程为:int a = 8*(++x);
运算过程,可以分成 x=x+1、x=6 和 8*6=48 这 3 个计算步骤。
后缀自增过程为:int b = 8*(y++);运算过程,可以分成
8*5=40、y=y+1 和 y=6 这 3 个计算步骤。

图 3.16　运行结果

3.3.2　关系运算符

关系运算符是二元运算符,关系运算符可以对字符串、整数和字符等进行比较,返回
boolean 型数据,其主要用在判断条件语句中。

1. 关系运算符及其运算规则

Java 中的关系运算符及其运算规则如表 3.5 所示。表格中的示例是假设变量 x=10,变
量 y=5。

表 3.5　关系运算符

运 算 符	功 能 描 述	示 例
==	判断两个操作数的值是否相等,如果相等则条件为真	(x == y) 为假
!=	判断两个操作数的值是否相等,如果不相等则条件为真	(x != y) 为真
>	判断左操作数的值是否大于右操作数的值,如果是则条件为真	(x > y) 为真
<	判断左操作数的值是否小于右操作数的值,如果是则条件为真	(x < y) 为假
>=	判断左操作数的值是否大于或等于右操作数的值,如果是则条件为真	(x >= y) 为真
<=	判断左操作数的值是否小于或等于右操作数的值,如果是则条件为真	(x <= y) 为假

2. 关系运算符使用示例

在 IDEA 开发工具的 StudyJava 项目中执行如下代码进行变量的关系运算符运算并输
出运算结果。

【示例 3.15】对 x 和 y 变量进行关系运算并输出运算结果。

```
package com.skm.demo.chapter03;

public class TestRelation {
    public static void main(String[] args) {
        int x = 10;
        int y = 5;
        System.out.println("x == y = " + (x == y) );        //整数是否相等比较
        System.out.println("x != y = " + (x != y) );        //整数是否不等比较
```

```
                    //整数是否大于比较
                    System.out.println("x > y = " + (x > y) );
                    //整数是否小于比较
                    System.out.println("x < y = " + (x < y) );
                    //整数是否大于或等于比较
                    System.out.println("y >= x = " + (y >= x) );
                    //整数是否小于或等于比较
                    System.out.println("y <= x = " + (y <= x) );
            }
        }
```

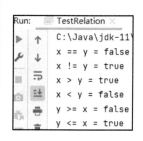

图 3.17　运行结果

上述代码的运行结果如图 3.17 所示。

3.3.3　位运算符

Java 位运算符是对二进制位数值进行位运算。设 x = 30，y = 20，它们对应的二进制值表示如下：

x=0001 1110，y=0001 0100

1. 位运算符及运算规则

位运算符及运算规则如表 3.6 所示，这里通过 x、y 进行示例说明。

表 3.6　Java中的位运算符

运　算　符	功　能　描　述	示　　例
&（与）	如果相对应的位都是1，则结果为1，否则为0	(x & y)，得到20，即0001 0100
|（或）	如果相对应的位都是0，则结果为0，否则为 1	(x|y)得到30，即0001 1110
～（非）	按位取反操作数的每一位，即0变成1，1变成0	(～x)得到−31，即1001 1111
^（异或）	如果相对应的位的值相同，则结果为0，否则为1	(x^ y)得到10，即0000 1010
<<（左移）	左操作数按位左移右操作数指定的位数	x<<3得到240，即1111 0000
>>（右移）	左操作数按位右移右操作数指定的位数	x>>3得到3，即0000 0011
>>>（无符号右移）	左操作数的值按右操作数指定的位数右移，移动得到的空位以0填充	x>>>3得到3，即0000 0011

我们以"与"为例，说明二进制位运算是如何运算的。如图 3.18 所示，最上面为 x=0001 1110，中间为 y=0001 0100，将 x 与 y 的每一个二进制位值进行"与"运算。例如，右边个位 0 与 0 进行"与"运算为 0，十位 1 与 0 进行"与"运算为 0，百位 1 与 1 进行"与"运算为 1，依次把所有对应位进行"与"运算，其结果为最下面的 c=0001 0100。

2. 示例

在 IDEA 开发工具的 StudyJava 项目中执行如下代码进行变量的位运算符运算并输出运算结果。

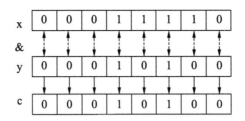

图 3.18　将 x、y 进行二进制"与"运算

【示例 3.16】 对 x 和 y 变量进行位运算并输出运算结果。

```java
package com.skm.demo.chapter03;

public class TestBit {
    public static void main(String[] args) {
        int x = 30;                         /* 30 = 0001 1110 */
        int y = 20;                         /* 20 = 0001 0100 */
        int c = 0;
        c = x & y;                          /*二进制与运算结果: 0001 0100=20  */
        System.out.println("x & y = " + c );
        c = x | y;                          /*二进制或运算结果: 0001 1110=30  */
        System.out.println("x | y = " + c );
        c = ~x;                             /*二进制非运算结果: 1001 1111=-31 */
        System.out.println("~x = " + c );
        c = x ^ y;                          /*二进制异或运算结果: 0000 1010=10 */
        System.out.println("x ^ y = " + c );
        c = x << 3;                         /*二进制左移运算结果: 1111 0000=240*/
        System.out.println("x << 3 = " + c );
        c = x >> 3;                         /*二进制右移运算结果: 0000 0011=3 */
        System.out.println("x >> 3  = " + c );
        c = x >>> 3;                        /* 二进制无符号右移: 0000 0011=3 */
        System.out.println("x >>> 3 = " + c );
    }
}
```

运行代码，结果如图 3.19 所示。

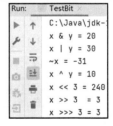

图 3.19　运行结果

3.3.4　逻辑运算符

Java 中的逻辑运算符和关系运算符可以组合成较为复杂的表达式，用于条件判断，判断的结果为 true 或 false。

1. 逻辑运算符及运算规则

表 3.7 中列出了逻辑运算符的基本运算，假定变量 x 为 true，变量 y 为 false。

表 3.7　Java中逻辑运算符

运　　算　　符	功　能　描　述	示　　例
&&(逻辑与)	只有两个操作数都为true时，结果才为true	（x && y）为false
||(逻辑或)	如果两个操作数中的任何一个为true，则结果为true	（x || y）为true
!（逻辑非)	对操作数取反。如果操作数为true，则结果为false	! x为false

2．示例

在 IDEA 开发工具的 StudyJava 项目中执行如下代码进行变量的逻辑运算符运算并输出运算结果。

【示例 3.17】对 x 和 y 变量进行逻辑运算并输出运算结果。

```
package com.skm.demo.chapter03;

public class TestLogic {
    public static void main(String[] args) {
        boolean x = true;
        boolean y = false;
        System.out.println("x && y = " + (x&&y));        //逻辑与
        System.out.println("x || y = " + (x||y) );       //逻辑或
        System.out.println("!x = " + !x);                //逻辑非
    }
}
```

运行上述代码，结果如图 3.20 所示。

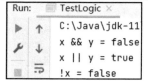

图 3.20　运行结果

3.3.5　赋值运算符

在 Java 中，赋值运算符用 "=" 表示，将右操作数的值赋值给左操作数，右操作数可以是任何表达式，但是左操作数必须是一个变量。

```
int age = 50;
```

在 IDEA 开发工具的 StudyJava 项目中执行如下代码，进行变量的赋值运算符运算并输出运算结果。

【示例 3.18】对 x 和 y 变量进行位运算并输出运算结果。

```
package com.skm.demo.chapter03;

public class TestEqual {
    public static void main(String[] args) {
        int x = 30;
        int y = 20;
        int z = 0;
        boolean b;
        z = x + y;
        System.out.println("z=" + z);
        b = x > y;
```

```
        System.out.println("b=" + b);
    }
}
```

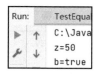

上述代码的运行结果如图 3.21 所示。

图 3.21　运行结果

3.3.6　条件运算符

在 Java 中还有一个比较特殊的运算符——条件运算符，也叫三元运算符。它共有 3 个操作数。条件运算符的主要功能是根据条件表达式的结果决定将哪个值赋值给变量。使用格式如下：

```
variable x = (boolean expression) ? value1 if true : value2 if false
```

x 为等待赋值的变量，expression 表示表达式，其运算结果为 true 或 false。如果值为 true，则把 vulue1 赋值给 x；如果值为 false，则把 value2 赋值给 x。

在 IDEA 开发工具的 StudyJava 项目中执行如下代码用于变量的条件运算符运算并输出运算结果。

【示例 3.19】对条件表达式进行运算，并输出运算结果。

```
package com.skm.demo.chapter03;

public class TestThree {
    public static void main(String[] args) {
        int x, y;
        x = 5;
        //如果 x 等于 1 成立，则把 10 赋值给 y，否则把 20 赋值给 y
        y = (x == 1) ? 10 : 20;
        System.out.println("y= " + y);
        //如果 x 等于 t 成立，则把 10 赋值给 y，否则把 20 赋值给 y
        y = (x == 5) ? 10 : 20;
        System.out.println("y= " + y);
    }
}
```

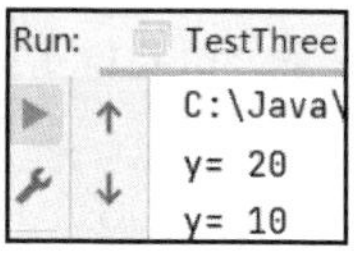

上述代码的运行结果如图 3.22 所示。

图 3.22　运行结果

3.3.7　运算符的优先级

Java 中的运算符具有优先级，当一个表达式中存在多个运算符时，则根据运算符的优先级顺序进行运算，优先级高的先运算，优先级低的后运算。

1．运算符优先级

Java 常用的逻辑运算符优先级如表 3.8 所示。

表 3.8　Java常用的逻辑运算符

优　先　级	运　算　符	描　述
1	()	小括号
2	++、--、!	一元
3	*、/、%	乘、除、取余
4	+、-	加减
5	>>、>>>、<<	移位
6	>>、=<、<=	关系
7	==、!=	相等
8	&	按位与
9	^	按位异或
10	|	按位或
11	&&	逻辑与
12	||	逻辑或
13	? :	条件
14	=	赋值

🔔**注意**：在使用时尽量用小括号来区分运算符优先级，以提高代码的可读性。

2. 案例示例

在 IDEA 开发工具的 StudyJava 项目中执行如下代码进行变量的混合运算，并输出运算结果。

【示例3.20】对变量进行混合运算并输出运算结果。

```java
package com.skm.demo.chapter03;

public class TestCalc {
    public static void main(String[] args) {
        int x = 10;
        int y = 20;
        int z = 5;
        int result = (x>y && y>z) ? (z++) : (++z);
        System.out.println(result);
    }
}
```

对代码(x>y && y>z) ? (z++) : (++z);的执行顺序分析如下：

1）小括号优先级最高，因此先运算第一组小括号中的代码。

2）比较运算符"＞"的优先级大于逻辑运算符"&&"，因此先执行 x>y，得到结果为 false，再执行 y>z 得到结果为 true，最后执行 x>y 的结果&&y>z 的结果，即 false && true，结果为 false。

3）三元运算符中的条件判断结果为 false，返回表达式 2 的结果为 ++z。

4）++z 先将变量 z 的值自增 1，更新为 6，然后值赋给变量 result，即 result 值为 6；

上述代码的运行结果如图 3.23 所示。

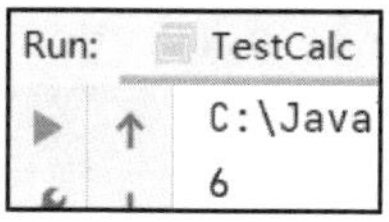

图 3.23　运行结果

3.4　类型与进制转换

在 Java 表达式中，当操作数的数据类型不一致时发，需要将其从一种数据类型转换成另一种数据类型。数据类型的转换可以分为隐式类型转换（自动类型转换）和显式类型转换（强制类型转换）两种。

数据类型转换必须满足如下规则：

- 不能对 boolean 类型进行类型转换；
- 不能把对象类型转换成不相关类的对象；
- 在把容量大的类型转换为容量小的类型时必须使用强制类型转换；
- 转换过程中可能导致溢出或损失精度。

3.4.1　隐式类型转换

如果同时满足以下两个条件，在赋值时，将执行自动类型转换。

- 两种数据类型相互兼容；
- 目标类型的取值范围大于源数据类型（低级类型数据转换成高级类型数据）。

转换规则如下：

- 数值型数据的转换：byte→short→int→long→float→double。
- 字符型转换为整型：char→int。

以上转换遵循从左到右的转换顺序，最终转换成表达式中表示范围最大的数据类型。

在 IDEA 开发工具的 StudyJava 项目中执行如下代码进行变量类型的隐性转换，并输出运算结果。

【示例 3.21】对隐式类型进行转换并输出运算结果。

```java
package com.skm.demo.chapter03;

public class TestAuto {
    public static void main(String[] args) {
        float price1 = 3.5f;              // 定义鲫鱼的价格
        double price2 = 7.6;              // 定义鲤鱼的价格
        int num1 = 3;                     // 定义鲫鱼的数量
        int num2 = 1;                     // 定义鲤鱼的数量
```

```
        double total = price1 * num1 + price2 * num2;        // 计算总价
        System.out.println("一共需付给收银员" + total + "元"); // 输出总价
    }
}
```

在上面的代码中，int 和 float 都自动转换为了 double
类型。

上述代码的运行结果如图 3.24 所示。

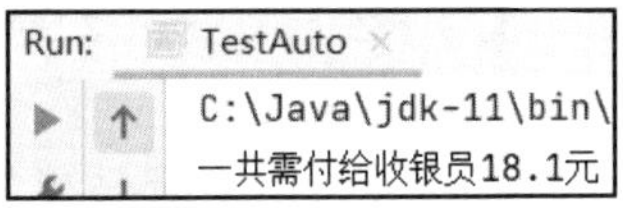

图 3.24　运行结果

3.4.2　显式类型转换

显式类型转换的两种数据类型必须相互兼容，并且目标类型的取值范围小于源数据类型（高级类型数据转换成低级类型数据）。显式类型转换可能会损伤数据精度。

在 IDEA 开发工具的 StudyJava 项目中执行如下代码进行变量的显式类型转换，并输出运算结果。

【示例 3.22】对显式类型转换进行举例，并输出运算结果。

```
package com.skm.demo.chapter03;

public class TestForce {
    public static void main(String[] args) {
        int price = (int)7.6;                    //定义鲤鱼的价格，强制取整
        System.out.println("鲫鱼的整数价格是:"+price);
    }
}
```

上述代码将默认为 double 类型的 7.6 显式转换为了 int 类型，
数据从 7.6 变成了 7，损失了数据精度。

运行代码，结果如图 3.25 所示。

图 3.25　运行结果

3.4.3　进制转换

在计算机里会碰到十六进制、十进制、八进制和二进制数字互相转换的问题。Java 提供了相应的转换方法，以方便计算机对程序进行识别和运行。

1.　进制定义

几进制是使用几个数字来表示的数，它的基数就是几，进位规则是"逢几进一"。例如，二进制是使用两个数字来表示的数，它的基数就是二（0、1），进位规则是"逢二进一"。十进制和八进制同理。

2.　十进制转换成其他进制

十进制转成几进制就除以几，直到商为 0，最后把余数反转。十进制转换成二进制，

就是不断除以 2，直到商为 0。

例如，将 29 转换为二进制，如图 3.26 所示，十进制转换成其他进制同理可得。

3．其他进制转换成十进制

几进制转换成十进制是从右到左用几进制的每个数去乘以几的相应次方，小数点后则是从左往右的顺序。

二进制转换成十进制是从右到左用二进制的每个数去乘以二的相应次方，小数点后则是从左往右的顺序。

例如，将二进制数$(1101.01)_2$转换为十进制计算如下，其他进制转换成十进制同理可得。

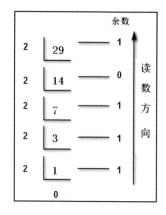

图 3.26　十进制转换为二进制

$$(1101.01)_2=1*2^0+0*2^1+1*2^2+1*2^3+0*2^{-1}+1*2^{-2}=1+0+4+8+0+0.25=(13.25)_{10}$$

4．使用Java中的封装方法进行进制转换

Java 中已经封装好了进制转换的方法，无论是常规的十进制转、二进制、八进制、十六进制，还是相应的二进制、八进制、十六进制转化为十进制的方法；当然也包括十进制转换为 n 进制，n 进制转换为十进制的常规方法，可以直接调用，如表 3.9 所示。

表 3.9　Java中进制转换方法

进制转化其他进制	对应的方法,参数:x(原进制数据),n(进制)	返　回　值
十进制转换为二进制	Integer.toBinaryString(x);	二进制字符串
十进制转换为八进制	Integer.toOctalString(x);	八进制字符串
十进制转换为十六进制	Integer.toHexString(x);	十六进制字符串
十进制转换为n进制	Integer.toString(m,n);m转换的数	n进制字符串
n进制的字符串s 转换为十进制	Integer.parseInt((String) s,(int)n);	十进制字符串

在 IDEA 开发工具的 StudyJava 项目中执行如下代码进行不同进制的转换并输出结果。

【示例3.23】进制转换举例，并输出运算结果。

```
package com.skm.demo.chapter03;

public class TestTransf {
    public static void main(String[] args) {
        int x = 21;
        //将 x 转换为二进制
        System.out.println(x+"的二进制是:"+Integer.toBinaryString(x));
        //将 x 转换为八进制
        System.out.println(x+"的八进制是:"+Integer.toOctalString(x));
        //将 x 转换为十六进制
        System.out.println(x+"的十六进制是:"+Integer.toHexString(x));
```

```
                                        //将 x 转换为任意进制,本例转换为三进制
        System.out.println(x+"的五进制是:"+Integer.toString(x,3));
        String str1 = "10101";              //1+4+16==21
             //将任意进制的字符串 str1 转换为十进制,radix 标明字符串 str1
的进制数, 本例为 2
        //结果是 21
        System.out.println(str1+"的二进制是:"
+(Integer.parseInt(str1,2)));
        String str2 = "200";        //2*3^2==18
                //将任意进制的字符串 str2
转换为十进制,radix 标明字符串 str1 的进制数,本例为 3
        System.out.println(str1+"的三进制是:"
+(Integer.parseInt(str2,3)));    //结果是 18
    }
}
```

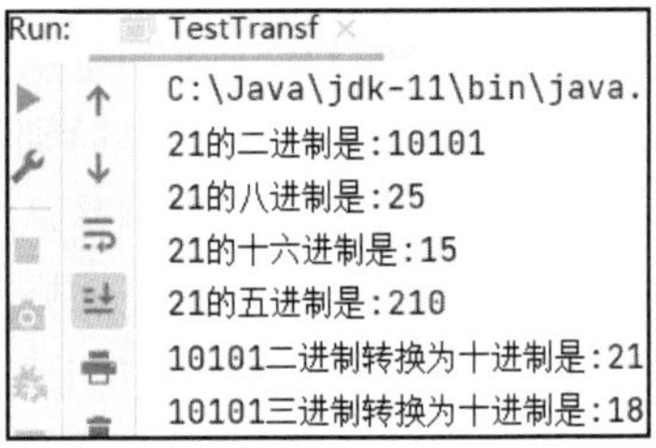

上述代码的执行结果如图 3.27 所示。

图 3.27　执行结果

3.5　案例——三酷猫的购物单

三酷猫最近嘴馋，于是便来到菜市场买鱼吃。鲫鱼 6.5 元一斤，胖头鱼 12 元一斤。它买了 2 斤鲫鱼，1.5 斤胖头鱼。那么三酷猫总共花了多少钱呢？它带了 40 元钱，可以支付买鱼的钱吗？学习了本章知识后，三酷猫决定通过编程来实现购物单的计算。

在 IDEA 开发工具的 StudyJava 项目中执行如下代码，计算三酷猫买鱼所花的钱并输出计算结果。

```
package com.skm.demo.chapter03;

public class Chapter0301 {
    public static void main(String[] args) {
        double crucianCarpPrice = 6.5 ;        //鲫鱼单价
        int variegatedCarpPrice = 12 ;         //胖头鱼单价
                                    /**2 斤鲫鱼, 1.5 斤胖头鱼的总价 */
        double allPrice = crucianCarpPrice*2 + variegatedCarpPrice*1.5 ;
        //输出消费金额
        System.out.println("今日买鱼总共花了: " + allPrice + "元");
        double kumaoPrice = 40 ;                //三酷猫身上所带的钱数
        //比较销售金额和三酷猫所带的钱数
        boolean canBuy = kumaoPrice >= kumaoPrice ;
        //输出钱是否够的答案
        System.out.println("三酷猫身上的钱够买这些鱼吗? "+canBuy);
    }
}
```

上述代码的执行结果如下：

```
今日买鱼总共花了: 31.0 元
三酷猫身上的钱够买这些鱼吗? true            //结论：三酷猫所带的钱够了
```

3.6　练习和实验

一、练习

1．填空题

1）基本数据类型包括（　　　）、（　　　）、（　　　）、（　　　）和（　　　）。

2）判断两个字符串内容是否相等用的是什么方法？（　　　）

3）在程序运行过程中，内存单元不能修改的数据称为（　　　）。

4）如果 x=4，y=6，那么 x & y =（　　　），x | y =（　　　）。（提示：用二进制进行按位计算）

5）int a = 50，int b = 60，int x = (a >= b)？0:1，请问打印出来的 x 应该是什么？（　　　）

2．判断题

1）可以把 0 赋值给布尔类型中的 false。　　　　　　　　　　　　　　　（　　　）

2）float d = 1.0；这样的赋值方式是正确的。　　　　　　　　　　　　　（　　　）

3）如果局部变量和成员变量的变量名相同，那么成员变量将被隐藏。　　（　　　）

4）boolean a = true，boolean b = false，那么 a || b = true。　　　　　（　　　）

5）Java 类型转换，一定会是正确的。　　　　　　　　　　　　　　　　　（　　　）

二、实验

实验 1：修改 3.5 节的案例，其他需求不变，新增如下要求：

1）三酷猫身上带的是 10 美元，当天汇率为 1 美元兑 6.4708 元人民币。

2）三酷猫去兑换美元，期间花费了 10 元路费，吃饭花了 20 元。

3）求：三酷猫回来时还能买到之前相同数量的鱼吗？

实验 2：修改 3.5 节的案例，按照如图 3.28 所示的格式输出三酷猫的购物单。

图 3.28　三酷猫的购物单

第 4 章　条件分支与循环

在现实世界中，人们在完成某件事情时需要进行逻辑判断或反复操作。例如，三酷猫在海鲜市场里买鱼的时候需要判断买什么鱼，买哪个价格的鱼，鱼的新鲜度如何，所带的钱够不够等，还需要反复计算每种鱼的金额和鱼的条数等。Java 中的条件分支和循环语句可以模拟现实世界的逻辑判断和重复行为。

本章主要内容如下：

- 条件分支；
- 循环；
- 循环控制；
- 嵌套示例。

📖说明：第 4 章的示例代码统一存放在 StudyJava 项目的 com.skm.demo.chapter04 包里。

4.1　条件分支

Java 语言通过 if 语句和 switch 语句实现对条件分支的判断，它们为代码的逻辑判断提供了操作方法。学习完条件分支语句之后会发现，使用 Java 进行编程将变得非常灵活。

4.1.1　if 语句

if 语句通过条件判断执行不同模块里的代码，每个 if 语句包含一个布尔表达式，并对应一个可执行的代码块。其基本语法格式有 3 种：单分支判断、双分支判断和多分支判断。

1. 单分支判断

单分支判断的基本使用格式如下：

```
if(布尔表达式){        //布尔表达式的值为 true 时执行代码块 1，为 false 不执行代码块 1
    //代码块 1
}
```

if 语句后面紧跟布尔表达式，如果布尔表达式的值为 true，则执行 if 语句中的代码块，否则直接执行 if 语句块后面的代码。代码块被一对花括号（{}）包围，花括号决定了代码块的范围。

在 IDEA 开发工具的 StudyJava 项目中执行如下代码，进行单分支的演示并输出两种结果。

【示例 4.1】 进行单分支判断，并输出布尔表达式的值为 true 的运算结果。

```java
package com.skm.demo.chapter04;

public class TestIf1 {
    public static void main(String[] args) {
        int x = 25;
        if(x < 40){                              // 布尔表达式的值为 true
            System.out.println("执行了if 语句块语句");
        }
        System.out.println("程序结束");
    }
}
```

运行上述代码，执行结果如图 4.1 左半部分所示；如果将 x 赋值 45，则执行结果如图 4.1 右半部分所示。

图 4.1　执行结果

2. 双分支判断

双分支判断的基本使用格式如下：

```java
if(布尔表达式){          //布尔表达式的值为 true 时执行代码块 1，否则执行代码块 2
   //代码块 1
}else{                 //布尔表达式的值为 false 时执行代码块 2
   //代码块 2
}
```

双分支判断语句是在 if 语句后面跟一个 else 语句，当 if 语句的布尔表达式的值为 true 时，执行 if 语句的代码块 1；当布尔表达式的值为 false 时，else 语句的代码块 2 会被执行。

在 IDEA 开发工具的 StudyJava 项目中执行如下代码，进行双分支判断的演示并输出两种结果。

【示例 4.2】 进行双分支判断，并输出布尔表达式的值为 true 的运算结果。

```java
package com.skm.demo.chapter04;

public class TestIf2 {
```

```
public static void main(String[] args) {
    int x = 25;
    if(x < 40){                              // 布尔表达式的值为 true
        System.out.println("x 小于 40");
    }else{                                   //布尔表达式的值为 false
        System.out.println("x 大于 40");
    }
    System.out.println("程序结束");
}
}
```

上述代码的执行结果如图 4.2 左半部分所示；将 x 赋值 45，执行结果如图 4.2 右半部分所示。

3. 多分支判断

图 4.2　执行结果

多分支判断的基本使用格式如下：

```
if(布尔表达式 1){                    //布尔表达式 1 的值为 true 时执行代码块 1
    //代码块 1
}else if(布尔表达式 2){              //如果布尔表达式 2 的值为 true 时执行代码块 2
    //代码块 2
//...
}else {                            //如果以上布尔表达式的值都不为 true，则执行代码块 n
    //代码块 n
}
```

使用多分支判断语句时需要注意以下 3 点：
- if 语句至多有一个 else 语句，else 语句在所有的 else if 语句之后。
- if 语句可以有若干个 else if 语句，它们必须在 else 语句之前。
- 判断一旦其中一个布尔表达式的值为 true，则其他的语句都将跳过执行。

在 IDEA 开发工具的 StudyJava 项目中执行如下代码，进行多分支判断的演示并输出各种结果。

【示例 4.3】进行多分支判断，并输出多种运算结果。

```
package com.skm.demo.chapter04;

public class TestIf3 {
    public static void main(String[] args) {
        int score = 95;

        if( score >= 90 && score <= 100){
            System.out.println("成绩优秀");
        }else if( score >= 70 ){
            System.out.println("成绩良好");
        }else if( score >= 60 ){
            System.out.println("成绩及格！");
        }else{
```

```
                System.out.println("成绩不合格");
            }
            System.out.println("成绩等级判定完成");
        }
    }
```

上述代码的执行结果如图 4.3 中的①所示；如果将 x 赋值 85，则执行结果如图 4.3 中的②所示；如果将 x 赋值 65，则执行结果如图 4.3 中的③所示；如果将 x 赋值 55，则执行结果如图 4.3 中的④所示。

图 4.3　执行结果

4.1.2　switch 语句

有时需要判断一个变量与若干个值中的某一个值是否相等，如果不相等则再用另一个值来比较，以此类推。这种问题可以用 switch 来实现，当然使用 if 语句也可以完成。

1. switch语句的格式

switch 语句的使用格式如下：

```
switch(表达式){
    //value1 为 case 的一个标签值，用于与表达式结果进行比较，如果相等则执行代码块 1
    case value1 :
      //代码块 1
      break;                          //可选
    case value2 :
      //代码块 2
      break;                          //可选
      //可以有任意数量的 case 语句
    default :                         //可选
      //代码块 3
}
```

switch 语句一般要遵守如下规则：
- switch 语句中表达式的结果类型可以是 byte、short、int 或者 char。从 Java SE 7（SE 7 为 Java 发布的修订版本）开始，switch 语句表达式开始支持字符串类型，同时 case 标签必须为对应类型的常量。
- 在 switch 语句中可以有多个 case 语句，每个 case 后面需要跟一个比较的值和冒号。
- case 语句后面跟的 value 值的数据类型必须与表达式的数据类型相同，而且只能是常量。

- 当表达式的变量值与 case 语句的 value 值相等时，开始执行 case 语句之后的语句，直到 break 语句出现才会跳出 switch 语句。
- 当遇到 break 语句时 switch 语句会终止，程序将跳转到 switch 语句后面开始执行；case 语句可以不包含 break 语句，如果没有 break 语句出现，则程序会继续执行下一条 case 语句，直到出现 break 语句或程序结束。
- switch 语句可以包含一个 default 分支，该分支放在 switch 语句的最后一个分支后；default 在 case 语句的值和变量值不相等的时候执行其内的代码块；default 分支不需要 break 语句。
- 不同 case 中的 value 值不能重复。

2．switch语句示例

在 IDEA 开发工具的 StudyJava 项目中执行如下代码，进行 switch 分支的演示并输出结果。

【示例 4.4】进行 switch 分支判断，并输出运算结果。

```java
package com.skm.demo.chapter04;

public class TestSwitch {
    public static void main(String[] args) {
        int week=4;
        switch(week){
            case 1:                 //如果 week 等于 1，则执行本选择判断内的代码块
                System.out.println("周一");
                break;
            case 2:                 //如果 week 等于 2，则执行本选择判断内的代码块
                System.out.println("周二");
                break;
            case 3:                 //如果 week 等于 3，则执行本选择判断内的代码块
                System.out.println("周三");
                break;
            case 4:                 //如果 week 等于 4，则执行本选择判断内的代码块
                System.out.println("周四");
                break;
            case 5:                 //如果 week 等于 5，则执行本选择判断内的代码块
                System.out.println("周五");
                break;
            default:                //如果 week 为其他值，则执行本选择判断内的代码块
                System.out.println("周末");
        }
        System.out.println("程序结束");
    }
}
```

在上述代码中，week 变量的值为 4，它会和 1、2、3 分别进行比较，如果不相等则继续向下比较，直到与 4 相等，则执行 System.out.println("周四");语句，然后执行后面的 break;语句退出 switch 语句，最后执行 System.out.println "程序结束");语句结束程序。

上述代码的执行结果如图 4.4 所示。

图 4.4 执行结果

4.2 循 环

顺序结构的每行代码最多只能被执行一次，而循环结构可以在满足一定条件下反复执行某个代码块。

Java 中有 3 种主要的循环语句：for 循环、while 循环和 do…while 循环。

4.2.1 for 循环语句

for 循环语句是 Java 中最常用的一种循环语句，在已知循环执行次数的情况下使用 for 循环的较多。从 Java 5 开始提供了增强 for 循环的功能。

1. 基本的for循环语句

基本的 for 循环语句的语法格式如下：

```
for(初始化表达式；布尔表达式；循环控制变量) {
    //代码块
}
```

关于 for 循环的执行过程，分为以下 4 步：

1）执行初始化表达式，其使用方式如下：

- 可以声明一种类型，如 int i = 0;
- 可初始化一个或多个循环控制变量，循环控制变量为整型，如 int i=1;
- 可以是空语句，如 "…"。

2）判断布尔表达式的值，如果为 true，则执行循环体中的代码块；如果为 false，则循环终止，执行循环体后面的代码。

3）执行一次循环后，更新循环控制变量。

4）再次判断布尔表达式的值，从第 2）步开始重复执行上面的步骤。

在 IDEA 开发工具的 StudyJava 项目中执行如下代码进行 for 循环的演示并输出结果。

【示例 4.5】用 for 循环语句实现输出 "三酷猫钓鱼水平最棒" 100 次。

```
package com.skm.demo.chapter04;

public class TestFor {
```

```
    public static void main(String[] args) {
        //从 1 循环到 100，用 i 作为循环控制变量，每循环 1 次 i 自增 1
        for(int i = 1;i<=100;i++){
            System.out.println("三酷猫钓鱼水平最棒");
        }
System.out.println("for 循环执行完毕");
    }
}
```

上述代码的执行结果如图 4.5 所示。

2. 增强 for 循环语句

增强 for 循环语句的语法格式如下：

```
for(声明局部变量 ：遍历对象){
    //代码块
}
```

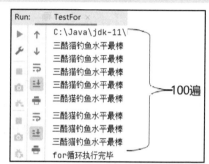

图 4.5　执行结果

关于增强 for 循环语法有以下两点说明：

- 声明局部变量：声明一个新的局部变量，该
  变量的类型要求必须和数组元素的类型相匹
  配；这个变量的作用域只在循环语句块中起作用，其值与此时数组元素的值相等。
- 遍历对象：遍历对象是要访问的数组名，也可以是返回值为数组的方法。

对于增强 for 循环的具体使用在第 5 章再详细介绍。

4.2.2　while 循环语句

while 是另外一种常用的循环语句，其语法格式如下：

```
while(布尔表达式) {
    //循环体代码块
}
```

while 循环的特点是先判断布尔表达式的值，再执行循环体代码块。只要布尔表达式
为 true，循环就会一直执行下去。

在 IDEA 开发工具的 StudyJava 项目中执行如下代码进行 while 循环语句的演示并输出
结果。

【示例 4.6】为了使晚餐丰盛些，三酷猫陪爸爸去小河边钓鱼。爸爸钓上来一条鱼后就
问三酷猫："这些鱼够晚餐吃吗？"，"不够吃呢。"三酷猫回答。于是爸爸就继续钓鱼，一
直到三酷猫说"够吃了。"，然后三酷猫和爸爸就结束钓鱼行动一起回家了。

用 while 循环语句实现上述故事的描述，需要分以下几步来实现：

1）分析循环控制条件和循环操作。

2）套用 while 语法写出代码。

3）检查循环控制条件是否终止循环。

在本故事中，循环控制条件"鱼是否够吃"的问题通过键盘输入来回答，如果不够吃则需要继续循环，如果够吃则控制条件结果为 false，终止循环；循环操作是"爸爸就继续钓鱼"。代码如下：

```java
package com.skm.demo.chapter04;

import java.util.Scanner;                    //导入键盘输入对象类 Scanner

public class TestWhile {
    public static void main(String args[]){
        //利用 Scanner 类创建从键盘输入对象 input
        Scanner input = new Scanner(System.in);
        //输出提示字符串，用于提示键盘输入 y 或 n
        System.out.print("这些鱼够晚餐吃了么？(y/n):");
        //通过 input.next()接收键盘输入的字符串
        String answer = input.next();
        //如果输入的字符串是 n 则执行循环体，否则结束循环
        while (!answer.equals("y")) {
            System.out.println("爸爸继续钓鱼！");
            answer = input.next();
        }
        System.out.println("回家！");
    }
}
```

上述代码的执行结果如图 4.6 所示，其中，字符 n 和 y 是通过键盘输入的。

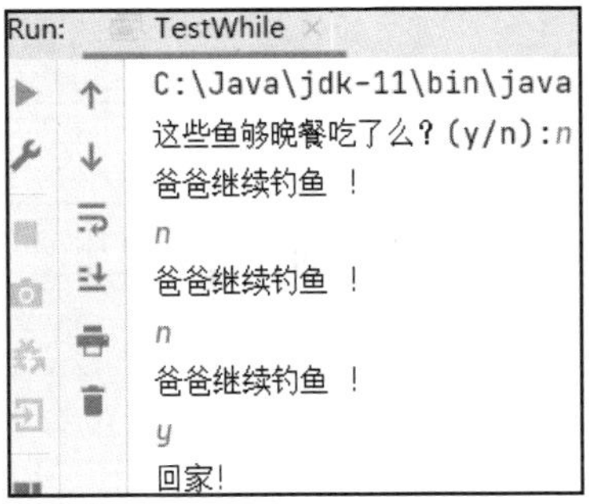

图 4.6 执行结果

4.2.3 do…while 循环语句

do…while 是 Java 语言中第 3 种基本的循环语句，其语法格式如下：

```java
do {
  //循环体代码块
}while(布尔表达式);
```

do…while 循环和 while 循环非常相似，二者的区别是，do…while 循环至少会执行一次。如果布尔表达式结果为 false 则停止循环；如果为 true，则继续返回 do 进入下一次循环。

在 IDEA 开发工具的 StudyJava 项目中执行如下代码进行 do…while 循环语句的演示并输出结果。

【示例 4.7】为了欢庆六一，猫家族决定举办一场小猫咪钓鱼大赛。三酷猫为了在大赛中取得好的成绩，苦练钓鱼本领。眼看六一就要到了，三酷猫决定先向爸爸展示一下钓鱼本领，如果令爸爸非常满意，则就不用练习了，否则之后每天都要练习，直到爸爸认为满意为止。三酷猫能否用熟练的钓鱼技术征服爸爸呢？用 do…while 循环语句实现上述故事

的描述。

```java
package com.skm.demo.chapter04;

import java.util.Scanner;

public class TestDoWhile {
    public static void main(String[] args) {
        Scanner input = new Scanner(System.in);
        String answer;
        do {
            System.out.println("三酷猫苦练钓鱼技术");
            System.out.print("爸爸，我的技术可以了吗？(y/n):");
            //用键盘输入 y 或 n 决定是否继续循环
            answer = input.next();
            //用字符串的 equals() 方法判断输入的字符
串是否与 y 相等
        } while (!answer.equals("y"));
        System.out.println("耶，大功告成！");
    }
}
```

上述代码的执行结果如图 4.7 所示，其中，n 和 y
是通过键盘输入的。

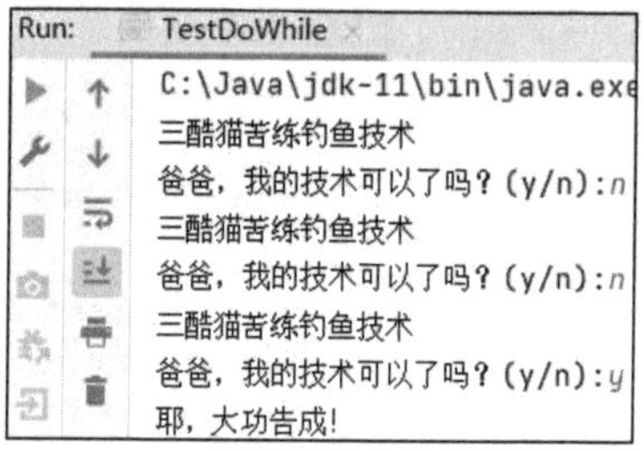

图 4.7 执行结果

4.3 循 环 控 制

为了更好地控制循环次数，Java 提供了 break 和 continue 两个循环控制语句。

4.3.1 break 语句

在 switch 语句里已经使用过 break 语句，这里继续介绍其完整的使用方法。

break 语句主要用在循环语句或者 switch 语句中，用来跳出整个代码块。当存在多层
嵌套循环时，break 语句只跳出当前循环层。

在 IDEA 开发工具的 StudyJava 项目中执行如下代码进行循环控制 break 语句的演示并
输出结果。

【示例 4.8】学校举办春季运动会，三酷猫报了 10 000 米长跑项目。如果在长跑途中
出现特殊情况，则需要退出比赛。假设三酷猫在跑完第 8 圈时需要退出比赛，用循环语句
结合 break 控制语句实现上述故事的描述。

```java
package com.skm.demo.chapter04;

public class TestBreak {
    public static void main(String args[]) {
        int length = 0;
```

```
    for (int i = 0; i < 25; i++) {
        if (i == 8) {                    //当 i 等于 8 时
            break;                       //用 break 跳出 for 循环
        }
        length = (i + 1) * 400;
    }
    System.out.println("三酷猫一共跑了" +
length + "米");
    }
}
```

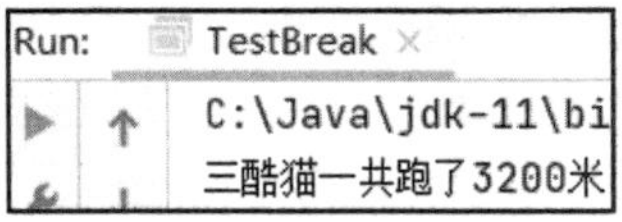

运行代码，结果如图 4.8 所示。三酷猫显然只跑了 8 圈！

图 4.8　运行结果

4.3.2　continue 语句

continue 是另外一种循环控制语句，作用是让程序立刻跳过循环体 continue 后面的语句而直接进入下一次循环开始处。

- 在 for 循环中，continue 语句使程序立即跳转到改变循环变量表达式的语句处。
- 在 while 或者 do…while 循环中，continue 语句使程序立即跳转到布尔表达式的判断语句处。

下面通过示例介绍 continue 语句的使用方法。在 IDEA 开发工具的 StudyJava 项目中执行如下代码，演示循环控制 continue 语句的使用并输出结果。

【示例 4.9】学校举办秋季运动会，三酷猫再次报了 10 000 米长跑项目。经过一段时间的训练，三酷猫此次非常有信心能够完成比赛，但是在跑到第 20 圈时它感觉喉咙快要冒火了，于是它想暂停一下喝口水再继续跑，于是他就停下来喝了点水后又继续比赛了。用循环语句结合 continue 控制语句实现上述故事的描述。

```
package com.skm.demo.chapter04;

public class TestContinue {
    public static void main(String args[]) {
        int length = 0;
        int j = 0;
        for (int i = 0; i < 25; i++) {
            if (i == 20) {
                continue;                //跳回到 for 语句开始执行处
            }
            j++;
            length = j * 400;
        }
        System.out.println("三酷猫一共跑了" + length
+ "米");
    }
}
```

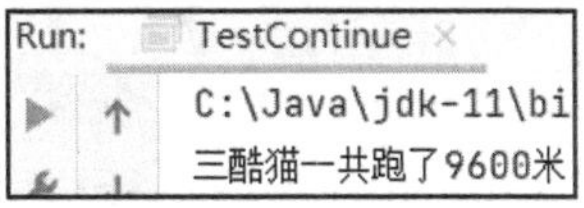

运行代码，结果如图 4.9 所示。三酷猫显然少跑了 1 圈！

图 4.9　执行结果

4.4　嵌　套　示　例

所谓的嵌套，就是分支语句和循环语句的内部，嵌套出现分支语句和循环语句，而且上述两种语句可以混合嵌套使用。

4.4.1　上山探宝游戏

分支语句支持嵌套条件判断。

三酷猫听说泰山发现了玉石，于是它决定去泰山碰碰运气。进入泰山有 4 条路，只有一条路上能遇到玉石，并且需要判断是白玉、青玉、墨玉还是石头。最后三酷猫找到了一块白玉，运气不错。

请用嵌套的条件判断语句实现上述故事的描述。

在 IDEA 开发工具的 StudyJava 项目中执行如下代码，演示如何综合运用条件语句解决实际问题，并输出结果。

【示例 4.10】编写代码模拟三酷猫在泰山碰运气找宝贝的游戏。

```java
package com.skm.demo.chapter04;

public class TestMountains {
    public static void main(String[] args) {
        int road = 3;
        int stone = 33;
        if(road == 1){
            System.out.println("路一只有石头");
        }else if(road == 2){
            System.out.println("路二只有石头");
        }else if(road == 3){
            if(stone == 31){
                System.out.println("是块儿墨玉，不是白玉");
            }else if(stone == 32){
                System.out.println("是块儿青玉，不是白玉");
            }else if(stone == 33){
                System.out.println("终于找到了白玉");
            }
        }else {
            System.out.println("路四只有石头");
        }
    }
}
```

```
Run:    TestMountains ×
  ▶  ↑   C:\Java\jdk-11\bin\java.exe
  ⚙  ↓   白玉
```

上述代码的执行结果如图 4.10 所示。

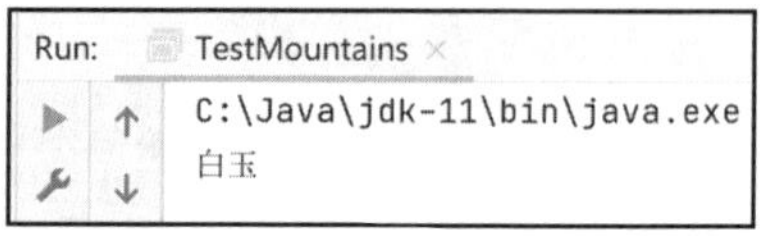

图 4.10　执行结果

4.4.2　三酷猫的九九乘法表

循环语句嵌套可以支持复杂的算法，增加代码处理问题的灵活性。

三酷猫想教妹妹学九九乘法，于是想打印一个九九乘法口诀表让妹妹背诵。请利用循环语句输出一个九九乘法表。

在 IDEA 开发工具的 StudyJava 项目中执行如下代码，用综合运用循环语句解决实际问题，并输出结果。

【示例 4.11】编写代码帮助三酷猫打印九九乘法口诀表。

```java
package com.skm.demo.chapter04;

public class TestNine {
    public static void main(String[] args) {
        System.out.println("三酷猫的九九乘法口诀表：");
        for(int i=1;i<=9;i++){                              //i 控制乘法表的行数
            for(int j=1;j<=i;j++){                          //j 控制乘法表的列数
                //打印输出 j 乘以 i 的结果，\t 为空格符
                System.out.print(j+"*"+i+"="+j*i+"\t");
            }
            System.out.println();                           //回下一行
        }
    }
}
```

在上述代码中，首先声明两个变量分别是 i 和 j，接着使用两个 for 循环语句，其中，外层 for 语句用来控制输出行数，而内层 for 语句用来控制输出列数并由其所在的行数控制。

运行代码，结果如图 4.11 所示。

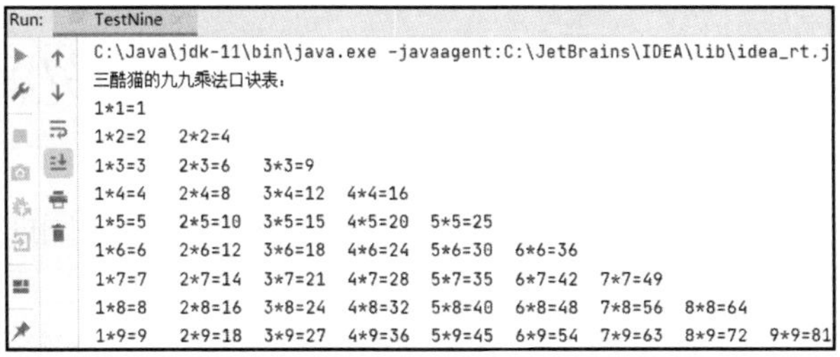

图 4.11　运行结果

4.4.3　求偶数

在实际编程中，分支和循环混合嵌套很常见，需要熟练运用。

在 IDEA 开发工具的 StudyJava 项目中执行如下代码，用综合运用循环语句解决实际

问题并输出结果。

【示例 4.12】求 100 以内的偶数，并且只取前 5 个最大的偶数，所取偶数的个位数不能为 4，然后将结果输出。

```java
package com.skm.demo.chapter04;

public class TestEven {
    public static void main(String[] args) {
        int j = 0;                                  //定义 j 变量用来计数
        //循环从 100 开始递减，直到 i 不大于 0 结束循环
        for(int i = 100; i > 0; i--){
            //i % 2 == 0 判断 i 为偶数, i % 10 != 4 判断个位数不等于 4
            if((i % 2 == 0) && (i % 10 != 4)){
                j++;                                //累加
                System.out.println(i);             //输出 i 的值
                if(j == 5){                         //累计达到 5 个
                    break;                          //退出循环
                }
            }
        }
    }
}
```

上述代码的执行结果如图 4.12 所示。

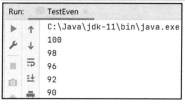

注意：嵌套层次并不是越多越好，会导致代码逻辑编写和调试复杂化，运行效率也会降低；一般的嵌套层次中 2 或 3 层居多，平时要学会优化代码的算法。

图 4.12　执行结果

4.5　案例——三酷猫最多能买多少鱼

三酷猫是个馋嘴猫，想要在菜市场买一些干鱼片解解馋。今日市场对干鱼片有促销活动，其购买规则如下：

标价干鱼片 5 元一斤，如果购买数量超过 10 斤，则超过部分按 4 元一斤给予优惠，但是每人最多优惠 5 斤，超过 5 斤不能再买。三酷猫想趁优惠活动购买最多优惠的干鱼片。请问它最多可以买多少斤干鱼片？总共需要多少钱？

在 IDEA 开发工具的 StudyJava 项目中执行如下代码：

```java
package com.skm.demo.chapter04;

public class Chapter0401 {
    // 常量表达法，变量大写，采用驼峰命名法
    final static int UNIT_PRICE = 5 ;                  //干鱼片单价（普通）
```

```
final static int LIMIT_UNIT = 10 ;              //干鱼片数量（普通）
final static int OVER_UNIT_PRICE = 4 ;          //干鱼片单价（优惠）
final static int OVER_LIMIT_UNIT = 5 ;          //干鱼片数量（优惠）
public static void main(String[] args) {

    int cost = 0 ;                             // 记录总金额
    int count = 0 ;                            //购买的干鱼片的总斤数
    /** 这种表达方式和 while(true)是等价的，即不是用循环变量去控制循环是否结束，
而是用业务变量来控制
     *  这里的业务变量就是优惠后限制斤数的最大数，只要超过这个数就跳出循环，即
break */
    for(;;){
        /** 最大可购买的斤数=普通斤数+优惠限制购买的斤数，超过即不再可以继续购买 */
        if(count >= (LIMIT_UNIT + OVER_LIMIT_UNIT)){
            break ;
        }
        if(count < 10){                        //10 斤之内按照 5 元单价计算
            cost += UNIT_PRICE ;
        }else{
            cost += OVER_UNIT_PRICE ;
        }
        count ++ ;
    }
    System.out.println("今日三酷猫买干鱼片总共消费" + cost + "元。");
    System.out.println("今日三酷猫总共买了" + count + "斤的干鱼片。");
}
}
```

上述代码的执行结果如下：

今日三酷猫买干鱼片总共消费 70 元。
今日三酷猫总共买了 15 斤干鱼片。

4.6　练习和实验

一、练习

1．填空题

1）（　　）语句用于跳出循环。

2）用于单分支判断的是（　　）语句。

3）用变量 score 表示分数，用 if 判断语句描述场景：如果分数大于或等于 90 并且小于 100，其 if 语句的表达式为（　　）。

4）多条件的 if…else 语句判断，可以用（　　）语句实现。

5）在 switch 中，用于默认执行的关键字是（　　）。

2．判断题

1）在 if…else 语句中，用于多条件判断的关键字是 elif。 （ ）

2）switch 语句只支持 int 类型的场景。 （ ）

3）switch 语句可以没有 default 处理。 （ ）

4）do…while 和 while 的区别是后者至少会执行一次。 （ ）

5）switch 语句的 default 一定会执行。 （ ）

二、实验

修改 4.4 节的示例功能：

1）15 斤以上，每斤 3 元，每人限 3 斤。

2）三酷猫只带了 75 元。

3）默认只能买整数斤的鱼，求这种情况下三酷猫最多可以买多少斤干鱼片？他总共花了多少钱？如果还有剩余的钱，剩余多少？

请尝试用两种思路去实现。

第 5 章　数　　组

前几章介绍存储数据时使用了变量和常量，但是这些对象只能一对一地存储数据。事实上数据是复杂的，数据与数据之间存在着联系，如三酷猫钓的鱼的种类、鱼的数量和鱼的价格等。数组（Array）为连续记录同类数据提供了方便。

数组是 Java 语言最重要的数据结构之一，用来存储固定大小且相同类型的元素。通过数组名和一个整型下标可以访问数组中的每个值。本章主要内容如下：

- 创建和赋值数组；
- 数组的基本操作；
- 数组的综合操作；
- 数组算法举例。

📑 说明：第 5 章的示例代码统一存放在 StudyJava 项目的 com.skm.demo.chapter05 包里。

5.1　创建和赋值数组

Java 语言中的数组就是可以存储一组相同数据类型的变量。声明一个变量的本质就是在内存中开辟出一块合适的空间，而声明一个数组就是在内存中开辟出一块连续且合适的空间。数组可以分一维数组、二维数组、多维数组及不规则数组。

5.1.1　一维数组

一维数组（One Dimensional Array）就是指每个元素只有一个下标的数组。元素（Element）指存储在结构化数组中相同类型的数据。一维数组实质上是同类数据的线性集合，是最简单的一种数组。

图 5.1 表示一维数组，其中存储了 7 个相对独立的浮点型元素，每个元素对应一个下标，借助下标（又称索引）可以方便读写数组的元素。

12.00	50.00	120.00	9.00	2.50	0.90	6

图 5.1　一维数组示意

实现一维数组分创建和赋值两步。

1. 创建数组

必须先声明数组变量才能在程序中使用数组。声明数组变量有两种方式：

方式 1：一步声明数组并开辟存储空间。

```
//数组长度是数组中能够存放的元素个数，应该为大于 0 的整数
数据类型 数组名[] = new 数据类型[数组长度];
数据类型[] 数组名 = new 数据类型[数组长度];
```

方式 2：分两步完成数组的声明和存储空间的开辟。

```
声明数组： 数据类型 数组名[] = null ;
开辟数组空间： 数组名 = new 数据类型[数组长度] ;
```

声明数组就是在内存中获得一个固定地址并建立数组名的过程；开辟存储空间指在内存中预留可存储元素大小的空间。

🔔**注意**：数组是引用数据类型，因此没有赋值的引用数据类型，其默认值是 null。

2. 初始化一维数组

在初始化数组的同时，可以指定数组的大小，也可以对数组的每一个元素进行初始化。初始化一维数组包括两种方式：静态初始化和动态初始化。

1）静态初始化的语法如下：

```
数据类型[] 数组名 = {元素 1,元素 2,元素 3,...};        //系统自动计算数组的长度
```

例如：

```
String[] fishs ={"鲫鱼", "鲤鱼", "黄花鱼"};
```

2）动态初始化的语法如下：

```
//数组长度代表元素个数，不同类型的数据有不同的初始值
数据类型[] 数组名 = new 数据类型[数组长度];
```

例如：

```
int[] num = new int[10];
```

10 代表数组元素的个数，每个元素都是 int 类型，初始值都为 0。

数组初始化后，不同元素类型的默认值如下：

- 如果是整数类型（byte、short、int 和 long），则数组元素的默认值是 0。
- 如果是浮点类型（float、double），则数组元素的默认值是 0.0。
- 如果是字符类型（char），则数组元素的默认值是'\u0000'。
- 如果是布尔类型（boolean），则数组元素的默认值是 false。
- 如果是引用类型（类、接口和数组），则数组元素的默认值是 null。

数组的元素是通过索引访问的。数组索引从 0 开始，因此索引值的范围是 0 到数组长度减-1。

例如，声明并分配一个长度为 5 的 int 类型的数组 myArrays，代码如下：

```
int[] myArrays = new int[5];//定义整型数组，开辟 5 个内存空间，默认元素值全部为 0
```

执行该代码后，myArrays 数组在内存中的存储格式如图 5.2 所示。

myArrays ——→	myArrays[0]	myArrays[1]	myArrays[2]	myArrays[3]	myArrays[4]
下标索引 ——→	0	1	2	3	4

图 5.2 myArrays 数组在内存中的存储格式

在 IDEA 开发工具的 StudyJava 项目中执行如下代码，创建一个一维数组并为其赋值。

【示例 5.1】定义一个一维数组并初始化。

```
package com.skm.demo.chapter05;

public class TestOneArray {
    public static void main(String args[]) {
        //定义整型数组，开辟 5 个元素的内存空间，默认元素的值全部为 0
        int[] myArrays = new int[5];
        myArrays[0] = 10;            //给数组的第 1 个元素赋值 10，数组的下标从 0 开始
        myArrays[1] = 11;            //给数组的第 2 个元素赋值 11，数组的下标为 1
        myArrays[2] = 12;            //给数组的第 3 个元素赋值 12，数组的下标为 2
        myArrays[3] = 13;            //给数组的第 4 个元素赋值 13，数组的下标为 3
        myArrays[4] = 14;            //给数组的第 5 个元素赋值 14，数组的下标为 4
        int length = myArrays.length;    //用数组 length 属性求数组的长度，值为 5
        System.out.println("数组的长度为" + length);        //输出数组的长度
    }
}
```

上述代码的执行结果为：数组的长度为 5。

5.1.2 建立二维数组

二维数组其实是元素为一维数组的数组。二维数组如图 5.3 所示，横向的行为第一维度，竖向的列为第二维度，可以用[行下标]，[列下标]的方法来表示，进而读或写下标所对应的元素。二维数组的一个元素。其中，行下标和列下标都从 0 开始，例如[0][0]表示第 0 行第 0 列，对应的元素为"三酷猫"。

三酷猫	加菲猫	大脸猫	黑猫	凯蒂猫	叮当猫	TOM猫
田园狗	金毛	牧羊犬	京巴犬	二哈	松狮犬	藏獒

图 5.3 二维数组示意

声明二维数组变量与声明一维数据变量类似，也有两种方式。

1）仅声明及初始化：

```
数据类型[][] 数组名 = new 数据类型[m][n];
```

其中：m 表示二维数组中有多少个一维数组，简称 m 行；n 表示每个一维数组中的元素个数，简称 n 列。

例如，下面定义的二维数组表示有 4 行一维数组，每个一维数组中有 3 个元素。

```
int[][] array = new int[4][3];
```

2）声明数组并赋值：

```
数据类型[][] 数组名 = new 数据类型[][]{{元素1...},{元素2...},{元素3...}};
```

或：

```
数据类型[][] 变量名={{元素1...},{元素2...},{元素3...}};
```

二维数组创建及赋值示例如下：

```
int[][] array={{1,2,3},{4,6,7},{4,9,6}}
```

在 IDEA 开发工具的 StudyJava 项目中执行如下代码，利用二维数组的自带属性查看数组的行数和列数。

【示例 5.2】定义一个二维数组，初始化并查看其行数和列数。

```
package com.skm.demo.chapter05;

public class TestTwoArray {
    public static void main(String args[]) {
        int[][] array = {{1,2},{4,6},{9,6}};
        System.out.println("数组行数:" + array.length);
        System.out.println("数组列数:" + array[0].length);
    }
}
```

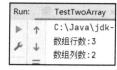

上述代码的执行结果如图 5.4 所示。

图 5.4　执行结果

5.1.3　不规则数组

Java 语言中的不规则数组其实是二维数组的一种特殊表现形式，其一维数组元素是动态给出的，个数不固定，如图 5.5 所示。

```
数据类型[][] 数组名=new 数据类型[m][];
//m 表示二维数组中有多少个一维数组，一维数组元素个数未
定义，可动态给出
```

[0][0]	[0][1]	[0][2]	
[1][0]			
[2][0]	[2][1]		
[3][0]	[3][1]	[3][2]	[3][3]

图 5.5　不规则数组示意

根据图 5.5 创建如下不规则数组并赋值。

【示例 5.3】不规则数组的创建与赋值。

```
int[][] array =new int[4][];          //共有 4 个数组
array[0] = new int[3];                //第 1 个数组定义 2 个元素
array[1] = new int[1];                //第 2 个数组定义 3 个元素
array[2] = new int[2];                //第 3 个数组定义 5 个元素
array[3] = new int[4];                //第 4 个数组定义 4 个元素
array[0][0] = 1;                      //第 1 个数组赋值 1
array[0][1] = 2;                      //第 2 个数组赋值 2
array[0][2] = 3;                      //第 3 个数组赋值 3
array[1][0] = 4;                      //第 4 个数组赋值 4
array[2][0] = 5;                      //第 5 个数组赋值 5
array[2][1] = 6;                      //第 6 个数组赋值 6
array[3][0] = 7;                      //第 7 个数组赋值 7
array[3][1] = 8;                      //第 8 个数组赋值 8
array[3][2] = 9;                      //第 9 个数组赋值 9
array[3][3] = 10;                     //第 10 个数组赋值 10
int length = array.length;           //利用 length 属性求数组行数，值为 4
//利用 array[0].length 求第 1 行的元素个数，值为 3
int length0 = array[0].length;
//利用 array[1].length 求第 2 行的元素个数，值为 1
int length1 = array[1].length;
//利用 array[2].length 求第 3 行的元素个数，值为 2
int length2 = array[2].length;
//利用 array[3].length 求第 4 行的元素个数，值为 4
int length3 = array[3].length;
```

5.1.4　多维数组

在 Java 语言中，多维数组的定义与二维数组一样，只是增加了一些维度。通过多个下标可以访问数组。多维数组示例如下：

```
int array[][][] =
{
    { {0,1,2},{3,4,5}   },
    { {6,7,8},{9,10,11} }
};
```

上例定义的多维数组的各元素访问下标如图 5.6 所示。

数组元素值	0	1	2	3
访问下标	Array[0][0][0]	Array[0][0][1]	Array[0][0][2]	Array[0][1][0]

数组元素值	4	5	6	7
访问下标	Array[0][1][1]	Array[0][1][2]	Array[1][0][0]	Array[1][0][1]

数组元素值	8	9	10	11
访问下标	Array[1][0][2]	Array[1][1][0]	Array[1][1][1]	Array[1][1][2]

图 5.6　多维数组示意

5.2　数组的基本操作

数组最基本的操作包括遍历数组、修改数组元素和删除数组元素。java.util 包中的 Arrays 类中包含对数组的各种操作方法，可以直接调用。

5.2.1　遍历数组

所谓遍历数组就是通过数组下标值访问数组中的所有元素。

遍历一维数组可以用单循环语句，遍历二维数组需要使用双循环语句嵌套来实现。通过数组的 length 属性获取数组长度，以控制循环次数。

访问数组通过数组下标来获取数组元素，数组下标从 0 开始，到数组.length-1 结束。

下面通过普通的 for 循环语句、增强 for 循环语句和数组 toString()方法遍历输出数组中的所有元素。

1．普通的for循环语句

在 IDEA 开发工具的 StudyJava 项目中执行如下代码，创建一个一维数组并为其赋值，然后遍历输出结果。

【示例 5.4】把示例 5.1 中的数组用 for 循环遍历输出。

```java
package com.skm.demo.chapter05;

public class TestOneArray {
    public static void main(String args[]) {
        //定义整型数组，开辟 5 个元素的内存空间，默认元素值全部为 0
        int[] myArrays = new int[5];
        myArrays[0] = 10;          //给数组的第 1 个元素赋值 10，数组的下标从 0 开始
        myArrays[1] = 11;          //给数组的第 2 个元素赋值 11，数组的下标为 1
        myArrays[2] = 12;          //给数组的第 3 个元素赋值 12，数组的下标为 2
        myArrays[3] = 13;          //给数组的第 4 个元素赋值 13，数组的下标为 3
        myArrays[4] = 14;          //给数组的第 5 个元素赋值 14，数组的下标为 4
int length = myArrays.length;   //用数组 length 属性求数组的长度，值为 5
        //用 for 循环输出数组元素，数组的下标从 0 开始
        for (int i = 0; i < length ; i++) {
            System.out.println("myArrays 数组元素是： " + myArrays[i]);
        }
    }
}
```

运行代码，结果如图 5.7 所示。

2. 增强for循环语句

可以使用增强 for 来简化遍历数组的操作。

在 IDEA 开发工具的 StudyJava 项目中执行如下代码，增强 for 循环语句并输出结果。

【示例 5.5】用增强 for 循环语句实现对猫种类数组的遍历。

```
package com.skm.demo.chapter05;

public class TestStrongFor {
    public static void main(String args[]){
        String[] cats = {"白猫","黑猫" ,"三酷猫", "黄猫","灰白猫"};

        for(String cat : cats ){            //使用增强for循环语句遍历数组元素
            System.out.println(cat);        //取出并输出数组中的元素
        }
        System.out.println("增强for执行完毕");
    }
}
```

上述代码的运行结果如图 5.8 所示。

3. 数组toString()方法

还可以使用 Arrays 类中的 toString()静态方法遍历数组，将数组元素转换为字符串并输出。

在 IDEA 开发工具的 StudyJava 项目中执行如下代码，使用 Arrays 类中的 toString()静态方法遍历数组并输出结果。

【示例 5.6】使用 Arrays 类中的 toString()方法实现对猫种类数组的遍历。

```
package com.skm.demo.chapter05;

import java.util.Arrays;

public class TestArraysToString {
    public static void main(String args[]){
        String[] cats = {"白猫","黑猫" ,"三酷猫", "黄猫","灰白猫"};
        System.out.println(Arrays.toString(cats));
        System.out.println("Arrays.toString()执行完毕");
    }
}
```

上述代码的运行结果如图 5.9 所示。

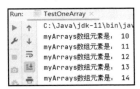
图 5.7　运行结果

图 5.8　运行结果

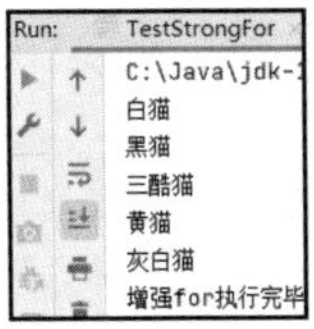

图 5.9　运行结果

5.2.2　修改数组元素

当需要修改数组元素时，可以通过指定对应下标进行元素赋值的方式修改。

在 IDEA 开发工具的 **StudyJava** 项目中执行如下代码，对指定下标的数组元素值进行修改并输出修改前后的结果对比。

【示例 5.7】对指定下标的数组元素值进行修改。

```
package com.skm.demo.chapter05;

import java.util.Arrays;

public class TestModify {
    public static void main(String args[]) {
        //定义整型数组，开辟 5 个元素的内存空间
        int[] myArrays = new int[]{1,2,3,4,5};
        System.out.println("修改前数组内容: " + Arrays.toString(myArrays));

        //把下标为 0 的第一个元素值修改为 10
        myArrays[0] = 10;
        System.out.println("修改后数组内容: "
+Arrays.toString(myArrays));
    }
}
```

上述代码的执行结果如图 5.10 所示。

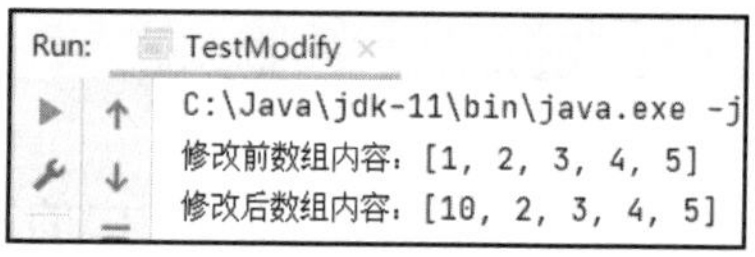

图 5.10　执行结果

5.2.3　删除数组元素

Java 语言没有提供可以直接删除数组元素的方法。要删除数组元素，一般采用的方法是将数组转换成集合再进行 remove()，这种方法在第 9 章中会详细介绍。

这里介绍通过左移动数组元素，用数组的 copyOf()方法获得删除元素后的新数组的方法。

在 IDEA 开发工具的 **StudyJava** 项目中执行如下代码，删除指定下标的数组元素，并输出删除前后的结果对比。

【示例 5.8】对指定下标 2 的第三个数组元素进行删除。

```
package com.skm.demo.chapter05;

import java.util.Arrays;

public class TestDelete {
    public static void main(String args[]) {
        //定义整型数组，开辟 5 个元素的内存空间
        int[] myArrays = new int[]{1,2,3,4,5};
        System.out.println("删除前的数组内容: " + Arrays.toString(myArrays));
```

```
        //从左向右循环，将元素逐个向左移动 1 位
        for (int i = 2; i <myArrays.length-1 ; i++) {
            myArrays[i] = myArrays[i+1];
        }
        //利用 Arrays.copyOf()方法将数组长度减-1
        myArrays = Arrays.copyOf(myArrays,myArrays.length -1 );
        System.out.println("删除后数组内容: " +Arrays.toString(myArrays));
    }
}
```

上述代码的执行结果如图 5.11 所示。下标 2 的数组元素 3 被删除，数组长度由 5 变成 4。

图 5.11　执行结果

📖提示：在 Java 中，数组定义后其长度是不可改变的，Arrays.copyOf()方法在本质上是创建了一个新的数组。

5.3　数组的综合操作

数组综合操作包括数组排序和数组拼接等，下面具体介绍。

5.3.1　数组排序

对数组排序是方便快速查找和统计。常用的排序算法有冒泡排序和选择排序等，Java 的 Arrays 类提供了 sort()排序方法，这是在 Java 语言中最简单且最常用的排序方法，默认为升序排序。如果需要降序排序，只需要逆向输出即可。

在 IDEA 开发工具的 StudyJava 项目中执行如下代码,对指定下标的数组元素进行排序。

【示例 5.9】对指定的数组元素进行排序。

```
package com.skm.demo.chapter05;

import java.util.Arrays;

public class TestSort {
    public static void main(String[] args) {
        int[] myArrays = new int[]{1,2,3,4,5};   //定义整型数组,开辟 5 个内存空间
        Arrays.sort(myArrays);                    //调用方法排序即可
        System.out.println("升序排序结果为:");      //提示
        for(int i = 0; i < myArrays.length; i++){  //正向输出排序结果为升序
            System.out.print(myArrays[i] + " ");
        }
        System.out.println();                      //换行
        System.out.println("降序序排序结果为:");      //提示
        for(int i = myArrays.length -1; i >= 0; i--){ //逆向输出排序结果为降序
```

```
              System.out.print(myArrays[i] +
      " ");
  }
          }
      }
  }
```

上述代码的执行结果如图 5.12 所示。

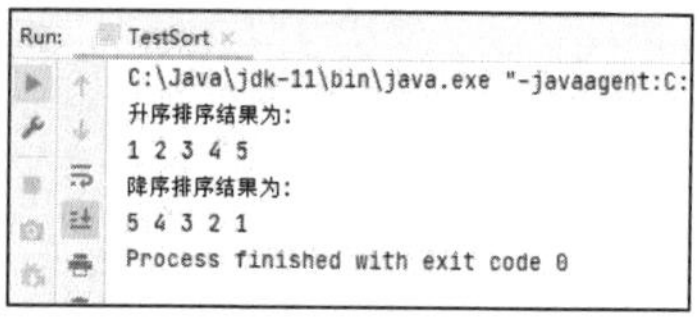

图 5.12　执行结果

5.3.2　数组拼接

在 Java 语言中，可以通过创建新数组将两个数组分别复制到新数组中完成数组的拼接。新数组的长度是原来两个数组长度之和。

在 IDEA 开发工具的 StudyJava 项目中执行如下代码对两个数组进行拼接，然后输出拼接结果。

【示例 5.10】对两个数组进行拼接。

```
package com.skm.demo.chapter05;

import java.util.Arrays;

public class TestArrayJoin {
    public static void main(String args[]) {
        //声明整型数组，开辟 5 个元素的内存空间
        int[] arr1 = new int[]{1, 2, 3, 4, 5};
        //声明整型数组，开辟 5 个元素的内存空间
        int[] arr2 = new int[]{6, 7, 8, 9, 10};
        //开辟新数组，长度为两数组之和
        int[] joinArr = new int[arr1.length + arr2.length];
        //复制 arr1 到新数组 joinArr 中，下标从 0 开始
        for (int i = 0; i < arr1.length; i++) {
            joinArr[i] = arr1[i];
        }
        //复制 arr2 到 joinArr 中，下标从 arr1 长度+1 开始
        for (int j = 0; j < arr2.length; j++) {
            joinArr[arr1.length + j] = arr2[j];
        }
        System.out.print(Arrays.toString
(joinArr));              //输出新数组
    }
}
```

上述代码的执行结果如图 5.13 所示。

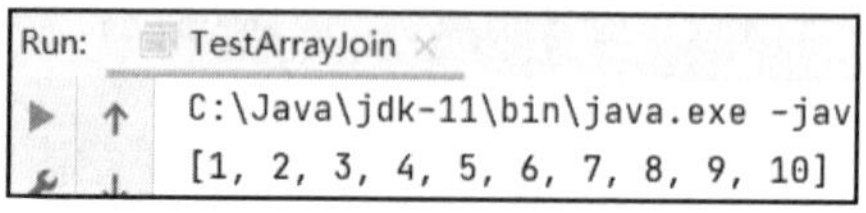

图 5.13　执行结果

5.3.3　复制数组

在 Java 中可以通过 Arrays 类的 copyOf()方法和 copyOfRange()方法进行数组的复制。

//将 arr 数组复制到一个新数组中，newlength 参数为新数组的长度

```
copyOf(arr,int newlength)
//将 arr 数组从下标 fromIndex 到下标 toIndex 复制到一个新数组中
copyOfRange(arr, int fromIndex, int toIndex)
```

在 IDEA 开发工具的 StudyJava 项目中执行如下代码对数组进行复制，然后输出新数组。

【示例 5.11】对数组进行复制。

```
package com.skm.demo.chapter05;

import java.util.Arrays;

public class TestCopyArr {
    public static void main(String args[]){
        //定义整型数组，开辟 5 个元素的内存空间
        int[] arr = new int[]{1, 2, 3, 4, 5};
        //复制下标 0 到 2 共 3 个元素，之后将其赋值给新数组变量
        int[] newArr1 = Arrays.copyOf(arr,3);
        int[] newArr2 = Arrays.copyOf(arr,5);   //复制下标 0 到下标 4 共 5 个元素
        //复制所有元素，其余用默认值赋初始值
        int[] newArr3 = Arrays.copyOf(arr,7);
        System.out.println(Arrays.toString(newArr1));
        System.out.println(Arrays.toString
(newArr2));
        System.out.println(Arrays.toString
(newArr3));
    }
}
```

图 5.14　执行结果

上述代码的执行结果如图 5.14 所示。

5.4　数组算法举例

利用数组实现冒泡算法和二分查找算法。

5.4.1　冒泡算法

三酷猫周日在家整理一周的钓鱼成果，如表 5.1 所示，但这个表记录的鱼的条数有多有少，处于无序状态。能不能给它们排个序？对数字进行排序的方法有很多，三酷猫决定采用经典的冒泡排序（Bubble Sort）法来解决该问题。

表 5.1　三酷猫一周的钓鱼成果

星期	周一	周二	周三	周四	周五	周六	周日
条数	5	7	4	9	2	10	2

1. 冒泡排序

冒泡排序解决问题的思路是：不断地比较数组中相邻的两个元素，较小者向左移动，

较大者向右移动，从而实现数组中的元素从左到右由小变大的排序过程。

1）从数组左边第一个元素开始，将相邻的两个元素依次进行比较，直到最后两个元素比较结束。在比较过程中，如果前一个元素比后一个元素大，则交换它们的位置，整个过程完成后，数组中最后一个元素存储的就是最大值，完成第一轮比较。

2）第二轮重新开始进行比较，除了数组中的最后一个元素，将剩余的元素重复步骤1的比较过程，最后将数组中第二大的数放在倒数第二个位置。

3）依次对未排序的元素重复上面的步骤，直到所有元素比较、调整完毕。

如对表 5.1 进行第一轮冒泡排序，从左到右的比较步骤如下：

1）5 和 7 比较，无须调整位置。

2）7 和 4 比较，4 放前，7 放后，第一次调整位置，大数往后移。

3）7 和 9 比较，无须调整位置。

4）9 和 2 比较，2 放前，9 放后，第二次调整位置，大数往后移。

5）9 和 10 比较，无须调整位置。

6）10 和 2 比较，2 放前，10 放后，第三次调整位置，大数往后移。

第一轮比较完成后，结果如表 5.2 所示。

表 5.2　经过第一轮冒泡排序后的结果

条数	5	4	7	2	9	2	10

可以发现，最大数 10 已经被移到最后的位置上了。然后进入第二轮冒泡排序比较，比较前去掉最后一位，因为 10 已经排序到位。以此类推，完成 6 轮对所有数的冒泡排序。

这里定义数组长度为 length（表 5.1 所示的数组长度为 7），冒泡排序的比较轮数为 i=length-1，那么每轮需要比较的次数为 j=i，显然需要通过嵌套双循环来求冒泡排序。

2. 冒泡排序代码实现

在 IDEA 开发工具的 StudyJava 项目中执行如下代码对数组进行冒泡排序，然后输出排序结果。

【示例5.12】对数组进行冒泡排序。

```
package com.skm.demo.chapter05;

import java.util.Arrays;

public class TestBubbling {
    public static void main(String args[]) {
        int[] arr = {5,7,4,9,2,10,2};              //定义一个int[]数组
        //输出排序前的数组
        System.out.println("排序前:" + Arrays.toString(arr));
        //冒泡排序
        int len1=arr.length-1;                     //获取比较的最大轮数
        for (int i = 0; i < len1; i++) {           //控制比较轮数
```

```
                    //控制相邻比较次数,比较一轮,len1-i 就减少一个比较数
                    for (int j = 0; j <len1-i; j++) {
                        if(arr[j] > arr[j+1]) {    //如果前面的数大于后面的数,则交换位置
                            int temp = arr[j];
                            arr[j] = arr[j+1];      //小的放前面
                            arr[j+1] = temp;        //大的放后面
                        }
                    }
                }
                //输出排序后的数组
                System.out.println("排序后:" +
        Arrays.toString(arr));
            }
        }
```

Run: TestBubbling ×

C:\Java\jdk-11\bin\java.exe -j

排序前:[5, 7, 4, 9, 2, 10, 2]
排序后:[2, 2, 4, 5, 7, 9, 10]

上述代码的运行结果如图 5.15 所示。

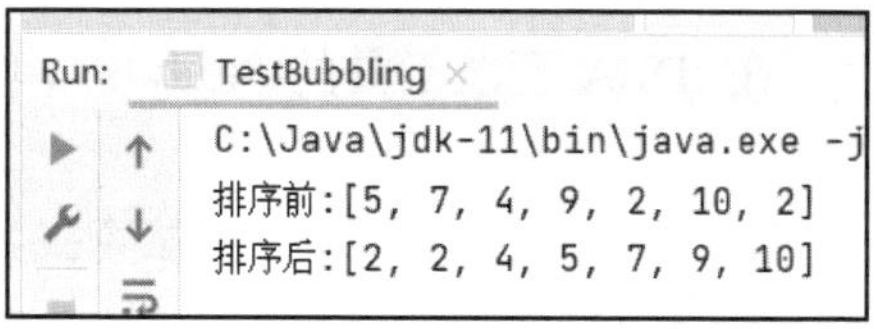

图 5.15　运行结果

5.4.2　二分查找算法

三酷猫周日在家整理完一周的钓鱼成果后,考虑以后怎样能方便、快速地对整理内容进行查找,使用不同的查找算法,查找速度也会不一样。三酷猫听说二分查找算法比较简单、快捷,于是就想用二分查找(Binary Search)算法来尝试一下。

1．二分查找算法

二分查找又叫折半查找,查找的前提是数组必须有序的(可以是升序,也可以是降序),如图 5.16 所示,left 为二分查找左边范围的下标值,right 为二分查找右边范围的下标值,middle 为折半中间值,其计算公式为(left+rigth)/2 向下取整,如(6+0)/2=3。

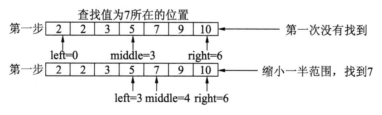

图 5.16　二分查找示意图

查找过程如下:

1)假设在一个升序数组中查找一个目标元素,用数组中间位置的元素和目标元素进行比较,如果相等则查找成功,如果不相等则目标元素一定在数组前半部分或后半部分。

2)根据比较结果,如果目标元素大于中间元素,则在后半部分查找,否则在前半部分查找。

3)重复以上过程,直到找到目标元素,返回对应的下标值;或者查找失败,返回一个负数。

在 Java 中，Arrays 类中的 binarySearch()方法就是二分查找算法，直接调用即可。如果目标元素在数组中则返回下标索引；否则返回负数-(插入点 + 1)。

📑 **说明**：这里的插入点指的是最后一次折半查找的中间值。

2．二分查找算法代码示例

在 IDEA 开发工具的 StudyJava 项目中执行如下代码，利用二分查找算法在数组中查找指定的元素并输出查询结果。

【示例 5.13】利用二分算法查找数组元素。

```
package com.skm.demo.chapter05;

import java.util.Arrays;

public class TestBinarySearch {
    public static void main(String args[]) {
        int[] arr = {5,7,4,9,2,10,2};      //定义一个int[]数组
        Arrays.sort(arr);                  //对数组使用二分查找算法进行排序
        //排序后的数组是{2,2,4,5,7,9,10}
        //返回下标是按照排序后的数组下标
        int index = Arrays.binarySearch(arr,7);
        if(index > 0){
            System.out.println("该元素在数组中的下标是:" + index);
        }else{
            System.out.println("该元素在数组中不存在，返回下标为:" + index);
        }
    }
}
```

在上述代码中，查找目标元素为 7，执行结果如图 5.17 所示。7 在排序后的所在下标位置为 4。

如果查找目标元素为 6，则上述代码执行结果如图 5.18 所示。其最后一次查找下标位置为排序数组的元素 5 处，其下标为 4，由于 6 在 5 和 7 之间，所以没有找到该数，返回-(4+1)=-5。

图 5.17　执行结果

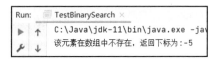

图 5.18　执行结果

5.5　案例——三酷猫的表单统计

最近 5 天，三酷猫都叫上了好朋友叮当猫在河边钓鱼。钓的鱼主要是鲫鱼和锦鲤，详

细的钓鱼记录如表 5.3 所示。

表 5.3　三酷猫和叮当猫的钓鱼记录

星期一	鲫鱼	锦鲤
三酷猫	5条	4条
叮当猫	3条	3条

星期二	鲫鱼	锦鲤
三酷猫	7条	5条
叮当猫	6条	2条

星期三	鲫鱼	锦鲤
三酷猫	6条	7条
叮当猫	8条	1条

星期四	鲫鱼	锦鲤
三酷猫	11条	3条
叮当猫	9条	6条

星期五	鲫鱼	锦鲤
三酷猫	10条	9条
叮当猫	12条	4条

三酷猫想通过表 5.3 知道如下内容：

• 三酷猫和叮当猫这 5 天分别钓到了多少条鲫鱼和锦鲤？

• 三酷猫和叮当猫这 5 天总共钓到了多少条鱼？

在 IDEA 开发工具的 StudyJava 项目中执行如下代码，计算三酷猫和好友叮当猫的钓鱼明细，计算出需要的数值并输出该值。

```
package com.skm.demo.chapter05;

public class Chapter0501 {

    public static void main(String[] args) {
        /**
         * 三酷猫和叮当猫总共钓了 5 天，有两种鱼，可以根据需求，
         * 创建两个二维数组，每个数组里分别存入鲫鱼和锦鲤的数量，
         * 然后遍历这个数组即可求出相应的值
         */
        //三酷猫 5 天的钓鱼记录，前面的数字是鲫鱼，后面的数字是锦鲤
        int[][] skmFishArray = {{5,4},{7,5},{6,7},{11,3},{10,9}};
```

```
//叮当猫 5 天的钓鱼记录，数字顺序和三酷猫的保持一致
int[][] ddmFishArray = {{3,3},{6,2},{8,1},{9,6},{12,4}};
int skmFish1Count = 0 ;              //记录三酷猫钓的鲫鱼总量
int skmFish2Count = 0 ;              //记录三酷猫钓的锦鲤总量
int ddmFish1Count = 0 ;              //记录叮当猫钓的鲫鱼总量
int ddmFish2Count = 0 ;              //记录叮当猫钓的锦鲤总量

//统计三酷猫钓的鲫鱼和锦鲤数量
for(int i=0; i<skmFishArray.length; i++){
    int[] val = skmFishArray[i];
    for(int j=0; j<val.length; j++){
        if(j==0) {
            skmFish1Count += val[j] ;
        }else if(j==1){
            skmFish2Count += val[j] ;
        }else{
            break ;
        }
    }
}
//统计叮当猫钓的鲫鱼和锦鲤数量
for(int i=0; i<ddmFishArray.length; i++){
    int[] val = ddmFishArray[i];
    for(int j=0; j<val.length; j++){
        if(j==0) {
            ddmFish1Count += val[j] ;
        }else if(j==1){
            ddmFish2Count += val[j] ;
        }else{
            break ;
        }
    }
}
System.out.println("三酷猫这 5 天钓到的鲫鱼是"+skmFish1Count+"条");
System.out.println("三酷猫这 5 天钓到的锦鲤是"+skmFish2Count+"条");
System.out.println("叮当猫这 5 天钓到的鲫鱼是"+ddmFish1Count+"条");
System.out.println("叮当猫这 5 天钓到的锦鲤是"+ddmFish2Count+"条");
System.out.println("三酷猫和叮当猫总共钓了"+(skmFish1Count+
skmFish2Count+ddmFish1Count+ddmFish2Count)+"条");
    }
}
```

上述代码的执行结果如下：

```
三酷猫这 5 天钓到的鲫鱼是 39 条
三酷猫这 5 天钓到的锦鲤是 28 条
叮当猫这 5 天钓到的鲫鱼是 38 条
叮当猫这 5 天钓到的锦鲤是 16 条
三酷猫和叮当猫总共钓了 121 条
```

5.6　练习和实验

一、练习

1. 填空题

1）如果一个数组声明的时候是 int，那么该数组中的元素都应该是（　　　）。

2）在 Java 语言中，最简单的数组排序方法是 Arrays 类的（　　　）。

3）遍历数组用关键字（　　　）。

4）初始化一个有 1～5 这 5 个元素的数组，其实现代码为（　　　）。

5）定义一个 4 行 3 列的二维字符串数组，其实现代码为（　　　）。

2. 判断题

1）使用数组前无须初始化。　　　　　　　　　　　　　　　　　（　　　）

2）int[] i = new int[];这句话用于初始化一个 int 数组。　　　　（　　　）

3）int[] num = new int[10]，其中的 10 代表的是元素个数。　　（　　　）

4）二维数组是一维数组的数组。　　　　　　　　　　　　　　　（　　　）

5）数组的删除用 remove()方法。　　　　　　　　　　　　　　　（　　　）

二、实验

根据三酷猫这 5 天钓到的鲫鱼和锦鲤的数据，将鲫鱼按照降序排列，将锦鲤按照升序排列，然后分别输出。

第 6 章　类、对象与方法

自从接触 Java 开始，我们一直在使用类（Java 代码文件建立之初都有一个公共类）。类到底是什么？它有什么特点？怎么深入使用它？这些问题就是本章要介绍的内容。

本章的主要内容如下：

- 面向对象编程基础；
- 类；
- 对象；
- 方法。

📖 **说明**：第 6 章的所有示例代码统一存放在 StudyJava 项目的 com.skm.demo.chapter06 包里。

6.1　面向对象编程基础

从第一个编程语言出现到现在，从组织使用代码的角度可以将编程分为面向过程编程（Procedure Oriented Programming，POP）和面向对象编程（Object Oriented Programming，OOP）。

1. 面向过程编程

面向过程编程是早期的一种编程方式。该编程方式有以下几个特点：

- 代码复用度低，典型的可复用的代码以函数（Function）形式体现。
- 代码无法整合常用数据，如颜色设置函数和对应的颜色属性数据没有紧密的联系，各定义各的，给代码共享和复用带来了困难。
- 同一个函数在不同项目里使用其功能有所偏差，导致需要重复定义新函数。
- 面向过程编程的思路是，有什么编什么，随着业务功能的需要逐步开发，没有考虑不同的过程，存在可以重复利用代码的可能。

以三酷猫卖鱼为例，采用面向过程的编程思路实现如下：

1）鱼产品上铺。

2）标记鱼的名称和单价。

3）销售称重。

4）结账记录。

5）损耗处理。

6）盘点上铺的鱼。

7）统计销售总金额、不同鱼的销售额和不同营业员的销售额。

上述每个步骤都是相对独立的，而且数据和行为没有考虑复用的问题。例如，上述步骤都需要鱼的基本信息，每一步都在使用，但是鱼的基本信息分散在各个环节，而且重复出现；又如，查找鱼的价格的行为会体现在标记鱼的信息、结账、损耗处理、盘点、统计等步骤中，在每一步中反复用代码实现鱼的价格的查找，显然是重复劳动。

2．面向对象编程

面向过程编程，程序员关注的重点是每个卖鱼操作的步骤如何实现，没有考虑数据、行为的共用和共享问题。随着软件项目越来越复杂，代码功能的重复现象也越来越严重，影响开发效率和代码质量，不利于对代码的维护和理解。为此科学家们发明了新的编程模式——面向对象编程。面向对象编程的核心是把关注的重点转移到对象（Object）上面。例如鱼这个对象，它包括名称、单价、颜色和产地等数据，要想知道鱼的销售情况，需要统计鱼的条数，查找鱼的价格，统计鱼的销售额，盘点剩鱼数量等。

因此对象存在数据和行为两大特征，而且要求对象及其数据和行为可以被统一调用与共享。于是工程师们发明了具有数据和行为统一性的定义对象——类（Class），由类来组织相关的数据和行为。

例如，可以定义一个名称为 fish 的类，其属性（Attribute）用于定义固定的数据，如鱼的名称和单价，其方法（Method）对应实际业务中的行为，如统计销售数量和查找鱼的价格。

可以把类看作带有方法的特殊数据结构体，比数组这样的数据结构要复杂，功能也强大很多。类的基本特征如图 6.1 所示。

有了可以共享的类，如定义的 fish 类，则该类的名称、单价等属性，以及统计金额和查找鱼的单价等方法，都可以在三酷猫销售鱼的各个操作环节中被灵活调用了。

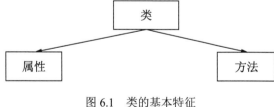

图 6.1 类的基本特征

6.2 类

类是一个抽象的概念，它是一组具有相同属性和方法的对象的抽象。

6.2.1　正式认识第一个类

其实在第 1 章里我们已经接触类了。现在来回顾 1.5 节中的例子：

```
public class Hello{
    /* 第一个 Java 程序
     * 它将输出字符串 Hello 三酷猫！
     */
    public static void main(String[] args) {
        System.out.println("Hello 三酷猫！");            //打印输出代码
    }
}
```

类的声明：使用 class 关键字声明一个名为 Hello 的类。

类成员的声明：声明一个属于 Hello 类的 main()方法，程序员所编写的代码主要位于该方法体内，如上面输出的代码。

6.2.2　成员变量

类的属性通过类的成员变量来实现。

在 IDEA 开发工具的 StudyJava 项目中创建如下代码，定义 Cat 类并定义成员变量。

【示例 6.1】创建一个 Cat 类并定义成员变量 color 和 age。

```
package com.skm.demo.chapter06;

public class Cat {
    String color;                //定义一个字符串类型的 color 成员变量
    int age;                     //定义一个整型的 age 成员变量
}
```

6.2.3　成员方法

成员方法是声明在类中用于实现某种功能的代码块。

1. 类中的成员方法的定义格式

```
public static 返回类型 方法名称([参数类型 变量, ......]) {
    方法体代码;
    [return [返回值];]
}
```

成员方法的关键字使用说明如下：

- public：使用 public 修饰的方法可以被所有类调用。其他权限修饰符详见 6.2.4 小节。
- static：使用 static 关键字修饰的方法可以直接通过类名来调用；否则不能直接调用，

需要通过对象调用（详见 6.3 节）。

- 返回类型：如果方法没有任何返回值，则将返回类型设置为 void；如果方法有具体的返回值，则根据返回值的类型指定方法的返回类型，在方法体中使用 return 对值进行返回。
- return：用于返回方法指定类型的返回值，另外它还用于方法的结束标志，即使 return 后还有其他语句也不会再执行。

2．自定义类中的方法示例

在 IDEA 开发工具的 StudyJava 项目中创建如下代码，在示例 6.1 中添加成员方法。

【示例 6.2】在示例 6.1 的类中定义成员方法 sleep() 和 eat()。

```
package com.skm.demo.chapter06;

public class Cat {
    String color;                        //定义一个字符串类型的color成员变量
    int age;                             //定义一个整型的age成员变量
    public static void sleep(){          //这个成员方法可以通过类来调用
        System.out.println("猫都爱睡觉");}

    public void eat(){
        System.out.println("三酷猫爱吃鱼");    //这个成员方法需要实例化对象来调用
    }
}
```

6.2.4　权限修饰符

在 Java 语言中可以通过权限修饰符对类、变量和方法进行保护性访问。在 Java 中，主要有 default（也就是默认，什么也不用写）、private、public 和 protected 共 4 种不同的访问权限。

- default：在同一包内可以对类、接口、变量和方法等进行访问，不需要使用任何修饰符。
- private：在同一类中可以对变量和方法等进行访问。
- public：在所有类中可以对接口、变量和方法进行访问。
- protected：在同一包内的类和所有子类可以对变量和方法等进行访问。

4 种权限修饰符的访问权限如表 6.1 所示。

表 6.1　权限控制

修　饰　词	本　　类	同一个包的类	继　承　类	其　他　类
public	√	×	×	×
protected	√	√	×	×

修　饰　词	本　　类	同一个包的类	继　承　类	其　他　类
default	√	√	√	×
private	√	√	√	√

6.2.5　局部变量

在成员方法的方法体中定义的变量为局部变量，和普通变量相比，其除了定义位置和作用域不同之外没有其他区别。

在 IDEA 开发工具的 StudyJava 项目中创建如下代码，在示例 6.2 中类的成员方法中定义局部变量。

【示例 6.3】 在示例 6.2 中类的成员方法中定义局部变量。

```
package com.skm.demo.chapter06;

public class Cat {
    String color;                          //定义一个字符串类型的color成员变量
    int age;                               //定义一个整型的age成员变量
    public static void sleep(){            //定义sleep()方法
    int sleepTime = 8;                     //成员方法中的变量为局部变量
        System.out.println("猫都爱睡觉");
    }

    public void eat(){                     //这个成员方法需要实例化对象来调用
        System.out.println("三酷猫爱吃鱼");
    }
}
```

6.3　对　　象

用定义完成的类有两种方法。

一种是在定义静态方法时通过类名直接调用；另外一种更普遍的用法就是类实例化。通过实例化定义类的对象（Object），使对象可以独立使用各自的属性和方法。一个类可以定义很多个对象，这些对象之间的属性值是不一样的。例如，对象 A1 的名称属性值为"黄鱼"、对象 B1 的名称属性值为"带鱼"。

为了便于理解，这里可以把类看作带方法的特殊结构的数据类型，其定义的变量就是一个对象。这里可以想一想整型变量的定义和使用。

6.3.1　从类变成对象

通过类创建对象的格式如下：

格式 1：定义对象的同时实例化对象。

```
类名 对象名 = new 类名() ;
```

格式 2：先声明对象，之后需要时再实例化对象。

```
类名 对象名 = null ;
对象名 = new 类名() ;
```

new 关键字的主要功能是为定义的对象分配内存空间。

在 IDEA 开发工具的 StudyJava 项目中创建如下代码，对示例 6.3 中的 Cat 类进行实例化。

【**示例 6.4**】对示例 6.3 中的 Cat 类进行实例化。

```
package com.skm.demo.chapter06;

public class TestCat {
    public static void main(String[] args) {
        Cat cat = new Cat();                    //声明对象的同时实例化对象
        Cat coolCat = null;                     //声明对象
        coolCat = new Cat();                    //实例化对象
    }
}
```

6.3.2　访问对象的属性和方法

通过类实例化一个对象后，可以利用点操作符来访问对象的属性和方法，其格式如下：

- 对象.属性，表示调用类之中的属性；
- 对象.方法()，表示调用类之中的方法。

在 IDEA 开发工具的 StudyJava 项目中执行如下代码，在示例 6.4 的基础上对示例 6.3 的类进行实例化，然后对其属性赋值并调用其方法。

【**示例 6.5**】在示例 6.4 的基础上对示例 6.3 的类进行实例化，然后对其属性赋值并调用其方法。

```
package com.skm.demo.chapter06;

public class TestCat {
    public static void main(String[] args) {
        Cat cat = new Cat();            //声明对象的同时实例化对象
        Cat coolCat = null;             //声明对象
        coolCat = new Cat();            //实例化对象
```

```
    cat.age = 10;                    //为 cat 对象的 age 属性赋值为 10
    cat.color = "灰色";              //为 cat 对象的 color 属性赋值为"灰色"
    System.out.println("age=" + cat.age);          //输出属性 age 的值
    //输出属性 color 的值
    System.out.println("color=" + cat.color);

    cat.eat();            //实例化对象 Cat 调用 eat()方法
    //类 Cat 直接调用 static 修饰的 sleep()方法
    Cat.sleep();
    }
}
```

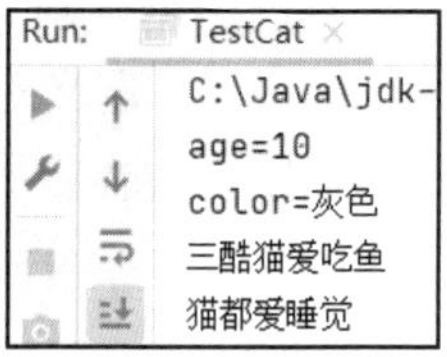

上述代码的执行结果如图 6.2 所示。

图 6.2　执行结果

6.3.3　对象的销毁

通过 new 关键字实例化对象为其分配内存空间后，就可以使用该对象了。当该对象使用完后要及时对其进行清除操作，以释放占用的内存空间。清除对象时，Java 提供了垃圾回收机制，系统会自动进行内存回收，不需要程序员再额外进行代码处理。这是 Java 语言的一大特色，极大简化了程序员管理内存的工作。

说明：Java 中的内存自动回收方案被称为垃圾回收（Garbage Collection，GC）机制。垃圾回收机制是指不再使用的对象所占的内存释放通过 JVM（Java Virtual Machine）自动完成，不再需要程序员手工代码处理。

6.4　方　　法

前面经常用到 System.out.println();现在分析一下这个语句的组成：

System 是一个类，在该类中定义了 public final static PrintStream out = null；其中，out 是一个输出流对象，println()是 out 下一个用于输出打印的方法；

System.out.println();这个语句是调用了系统中 System 类中的标准输出流对象 out 中的 println()方法。

方法是若干代码行的组合，共同完成一个功能，方法定义在类中，可以由类或者实例化对象调用。

一般情况下，定义一个方法的格式如下：

```
修饰符 返回值类型 方法名(参数类型 参数名,....){
    方法体(由代码块组成)
    return 返回值;(返回值类型为 void 时省略该语句)
}
```

- 修饰符：是可选用的，主要作用是定义该方法的访问类型，也就是告诉编译器如何调用这个方法。
- 返回值类型：有些方法会有某种类型的返回值，有些方法没有返回值，没有返回值的情况下，返回值类型设置为关键字 void。
- 方法名：方法的实际名称。调用的一般方法就是通过方法名来调用。
- 参数类型：当方法被调用时，要根据参数列表给参数传递对应的数据，这个数据被称为实参或变量。参数列表指的是方法的参数类型、参数名和参数的个数。参数的个数可以是 0 个，也就是可以不包含任何参数。
- 方法体：方法体包含若干完成某种功能的代码块，这些代码块完成的功能也就是该方法的功能。

在 IDEA 开发工具的 StudyJava 项目中执行如下代码，在类中创建方法并调用这些方法。

【示例 6.6】在 TestMethod 类中定义几种不同类型的方法并调用执行这些方法。

```java
package com.skm.demo.chapter06;

public class TestMethod {
    //省略修饰符；方法没有返回值，返回值类型使用 void；方法名为 show，无参数列表
    void show() {
        //方法体，执行输出功能
        System.out.println("void 返回值类型代码方法没有返回值");
    }

//public 权限修饰符；方法没有返回值，返回值类型使用 void；方法名为 add，参数列表中有
  两个 int 类型参数 a 和 b
    public void add(int a, int b) {
        //方法体，执行求 a 与 b 的和并输出结果。一般而言，void 类型的方法自带输出语句
        int sum = a + b;
        System.out.println("第一个 a + b =" + sum);
    }

    //public 权限修饰符；方法有返回值，类型为 int；方法名为 add2，参数列表中有两个 int
      类型参数 a 和 b
    public int add2(int a, int b) {
        int sum = a + b;        //方法体执行求 a 与 b 的和并通过 return 返回一个整数
        System.out.println("第二个 a + b =" + sum);
        return sum;
    }

    public static void main(String args[]) {                    // main()方法
        //通过类 TestMethod 实例化 testMethod 对象
        TestMethod testMethod = new TestMethod();
        testMethod.show();          //实例化对象 testMethod 调用无参 show()方法
        //实例化对象 testMethod 调用带参方法 add 并传递两个 int 参数 1 和 2，该方法自己
          有输出功能
        testMethod.add(1, 2);
```

```
            //实例化对象 testMethod 调用带参方法 add 并传递两个 int 参数 1 和 2,返回值赋值
               给局部变量 sum
            int sum = testMethod.add2(1, 2);
            //输出 add2 方法返回值赋值的局部变量 sum
               的值
            System.out.println("第三个 a + b ="
 + sum);
    }
}
```

运行代码,结果如图 6.3 所示。

```
Run:      TestMethod  ×
 ▶   ↑    C:\Java\jdk-11\bin\java.exe "
 🔧   ⇥    void返回值类型代码方法没有返回值
          第一个a + b =3
 ■   ⇥    第二个a + b =3
 📷   ⬇    第三个a + b =3
```

图 6.3　运行结果

6.4.1　类的构造方法

类的构造方法是一种特殊的方法,主要作用是在实例化对象时对对象进行初始化,其在实例化对象(new 运算符)时会自动调用。Java 的每个类中都提供了一个默认的空参构造方法,可以声明多个构造方法。

构造方法必须满足以下 4 个条件:

- 方法名必须与类名相同(大小写也必须一致);
- 可以有 0 个、1 个或多个参数;
- 没有包括 void 在内的任何返回值;
- 只能通过 new 运算符调用。

构造方法的语法格式如下:

```
class 类名{
  public 类名(){}      // 默认无参构造方法,如果自定义了构造方法,则该方法不再默认提供
  public 类名(参数类型 参数名...)          //自定义构造方法
}
```

📖提示:在一个类中,与类名相同且没有任何返回值的方法就是构造方法。在每个类中可以同时存在多个构造方法,但它们必须各自包含不同的参数列表。

在 IDEA 开发工具的 StudyJava 项目中执行如下代码,调用类中默认的构造方法。

【示例 6.7】在类中调用系统提供的默认无参数的空构造方法,并对类进行实例化。

```
package com.skm.demo.chapter06;

public class TestConstructor1 {
    //系统会默认提供一个无参的空的构造方法 public TestConstructor1(){ }
    public static void main(String args[]) {
        //调用系统提供的默认无参的空构造方法
        TestConstructor1 testConstructor1 = new TestConstructor1();
    }
}
```

在 IDEA 开发工具的 StudyJava 项目中执行如下代码,自定义构造方法。

【示例 6.8】 在类中自定义构造方法，并调用自定义构造方法实例化对象。

```
package com.skm.demo.chapter06;

public class TestConstructor2 {

    private String name;
    private int age;
    //自定义构造方法，带两个参数，此时系统中不再提供默认的构造方法
    public TestConstructor2(String name,int age){
        this.name = name;
        this.age = age;
    }

    public static void main(String args[]) {
        //下面这行语句会报错，因为系统未提供默认的构造方法，使用自定义构造方法时需要根
            据参数提供对应的值
        //TestConstructor2 testConstructor2 = new TestConstructor2();
        TestConstructor2 testConstructor2 = new TestConstructor2("张三
",20);                              //根据参数值调用自定义构造方法
    }
}
```

6.4.2 类的主方法

Java 中的主方法是类的运行入口点，也就是它定义了程序开始运行的位置。Java 编译器通过主方法来执行程序。

主方法的格式如下：

```
public static void main(String[] args){ //方法体 }
```

说明：关键字 public 表示主方法的权限是公共的，static 表示主方法是静态的；void 表示主方法没有返回值；主方法 main()的参数是一个 String 类型的数组，其中，args[n]代表程序的若干个参数，可以通过 length 属性获取参数的个数。

在 IDEA 开发工具的 StudyJava 项目中执行如下代码，调用 main()方法中的参数。

【示例 6.9】 在类中调用 main()方法中的参数并输出。

```
package com.skm.demo.chapter06;

public class TestMainParam {
    public static void main(String[] args) {
        for (int i = 0; i< args.length; i++){ //循环输出 args 字符串数组的内容
            System.out.println(args[i]);
        }
    }
}
```

在IDEA 开发工具中选择 Run 菜单下的 Edit Configurations
命令，如图 6.4 所示。在弹出的 Run/Debug Configurations
对话框的 Program arguments 文本框中输入参数列表，多个
参数用空格分开，如图 6.5 所示。这里输入"1　2　3"（数
字之间有空格），如图 6.6 所示。然后执行 TestMainParam，
输出结果如图 6.7 所示，程序将输入的参数进行了输出。

图 6.4　Run 菜单

图 6.5　Configurations 选项卡

图 6.6　输入参数列表

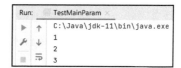

图 6.7　运行结果

6.4.3　方法参数

Java 方法参数传递只有值传递一种形式。

Java 的数据类型按照数据结构的复杂程度，可以分为基本数据类型（如 byte、int、
boolean、short、long、double、float 和 char）和引用数据类型（类、接口、数组和 String）
两种。这两种数据类型在方法参数传递过程中有所不同：

- 当以基本数据类型作为参数时，是直接复制它的值再传入方法中，由于是复制了新
  的值，所以方法对该值的变化不会影响外部变量的值。
- 当以引用数据类型作为参数时，是通过其内存地址把值传递给方法，地址指向的是
  同一对象，因此方法中对该对象值的变化会直接影响外部的对象值。

在 IDEA 开发工具的 StudyJava 项目中执行如下代码，演示基本数据类型的参数传递
过程。

【示例 6.10】 演示在类中基本数据类型的参数传递过程。

```java
package com.skm.demo.chapter06;

public class TestParam {
    public void swap(int a, int b){          //定义整型参数 a 和 b
        int temp = 0;
        temp = a;
        a = b;
        b = temp;
        System.out.println("a=" + a + ",b=" + b);    //输出 a 和 b 的值交换结果
    }

    public static void main(String[] args) {
        TestParam testParam = new TestParam();
        int a = 10;
        int b = 20;
        testParam.swap(a,b);              //将 a 和 b 的值作为参数传递给 swap()方法
        //验证外面的 a 和 b 的值是否变化
        System.out.println("a=" + a + ",b=" + b);
    }
}
```

上述代码的执行结果如图 6.8 所示。可见在 swap()方法内，数据进行了交换，而外部 a 和 b 的值并没有交换。

在 IDEA 开发工具的 StudyJava 项目中执行如下代码，演示引用数据类型的参数传递过程。

【示例 6.11】 演示在类中对引用数据类型的参数传递过程。

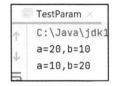

图 6.8 执行结果

```java
package com.skm.demo.chapter06;

public class TestParam2 {
    private int a;
    private int b;

    //将 TestParam2 对象作为参数传递
    public void swap(TestParam2 testParam2){
        int temp = 0;
        temp = testParam2.a;
        testParam2.a = testParam2.b;
        testParam2.b = temp;
        //输出交换结果
        System.out.println("a=" + testParam2.a + ",b=" + testParam2.b);
    }

    public static void main(String[] args) {
        TestParam2 testParam2 = new TestParam2();
        testParam2.a = 10;
        testParam2.b = 20;
        //将 testParam2 对象作为参数传递给 swap()方法
        testParam2.swap(testParam2);
        //两个属性值 a 和 b 已经发生交换
```

```
        System.out.println("a=" + testParam2.a + ",
b=" + testParam2.b);

    }
}
```

代码执行结果如图 6.9 所示。由此可见将对象作为参数传递
时，外部调用的属性值也进行了交换。

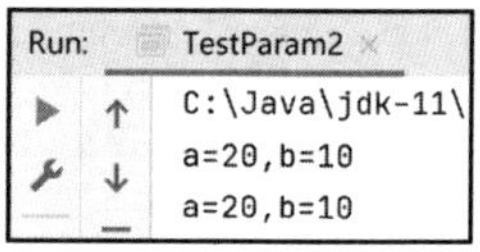

图 6.9　执行结果

6.4.4　方法重载

三酷猫学了方法之后非常开心，一些特定的功能可以写成方法重复调用了，减少了不
少的工作量。方法通过方法名称调用，并且参数及参数类型要一一对应起来。但是三酷猫
在写代码时发现一个问题：System.out.println();方法为什么可以传递那么多种不同类型的
参数呢？它既可以输出字符串，也可以输出整型……

三酷猫带着这个疑问，查看了 Java 中 System.out.println();的源代码。

```java
public void println(String x) {
    synchronized (this) {
        print(x);
        newLine();
    }
}

public void println(int x) {
    synchronized (this) {
        print(x);
        newLine();
    }
}

public void println(double x) {
    synchronized (this) {
        print(x);
        newLine();
    }
}
......
```

从源代码中可以看到有很多个 println()方法，每个方法的参数各不相同，这就是可以
用 println()方法输出很多种不同类型的数据的原因。在 Java 中，这种一个类中可以有多个
同名的方法的技术叫作重载。可以通过一个 println 同名方法实现不同类型数据的输出：

```java
System.out.println("鱼的价格是 5 元一斤");      // 调用 println(String s)方法
System.out.println(5);                          // 调用 println(int i)方法
System.out.println(2.5);                        // 调用 println(double d)方法
```

重载的定义：一个类中如果包含两个或者两个以上方法名相同的方法，但参数列表不
同，这种情况叫作方法重载。

方法重载要求满足以下 3 点：

- 方法名相同；
- 方法的参数类型和参数个数不一样；
- 方法的返回类型和修饰符可以不相同。

在 IDEA 开发工具的 StudyJava 项目中执行如下代码创建求和的方法，并利用重载技术使其可以求两个、三个或者四个整型数据的和。

【示例 6.12】在类中声明求和方法，并使用重载技术求两个、三个或者四个整型数据的和。

```
package com.skm.demo.chapter06;
public class TestAdd {
    public void add(int a, int b) {                  //两个整型参数
        System.out.println(a + b);
    }

    public void add(int a, int b, int c) {           //三个整型参数
        System.out.println(a + b + c);
    }

    public void add(int a, int b, int c, int d) {    //四个整型参数
        System.out.println(a + b + c + d);
    }

    public static void main(String[] args) {
        TestAdd testAdd = new TestAdd();   //实例化对象
        testAdd.add(3,5);          //调用两个整型参数的方法
        testAdd.add(3,5,7);        //调用三个整型参数的方法
        testAdd.add(3,5,7,9);  //调用四个整型参数的方法
    }
}
```

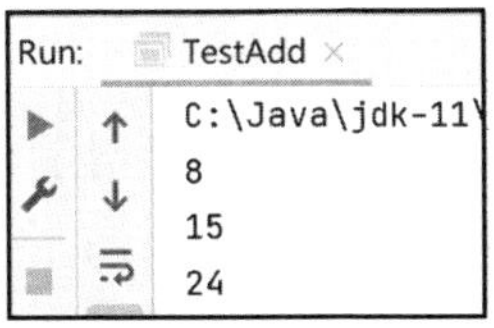

上述代码的执行结果如图 6.10 所示。

图 6.10　执行结果

6.4.5　this 关键字

实例化一个对象后，JVM 会给该对象分配一个引用自身的指针，这个指针的名字叫 this。因为 this 指向的是实例化对象，所以 this 只能在非静态方法中使用，同一个类的不同对象有不同的 this。

this 关键字主要有 3 个应用：

- this 调用本类中的属性，也就是类中的成员变量；
- this 调用本类中的其他方法；
- this 调用本类中的其他构造方法，调用时要放在构造方法的首行。

在 IDEA 开发工具的 StudyJava 项目中执行如下代码，演示 this 的用法。

【示例 6.13】在类中演示 this 的用法。

```
package com.skm.demo.chapter06;

public class TestThis {
    private String name;      //定义一个 name 属性
    private int age;          //定义一个 age 属性

    public TestThis() {       //定义空参构造方法
        this("张三",3);      //调用本类其他构造方法，如果有多行代码，则需要将其放在首行
    }

    public TestThis(String name, int age) { //定义局部变量 name 和 age
        this.name = name;     //用 this 调用属性 name，把局部变量 name 的值赋给属性
        this.age = age;       //将局部变量 age 传递的参数值赋值给属性 age
    }

    public String show() {
        return name + "今年" + age + "岁了";
    }

    public void printMessage() {
        this.show();          //通过 this 调用本类的 show()方法
    }
}
```

6.5　案例——三酷猫的通用账本

万事万物皆对象，学完这一章，三酷猫终于明白这句话的含义了。世界上所有的东西都能用对象描述出来，大到河流、山川，小到鱼、虾、蚌、蟹，因此万事万物其实就是属性和方法。于是，三酷猫打算定义一个记录鱼的基本信息的类，以方便做账时使用。

三酷猫钓到了 39 条鲫鱼和 28 条锦鲤。由于类代表对实际世界的对象的抽象，因此鱼就是这个实际世界的对象。三酷猫为它起了一个类名为 Fish。它的属性有哪些呢？三酷猫想记录鱼的名称、数量、类型和颜色，这些都是 Fish 类的属性，而对鱼类的属性值进行读、写，就是对应的方法。实现代码如下：

```
package com.skm.demo.chapter06;
/**
 * 一个叫作鱼的类
 */
public class Chapter0601 {

    /**
     * 通常用私有权限的关键字 private 来表示属性的访问权限
     * 通常不会用"对象.属性=新值"的方式修改属性的值，
     * 而是用"对象.set 属性=新值"的方式修改，也就是用方法去修改属性的值
     */
    private String name ;                    //鱼的名字
```

```
    private int count ;                              //钓到的鱼的数量

    private String type ;                            //大的分类, 海水鱼还是淡水鱼

    private String color ;                           //鱼的颜色

    /**
     * 以下的 set 和 get 方法, 在 idea 中可以通过按快捷键 Alt+Insert 调出,
     * 在弹出来的菜单中选择 Getter and Setter, 然后选中全部属性后确定即可
     */
    public String getName() {
        return name;
    }

    public void setName(String name) {
        this.name = name;
    }

    public int getCount() {
        return count;
    }

    public void setCount(int count) {
        this.count = count;
    }

    public String getType() {
        return type;
    }

    public void setType(String type) {
        this.type = type;
    }

    public String getColor() {
        return color;
    }

    public void setColor(String color) {
        this.color = color;
    }

    public static void main(String[] args) {
        Chapter0601 crucian = new Chapter0601();       // 让我们先来构造鲫鱼吧
        crucian.setName("鲫鱼");
        crucian.setType("淡水鱼");
        crucian.setColor("白色");
        crucian.setCount(20);

        Chapter0601 crucian2 = new Chapter0601();      // 这边还有黄色的鲫鱼
        crucian2.setName("鲫鱼");
        crucian2.setType("淡水鱼");
```

```
crucian2.setColor("黄色");
crucian2.setCount(19);

Chapter0601 carp = new Chapter0601();           //创造锦鲤
carp.setName("锦鲤");
carp.setType("淡水鱼");
carp.setColor("红色");
carp.setCount(28);

// 用一个"大鱼缸"把这些鱼都装起来，然后输出鱼的数量，看看对不对
Chapter0601[] fishArray = {crucian, crucian2, carp};
for(int i=0; i<fishArray.length; i++){
    Chapter0601 f = fishArray[i];
    System.out.println("名字："+ f.getName()+"。种类："+f.getType()+"。
颜色："+f.getColor()+"。总量："+f.getCount());
    }
  }
}
```

上述代码的执行结果如下：

```
名字：鲫鱼。种类：淡水鱼。颜色：白色。总量：20
名字：鲫鱼。种类：淡水鱼。颜色：黄色。总量：19
名字：锦鲤。种类：淡水鱼。颜色：红色。总量：28
```

6.6　练习和实验

一、练习

1. 填空题

1）类的声明，使用关键字（　　　）。

2）成员方法主要分为（　　　）和（　　　）。

3）类方法用关键字（　　　）来声明。

4）在 Java 语言中，用关键字（　　　）来创建对象。

5）同名方法不同类型的实现叫作（　　　）。

2. 判断题

1）在 Java 语言中，类、变量和方法的权限修饰符只有 private、protected 和 public 这
3 种。　　　　　　　　　　　　　　　　　　　　　　　　　　　　　　　　（　　）

2）一句话形容类和对象的关系是：类是对象的模板。　　　　　　　　　（　　）

3）创建出来的对象，如果不需要了，必须手工清除。　　　　　　　　　（　　）

4）类的构造方法的方法名可以和类名不一样。　　　　　　　　　（　　　）

5）无返回值类型的方法应该声明为 void。　　　　　　　　　　　（　　　）

二、实验

三酷猫每天给小鱼换水和清理鱼缸。过了一星期，三酷猫发现白色的鲫鱼生了两个小宝宝，黄色的鲫鱼生了一个小宝宝，但是也有遗憾，有一条锦鲤由于生病，死了。现在鱼缸里总共还有多少条鱼呢？我们用两个方法 increaseFish() 和 decreaseFish() 来处理增加一条鱼和减少一条鱼的情况。那么代码应该如何写呢？请参考本章前面的示例代码，在此基础上进行优化。

第 7 章 面向对象编程

面向对象开发模式更适合人类思考问题和处理问题，有利于对项目进行拆分，方便项目团队分工合作，提高开发效率。

本章主要介绍面向对象的高级应用功能，主要内容如下：

- 继承；
- 包装类；
- 抽象类与接口；
- 内部类；
- Lambada 表达式；
- 枚举；
- 包。

说明：第 7 章的所有示例代码统一存放在 StudyJava 项目的 com.skm.demo.chapter07 包里。

7.1 继 承

在日常生活中，人们习惯在现成的东西上进行改造，以获得更好的生活物品。如图 7.1 所示，人们可以为一个普通的啤酒瓶加装木制的座托，使其变成一个花瓶；或在啤酒瓶上绘画，使其变成一个艺术花瓶。假设把木托作为新增加的功能，同时它也继承原有啤酒瓶的所有功能，这就是面向对象的继承的特点。它们的关系是：啤酒瓶是父类，插花瓶和艺术花瓶为子类，子类继承了父类的功能，又增加了自有功能。

图 7.1 啤酒瓶功能的继承

　　继承是面向对象的三大特征之一。通过继承可以减少代码冗余，提高程序的运行效率。Java 中的继承是在已经存在的类的基础上进行扩展从而产生新的类。已经存在的类称为父类，新产生的类称为子类。在子类中，除了包含父类的属性和方法之外，还可以增加新的属性和方法。

7.1.1　类继承的定义

　　继承就是子类继承父类对象的特征和行为，使得子类对象具有父类的属性和方法。Java 的子类继承父类的语法格式如下，extends 是继承的关键字：

```
修饰符 class 父类名称 {
//类的主体
}
修饰符 class 子类名称 extends 父类名称 {
//类的主体
}
```

　　在 IDEA 开发工具的 StudyJava 项目中执行如下代码，演示继承的用法。

　　【示例 7.1】教师和学生都属于人类这个属性，他们具有共同的属性，如姓名、身份证号和性别等，他们有共同的行为，如吃饭和睡觉；教师还有所任课程和工号等属性，还有教课和阅卷等行为；学生有学号、所学课程和成绩等属性，还有上课和考试等行为。本示例实现继承的用法。

　　1）先创建一个人的类 People 并定义其属性和方法。

```
package com.skm.chapter07;

public class People {
    public String name;                 //姓名
    public String IDNumber;             //身份证号
    public String sex;                  //性别

    public People(){                    //空参构造方法

    }
    public People(String name, String IDNumber, String sex) {//带参构造方法
        this.name = name;
        this.IDNumber = IDNumber;
        this.sex = sex;
    }
    public void eat() {                 //吃的行为
        System.out.println("吃饭");
    }
    public void sleep() {               //睡觉的行为
        System.out.println("睡觉");
    }
}
```

2）创建 People 的子类 Teacher 类并定义其属性和方法。

```
package com.skm.chapter07;

public class Teacher extends People{          //继承自 People 类
    private String teacherNo;                  //工号
    private String course;                     //所教课程

    public void teaching(){                    //授课的行为
        System.out.println("授课");
    }
    public void markPapers(){                  //阅卷的行为
        System.out.println("阅卷");
    }
}
```

3）创建 People 的子类 Student 类并定义其属性和行为（方法）。

```
package com.skm.chapter07;

public class Student extends People{          //学号
    private String studentNo;                  //学号
    private String course;                     //所学课程

    public void inClass(){                     //上课的行为
        System.out.println("上课");
    }
    public void exam(){                        //考试的行为
        System.out.println("考试");
    }
}
```

4）创建 People 的子类 Teacher 和 Student 的对象，并调用其继承的属性和方法。

```
package com.skm.chapter07;

public class ExtendsTest {
    public static void main(String[] args) {
        Teacher teacher = new Teacher();       //创建一个 teacher 对象
        Student student = new Student();       //创建一个 student 对象
        teacher.name="张三";
        teacher.eat();
        teacher.teaching();
        student.sex="男";
        student.sleep();
        student.inClass();
    }
}
```

图 7.2　执行结果

上述代码的执行结果如图 7.2 所示。可以看到，teacher 和 student 对象都继承了 People 类的属性和方法，并增加了自有的属性和方法。

7.1.2　重写

重写是子类对父类允许访问的方法的功能进行重新编写，其返回值和参数列表必须与父类的方法完全相同，只能重新编写功能代码。重写使得子类可以根据实际需求，编写属于子类的方法，也就是说子类能够根据需要实现父类的方法。

在 Teacher 类中重写 People 父类的 eat()方法。

```
@Override                    //重写注解
public void eat(){           //修饰符、返回类型、方法名和参数列表都与父类方法一致
    System.out.println("教师在教工餐厅吃饭");        //重写方法体
}
```

再次通过 teacher 对象调用 eat()方法，上述代码的执行结果如图 7.3 所示。可以看到，teacher 对象重写了父类 People 的 eat()方法。

在 Student 类中重写 People 父类的 eat()方法。

```
@Override
public void eat() {
    System.out.println("学生在学生餐厅吃饭");
}
```

再次通过 student 对象调用 eat()方法，程序执行结果如图 7.4 所示。可以看到，student 对象重写了父类 People 的 eat()方法。

图 7.3　执行结果

图 7.4　执行结果

7.1.3　继承限制

Java 允许进行单继承，也可以进行多重继承。单继承是指一个子类只能继承一个父类，多重继承是指 B 类继承 A 类后，C 类可以继承 B 类。

- Java 中的子类不能直接访问父类的私有属性和方法。
- final 关键字声明类不能被继承，因此它也叫作最终类。
- final 如果用于修饰方法，则该方法不能被子类重写。

在 IDEA 开发工具的 StudyJava 项目中执行如下代码，演示继承的限制。

【示例 7.2】编写一个 Cat 类，演示继承的限制。

```
package com.skm.chapter07;

public class Cat {
```

```
    private String name;                    //私有属性不能被子类直接访问
    private String color;
    private int age;

    private void sleep(){                   //私有方法不能被子类直接访问
        System.out.println("三酷猫白天爱睡觉");
    }

    public final void  eat(){               //final 修饰的方法不能被子类重写
        System.out.println("三酷猫爱吃鱼");
    }
}
```

7.2　包　装　类

Java 中的 8 种基本数据类型都对应一个唯一的包装类，基本类型数据与其包装类数据可以通过包装类中的静态方法或成员方法进行转换。所有的包装类都是用关键字 final 修饰的，并且无法被继承和重写。Java 中的基本数据类型与其包装类的对应关系如表 7.1 所示。

表 7.1　基本数据类型与其包装类对应表

基本数据类型	包　装　类
byte	Byte
short	Short
int	Integer
long	Long
float	Float
double	Double
char	Character
boolean	Boolean

7.2.1　装箱与拆箱

将基本数据类型转换为包装类的过程叫作装箱，如将 double 数据包装成 Double 类的对象。将包装类转换为基本数据类型的过程称为拆箱，如将 Double 类的对象转换为 double。

Java 1.5 之前的版本需要手动编码拆箱、装箱，其之后的高版本系统可以自动进行装箱及拆箱操作，不需要再手动操作，简化了程序员的工作。

在 IDEA 开发工具的 StudyJava 项目中执行如下代码，演示自动装箱和拆箱操作。

【示例 7.3】编写一个 Pack 类，演示自动装箱和拆箱操作。

```
package com.skm.chapter07;

public class Pack {
    public static void main(String[] args) {
        double score = 89.5;
        Double score2 = score;                      //自动装箱
        double score3 = score2;                      //自动拆箱
        System.out.println("score3 = " + score3);
        Double score4 = 89.5;
        System.out.println("score2 等价于 score4 的返回结果为:" + score2.equals
(score4));                                           //判断两个数是否相等
        System.out.println("score2 等价于 score4 的返回结果为:" + (score2==
score4));                                            //判断两个对象是否同一个
    }
}
```

执行结果如图 7.5 所示，可以看到，double 基本数据类型和 Double 类进行了自动装箱和拆箱操作，score2 和 score4 为两次定义的对象，二者数值相同，为两个不同的对象。

在 IDEA 开发工具的 StudyJava 项目中执行如下代码，演示手动装箱和拆箱操作。

【示例 7.4】编写一个 Pack 类，演示手动装箱和拆箱操作。

```
package com.skm.chapter07;

public class HandPack {
    public static void main(String[] args) {
        double score = 89.5;
        Double score2 = new Double(score);          //手动装箱
        double score3 = Double.valueOf(score2);     //手动拆箱
        System.out.println("score3 = " + score3);
        Double score4 = 89.5;
        System.out.println("score2 等价于 score4 的返回结果为:" + score2.equals
(score4));                                           //判断两个数是否相等
        System.out.println("score2 等价于 score4 的返回结果为:" + (score2==
score4));                                            //判断两个对象是否同一个
    }
}
```

执行结果如图 7.6 所示，可以看到，double 基本数据类型和 Double 类进行了手动装箱和拆箱操作，score2 和 score4 为两次定义的对象，二者数值相同，为两个不同的对象。

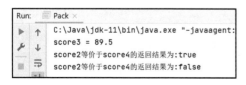

图 7.5　执行结果

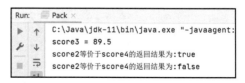

图 7.6　执行结果

7.2.2　数据类型转换

Java 提供了数据类型转换功能，这里介绍字符串转为数值类型、数值类型转为字符串类型的方法。

1. 将字符串转换为数值类型，字符串必须全部由数字组成

在 IDEA 开发工具的 StudyJava 项目中执行如下代码，演示字符串转换为数值类型的过程。

【示例 7.5】编写一个类，演示字符串转换为数值类型的过程。

```java
package com.skm.chapter07;

public class ConertValue {
    public static void main(String[] args) {
        String s1 = "100";
        String s2 = "100.6";
        int i = Integer.parseInt(s1);            //将字符串转换为 int 类型
        double d = Double.parseDouble(s2);       //将字符串转换为 double 类型
        System.out.println("i = "+ i);
        System.out.println("d = "+ d);
    }
}
```

执行结果如图 7.7 所示，可以看到，字符串 s1 和 s2 分别转换为了 int 和 double 数值类型。

2. 将数值转换为字符串

在 IDEA 开发工具的 StudyJava 项目中执行如下代码，演示整型和浮点型转换为字符串类型的过程。

【示例 7.6】编写一个类，演示整型转换为字符串类型的过程。

```java
package com.skm.chapter07;

public class ConertString {
    public static void main(String[] args) {
        int i = 100;
        double d = 98.5;
        String s1 = Integer.toString(i);
        String s2 = Double.toString(d);
        System.out.println("s1 = " + s1);
        System.out.println("s2 = " + s2);
    }
}
```

执行结果如图 7.8 所示，可以看到，整型数据 i、浮点型数据 d 都转换为了 String 类型。

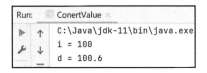

图 7.7　执行结果　　　　　　　　　　图 7.8　执行结果

7.3　抽象类与接口

抽象是面向对象编程的一大特征，在 Java 中通过抽象类和接口两种形式来体现面向对象的抽象。

7.3.1　抽象类

抽象类是 abstract 修饰的类，有以下几点需要注意：
- abstract 修饰的类为抽象类，该类不能创建对象；
- abstract 修饰的方法为抽象方法，该方法不能有方法体；
- 有抽象方法的类必须是抽象类，但抽象类中可以没有抽象方法；
- 子类继承抽象类后，必须重写抽象类中的抽象方法；
- 在抽象类中可以有除了抽象方法以外的普通方法。

在 IDEA 开发工具的 StudyJava 项目中执行如下代码，示例抽象类和抽象方法。

【示例 7.7】编写一个抽象类，演示抽象类和抽象方法，并编写一个子类继承该抽象类。

```java
package com.skm.chapter07;

public abstract class Animal {                    //抽象类
    public abstract void eat();                   //抽象方法
    public abstract void sleep();                 //抽象方法
    public void run(){                            //普通方法
        System.out.println("动物可以跑");
    }
}
```

Skm 继承 Animal 这个抽象类并实现了 eat()和 sleep()两个抽象方法

```java
package com.skm.chapter07;

public class Skm extends Animal{
    @Override
    public void eat() {

    }

    @Override
```

```
public void sleep() {

    }
}
```

7.3.2　接口

接口是一个规范，负责定义规则，通过 interface 关键字进行定义。有以下几点需要注意：

- 接口中的所有属性默认为被 public static final 修饰；
- 接口中的所有方法默认为被 public abstract 修饰；
- 类是使用关键字 implements 实现接口，类和接口的关系叫作实现；
- 类可以同时实现多个接口。

在 IDEA 开发工具的 StudyJava 项目中执行如下代码，演示抽象类和抽象方法。

【示例 7.8】编写一个抽象类，演示抽象类和抽象方法，并编写一个子类继承该抽象类。

```
package com.skm.chapter07;

public interface AnimalInterface {
    double PI = 3.14;          //相当于 public static final double PI = 3.14;
    void eat();                //相当于 public abstractvoid eat();
}
```

Skm 实现了 AnimalInterface 这个接口并实现了 eat() 这个抽象方法。

```
package com.skm.chapter07;

public class SkmInterface implements AnimalInterface{
    @Override
    public void eat() {

    }
}
```

7.4　内　部　类

在 Java 中，内部类是将一个类定义在另一个类内部或一个方法内部的类，包含内部类的类称为外部类。一般可以将内部类分为成员内部类、局部内部类、匿名内部类和静态内部类。

7.4.1　成员内部类

成员内部类可以看作外部类的一个成员，可以直接使用外部类的所有属性和方法，包括 private 修饰的私有属性和方法，该内部类可以使用 private 和 public 等访问权限进行修饰，外部类不能访问内部类的 private 属性和方法。

```
package com.skm.chapter07.inner;

public class Animal {                               //外部类
    private String color = "灰色";                   //外部类私有属性
    private static int num = 1;                      //外部类静态私有属性

    class Skm{                                       //内部类
        public void show(){
            //内部类可以直接访问外部类的private属性
            System.out.println("三酷猫的颜色:"+ color);
            //内部类可以直接访问外部类的private static属性
            System.out.println("数量统计结果:" + num);
        }
    }
}
```

当成员内部类属性或方法与外部类成员属性或方法同名时，默认访问的是成员内部类的成员属性或方法。需要使用下面形式访问外部类成员属性或方法。

```
外部类.this.成员变量
外部类.this.成员方法
```

成员内部类依附外部类而存在，如果要创建成员内部类的对象，必须先创建外部类对象，创建内部类对象的语法如下：

```
外部类 外部类对象名 = new 外部类();
外部类.内部类 内部类对项目=外部类对象名.new 内部类();
```

在 IDEA 开发工具的 StudyJava 项目中执行如下代码，演示成员内部类的使用。

【示例 7.9】编写一个包含成员内部类的外部类，演示成员内部类的使用。

在 Animal 外部类中包含成员内部类 Skm。

```
package com.skm.chapter07.inner;

public class Animal {                               //外部类
    private String color = "灰色";                   //外部类的私有属性
    private static int num = 1;                      //外部类的静态私有属性

    class Skm{                                       //内部类
        private String color ="红色";                //与外部类同名的属性
        public void show(){
            //屏蔽外部类同名的color
            System.out.println("内部类color值:"+ color);
            //调用外部类的color
            System.out.println("调用外部类color: " + Animal.this.color);
            //内部类可以直接访问外部类的private static属性
            System.out.println("数量统计结果:" + num);
        }
```

```
        }
    }
```

通过测试类测试内部类：

```
package com.skm.chapter07.inner;

public class TestInner {
    public static void main(String[] args) {
        Animal animal = new Animal();                //创建外部类对象
        //通过外部类对象创建内部类对象
        Animal.Skm skm = animal.new Skm();
        //调用内部类方法，外部类 color 被屏蔽
        skm.show();
    }
}
```

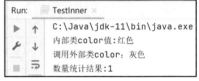

执行结果如图 7.9 所示，屏蔽外部类同名的 color
和调用外部类 color 测试通过。

图 7.9　执行结果

7.4.2　静态内部类

静态内部类是在另一个类前面加关键字 static 进行修饰的类。静态内部类不依赖于外部类，它不能使用外部类的非 static 成员属性或方法。

在 IDEA 开发工具的 StudyJava 项目中执行如下代码，演示静态内部类的使用。

【示例 7.10】编写一个包含成员静态内部类的外部类，演示静态内部类的使用。

在 AnimalStatic 外部类中包含静态内部类 Skm。

```
package com.skm.chapter07.inner;

public class AnimalStatic {

    private int num = 1;                        //外部类的私有成员属性
    private String color = "灰色";              //外部类的私有成员属性
    private static int staticNum = 2;           //外部类的静态私有成员属性

    static {                                    //外部类的静态代码块
        System.out.println("外部类的静态代码块被执行...");
    }

    public void show(){                         //外部类的普通方法
        System.out.println("外部类的 show()方法被执行...");
    }

    public static void showStatic(){            //外部类的静态方法
        System.out.println("外部类的静态方法 showStatic()被执行...");
    }

    public static class Skm{                    //内部类
        private int count = 1;                  //内部类的成员属性
```

```
        private String color = "红色";           //内部类的成员属性
        private static int staticCount = 2;      //内部类的静态成员属性
        static {                                 //内部类的代码块
            System.out.println("内部类的静态代码块被执行...");
        }

        public void showInner(){                 //内部类的普通方法
            System.out.println("内部变量count:" + count);
            System.out.println("内部变量color:" + color);
            System.out.println("内部静态变量:" + staticCount);
            showStatic();                        //调用外部类的静态方法
        }

        public static void showStaticInner(){    //内部类的静态方法
            System.out.println("外部静态变量: " + staticNum);
        }
    }
}
```

通过测试类测试内部类：

```
package com.skm.chapter07.inner;

public class TestStaticInner {
    public static void main(String[] args) {
        AnimalStatic.Skm.showStaticInner();        //调用内部类的静态方法
        System.out.println("--------------------");
        AnimalStatic.Skm skm = new AnimalStatic.Skm(); //创建内部类对象
        skm.showInner();                           //调用内部类的普通方法

    }
}
```

执行结果如图 7.10 所示，注意执行顺序。

图 7.10　执行结果

7.4.3　局部内部类

在外部类的方法中定义的内部类就是局部内部类。其作用域也是在方法内部，局部内部类的实例化也只能在方法中进行。

在 IDEA 开发工具的 StudyJava 项目中执行如下代码，演示局部内部类的使用。

【示例 7.11】编写一个包含成员局部内部类的外部类，演示局部内部类的使用。

在 AnimalStatic 外部类包含局部内部类 Skm。

```
package com.skm.chapter07.inner;

public class AnimalMethod {
    private int num = 1;                        //外部类的私有属性

    public void show(){                         //外部类的方法
        class Skm{                              //局部内部类，不能有访问修饰符
            private int numInner = 2;           //内部类的私有属性
            private String color = "灰色";       //内部类的私有属性
            public void show(){                 //内部类的私有方法
                System.out.println("外部类成员属性 num: " + num);
                System.out.println("内部类成员属性:" + numInner);
            }
        }
        Skm skm = new Skm();                    //局部内部类只能在方法中使用
        skm.show();
    }
}
```

通过测试类测试内部类：

```
package com.skm.chapter07.inner;

public class TestMethod {
    public static void main(String[] args) {
        AnimalMethod animalMethod = new Animal
Method();
        animalMethod.show();
    }
}
```

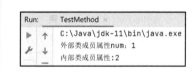

执行结果如图 7.11 所示。

图 7.11　执行结果

7.4.4　匿名内部类

匿名内部类是唯一一种没有构造器的类。匿名内部类一般用于继承其他类或者实现接口，其不需要增加额外的方法，只是对继承方法的实现或重写。

在 IDEA 开发工具的 StudyJava 项目中执行如下代码，演示匿名内部类的使用。

【示例 7.12】编写一个包含成员匿名内部类的外部类，演示匿名内部类的使用。

（1）定义一个接口：

```
package com.skm.chapter07.inner;
public interface IAnimal {
    void show();
}
```

（2）创建匿名内部类：

```
package com.skm.chapter07.inner;
public class AnimalAnon {
    public static IAnimal getMessage(){          //外部类的方法
        return new IAnimal() {                    //匿名类
            @Override
            public void show() {                  //实现接口的方法
                System.out.println("匿名内部类实现接口方法");
            }
        };
    }
}
```

（3）测试匿名内部类：

```
package com.skm.chapter07.inner;

public class TestAnon {
    public static void main(String[] args) {
        //调用匿名内部类的方法
        AnimalAnon.getMessage().show();
    }
}
```

Run: TestAnon ×

▶ ↑   C:\Java\jdk-11\bin\java.exe
🔧 ↓   匿名内部类实现接口方法

执行结果如图 7.12 所示。   图 7.12   执行结果

7.5 Lambda 表达式

Lambda 表达式也叫闭包，是 JDK 1.8 之后增加的新特性，允许把函数作为一个方法的参数，其本质上是一个匿名方法。Lambda 表达式可以对某些接口进行实现，需要注意的是 Lambda 要实现的接口中可以有多个方法，但是只能有一个需要实现的方法。一般允许 Lambda 表达式实现的接口方法通常用@FunctionalInterface 进行注解，该注解要求接口中的抽象方法只能有一个。

Lambda 表达式的语法格式如下：

（参数列表）->表达式或（参数列表）->{表达式；}

在 IDEA 开发工具的 StudyJava 项目中执行如下代码，演示 Lambda 表达式的基本用法。

【示例 7.13】编写一个接口和类，演示 Lambda 表达式的基本用法。

```
package com.skm.chapter07;

@FunctionalInterface              //注解要求该接口只能有一个抽象方法
public interface LambdaInterface { //定义接口
    int sum(int a, int b);        //定义接口的方法，该方法有两个参数，并带有返回值
}
```

编写 TestLambda 类：

```
package com.skm.chapter07;

public class TestLambda {
    public static void main(String[] args) {
        //利用 Lambada 表达式实现，两个参数带返回值
        LambdaInterface lambdaInterface = (int a, int b)->{
            return  a + b;
        };
        int sum = lambdaInterface.sum(3,5);          //调用已实现的方法
        System.out.println("a + b = " + sum);
    }
}
```

执行结果如图 7.13 所示，通过示例可以看出接口方法通过 Lambada 表达式直接实现，省去了接口的实现类。

Lambda 表达式还有一个较为常用的功能就是对集合进行遍历。

在 IDEA 开发工具的 StudyJava 项目中执行如下代码，演示 Lambda 对集合进行遍历。

【示例 7.14】编写一个接口和类，演示 Lambda 对集合进行遍历。

```
package com.skm.chapter07;
import java.util.ArrayList;
import java.util.Collections;

public class TestLambdaList {
    public static void main(String[] args) {
        ArrayList<Integer> arrayList = new ArrayList<>();    //定义一个集合
        arrayList.add(1);                    //向集合中添加数据
        arrayList.add(2);
        arrayList.add(3);
        arrayList.add(4);
        arrayList.add(5);
        arrayList.forEach(e -> {             //利用 Lambda 表达式对集合进行遍历输出
            System.out.println(e);
        });
    }
}
```

执行结果如图 7.14 所示。可以看到，使用 Lambda 表达式进行遍历要比使用 for 循环进行遍历简洁很多。

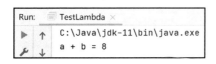

图 7.13　执行结果

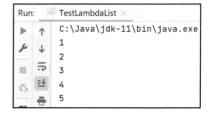

图 7.14　执行结果

7.6　枚　　举

枚举是在 JDK 1.5 之后出现的，使用 enum 关键字定义一个被命名的常量集合，用于声明一组带标识符的常量。枚举在日常生活中非常常见，如一年的月份只能是 1～12 中的一个，一个人的性别只能是"男"或"女"等。当一个变量的取值只有固定的几个值时，就可以将其定义为枚举类型。枚举声明的语法如下：

```
修饰符 enum 枚举名{
枚举值1,枚举值2...
}
```

在 IDEA 开发工具的 StudyJava 项目中执行如下代码，演示枚举的使用。

【示例 7.15】编写一个定义枚举的类，然后调用其赋值，演示枚举的使用。

定义性别类枚举：

```
package com.skm.chapter07;
public enum SexEnum {                                    //定义枚举
    男,女
}
```

定义测试类进行测试：

```
package com.skm.chapter07;
public class TestEnum {
    //为静态变量 sex 赋值枚举类型的值"男"
    private static SexEnum sex = SexEnum.男;

    public static void main(String[] args) {
        System.out.println("性别是:" + sex);
    }
}
```

```
Run:    TestEnum ×
  ▶   ↑   C:\Java\jdk-11\bin\java.exe
  ⚙   ↓   性别是:男
```

执行结果如图 7.15 所示。

图 7.15　执行结果

7.7　包

Java 提供了包机制来区分类的命名空间，包的主要作用有：区分相同名称的类、管理使用大量的类和控制访问作用域。

7.7.1　初识包

Java 用 package 关键字定义包并且该关键字语句应该放在源文件的第一行。在每个源文件中只能有一个定义包的语句，其适用于类、接口和枚举等所有类型的文件。前面我们一直在使用 package 语句创建包，包的命名一般采用自己公司倒置的域名，以保证其唯一性。定义包的语法格式如下：

```
package 包名;
```

7.7.2　导入包

如果要使用某一个包中的成员，则需要在 Java 源文件中使用 import 关键字导入该包。import 包导入语句位于 package 语句后，类的定义前，包导入语句可以没有也可以有多条，语法格式如下：

```
import 包路径.*或者import 包路径.类名
```

一个类想要使用本包中的另一个类，包名可以省略不用导入。

Java 系统中的类都在不同的包中，在开发项目中可以使用自己定义的包中的类，也可以导入系统包，常用的系统包如表 7.2 所示。

表 7.2　常用的系统包

包	说　　明
Java.lang	Java的核心类库，系统默认加载，使用该包下的类不用导入包
Java.io	Java的标准输入/输出类库
Java.util	Java的时间处理、动态数组处理等类库
Java.net	Java实现网络功能的类库
Java.lang.reflect	Java实现反射功能的类库
Java.sql	Java实现数据库操作的类库
Java.security	Java实现安全方面的类库

7.7.3　jar 文件

开发一个应用项目后，在发布使用时通常会将源文件打包成一个 jar 文件，只要安装配置了对应版本的 JDK，Java 虚拟机就可以直接执行该项目。在 IDEA 中导出 jar 包的步骤如下：

1）在项目上右击，在弹出的快捷菜单中选择 Open Module Settings 命令，如图 7.16 所示。

2）在弹出的 Project Structure 对话框中选择 Artifacts。如果之前没有创建 jar 文件，需要单击加号按钮新建一个，在弹出的下拉列表框里选择 JAR|Empty 创建一个空的 jar 文件，后面添加要打包的内容，如图 7.17 所示。

图 7.16　选择 Open Module Settings 命令

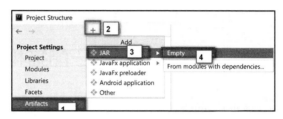

图 7.17　创建一个 jar 文件

3）给 jar 文件起一个名字，指定一个 jar 包完成后的输出路径，然后选择添加 jar 包的内容，jar 包内是代码编译之后的 class 文件，最后单击"确定"按钮关闭窗口，如图 7.18 所示。

图 7.18　给 jar 文件命名

4）在菜单栏中选择 Build 菜单，然后选择 Build Artifacts 命令，如图 7.19 所示。

5）这时可以看到刚刚新建的 TestJar，选择 Build 开始编译 jar 包，如图 7.20 所示。

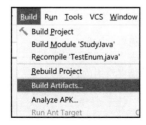

图 7.19　选择 Build Artifacts 命令

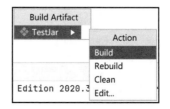

图 7.20　选择 Build 编译 jar 包

6）以上操作完成之后，去 jar 输出目录查看生成的 jar 文件，如图 7.21 所示，TestJar.jar 已经生成。

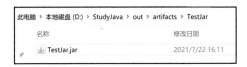

图 7.21　jar 包编译成功

7.8　案例——三酷猫和加菲猫的不同爱好

三酷猫和加菲猫同样都是猫，但是它们的爱好却完全不同。加菲猫喜欢穿帆布鞋，而三酷猫喜欢穿运动鞋；加菲猫钓鱼喜欢用红虫当诱饵，而三酷猫喜欢用沙袋面。于是，三酷猫用程序来表达这些差别，实现代码如下：

```
package com.skm.demo.chapter07;
public abstract class Chapter0701Cat {

    public final void sayOurType(){
        System.out.println("我是猫科动物");
    }

    public abstract void sayName() ;
    protected abstract void sayOurShoes() ;
    private void sayBait(){
        System.out.println("说出我喜欢用的钓饵");
    }
    public static void sayGoHome(){
        System.out.println("钓完鱼回家了");
    }
}

package com.skm.demo.chapter07;
/**
 * 三酷猫和加菲猫的喜好枚举类
 */
public enum Chapter0701Enum {

    SHOES_SKM("运动鞋"),            // 三酷猫喜欢的鞋
    SHOES_JFM("帆布鞋"),            // 加菲猫喜欢的鞋
    BAIT_SKM("沙袋面"),             // 三酷猫喜欢用的钓饵
    BAIT_JFM("红虫");               // 加菲猫喜欢用的钓饵
    private String content ;

    Chapter0701Enum(String content){
        this.content = content ;
    }
```

```
    public String getContent() {
        return content;
    }
}

package com.skm.demo.chapter07;

public class Chapter0701Jfm extends Chapter0701Cat{
    @Override
    public void sayName(){
        System.out.println("我叫加菲猫");
    }
    @Override
    public void sayOurShoes(){
        System.out.println("我喜欢穿"+Chapter0701Enum.SHOES_JFM.getContent());
    }
    private void sayBait(){
        System.out.println("我喜欢用"+Chapter0701Enum.BAIT_JFM.getContent()
+"当钓饵");
    }
    public static void sayGoHome(){
        System.out.println("加菲猫钓完鱼回家了");
    }
    public static void main(String[] args) {
        Chapter0701Jfm cat = new Chapter0701Jfm();
        cat.sayOurType();
        cat.sayName();
        cat.sayOurShoes();
        cat.sayBait();
        Chapter0701Jfm.sayGoHome();
    }
}

package com.skm.demo.chapter07;
public class Chapter0701Skm extends Chapter0701Cat{
    // public final void sayOurType(){    这样写，编译报错，final 属性的方法不能
        被重写
    // System.out.println("我是猫科动物");
    // }
    @Override
    public void sayName(){
        System.out.println("我叫三酷猫");
    }
    @Override
    // 这里可以用 public，但是不能用 private，因为不能比父类的修饰范围还低
    public void sayOurShoes(){
        System.out.println("我喜欢穿"+Chapter0701Enum.SHOES_SKM.getContent());
    }
    // @Override 这里不能用重写的注解，因为父类用 private 修饰的方法，不能被重写，
        但是同名方法可以被再次声明
    private void sayBait(){
        System.out.println("我喜欢用"+Chapter0701Enum.BAIT_SKM.getContent()+
"当钓饵");
```

```
    }
    // @Override 这里不能用重写的注解，因为父类用 static 修饰的方法不能被重写，但是
       同名方法可以被再次声明
    public static void sayGoHome(){
        System.out.println("三酷猫钓完鱼回家了");
    }

    public static void main(String[] args) {
        Chapter0701Skm cat = new Chapter0701Skm();
        cat.sayOurType();
        cat.sayName();
        cat.sayOurShoes();
        cat.sayBait();
        Chapter0701Skm.sayGoHome();
    }
}
```

运行 Chapter0701Jfm，结果如下：

```
我是猫科动物
我叫加菲猫
我喜欢穿帆布鞋
我喜欢用红虫当钓饵
加菲猫钓完鱼回家了
```

运行 Chapter0701Skm，结果如下：

```
我是猫科动物
我叫三酷猫
我喜欢穿运动鞋
我喜欢用沙袋面当钓饵
三酷猫钓完鱼回家了
```

7.9　练习和实验

一、练习

1．填空题

1）在 Java 中，继承的关键字是（　　　）。

2）将基本数据类型转换为包装类的过程叫作（　　　），将包装类转换为基本数据类型的过程叫作（　　　）。

3）修饰抽象类的关键字是（　　　）。

4）修饰接口类的关键字是（　　　）。

5）Lambda 表达式实现的接口方法通常用（　　　）进行注解。

2．判断题

1）重写是子类对父类允许访问的方法的功能进行重新编写，其返回值和参数列表必须与父类的方法完全相同。　　　　　　　　　　　　　　　　　　　（　　）

2）子类可以重写父类中用 final 修饰的方法。　　　　　　　　　　　　（　　）

3）Java 的基本数据类型的包装类是可以被继承和重写的。　　　　　　　（　　）

4）抽象类的方法必须都是抽象方法。　　　　　　　　　　　　　　　　（　　）

5）接口的所有属性默认是被 public static final 修饰的。　　　　　　　　（　　）

二、实验

如果将 7.8 节示例中的抽象类改为接口，该如何写（只要写出三酷猫的爱好即可）？要求如下：

1）定义一个接口，里面包含 sayOurType、sayName、sayOurShoes、sayBait 和 sayGoHome 接口。

2）如果采用通用的子类实现方法，则无须用子类再次实现，给出默认的实现方法，输出一句话即可。

3）给出和本章案例一样的输出结果。

第 8 章　异　　常

有时上网会碰到网页打不开的问题，使用手机 App 时也会碰到各种操作失败的情况，如卡顿、信息提交失败、支付时没有打开移动数据等。当遇到这些问题时，是否能及时给出相应的提示信息非常关键。它甚至能决定一个 App 的用户数量——想一想体验差的 App 有多少人愿意再使用呢？

软件在使用中遇到各种异常问题是不可避免的，可以通过异常处理机制进行合理的解决。本章主要介绍异常处理的相关知识，涵盖的主要内容如下：

- 异常初体验；
- 异常处理；
- 异常抛出。

📖 说明：第 8 章的示例代码都统一存放在 StudyJava 项目的 com.skm.demo.chapter08 包里。

8.1　异常初体验

程序员在编写代码时尽管会考虑各种可能存在的意外情况，但是在程序运行的过程中，意外情况还是会发生。为了提高程序的安全性、可靠性及用户体验性，不至于因为意外而出现程序不可运行的情况，Java 提供了异常处理机制。

在 IDEA 开发工具的 StudyJava 项目中执行如下代码，对除数为 0 的表达式进行运算时程序出现异常。

【示例 8.1】对指定除数为 0 的表达式进行运算。

```java
package com.skm.demo.chapter08;

public class TestByZero{
    public static void main(String[] args) {
        int result = 5 / 0;                        //除数为 0，代码出错
        System.out.println("result = " + result);
    }
}
```

运行代码，程序将给出如图 8.1 所示的结果。可以看到，在第 5 行中出现了 java.lang. ArithmeticException create breakpoint: / by zero 的异常信息，程序中断。

Exception 表示代码出现异常，/ by zero 指出了出错的原因（除数不能为 0），TestByZero. java:5 表示代码第 5 行出现错误。

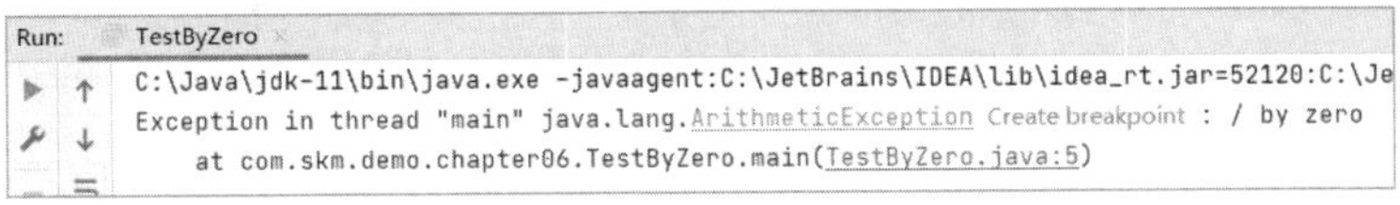

图 8.1 运行结果

说明：初学者必须学会看英文提示。通过英文提示，可以准确地解决大多数代码出错的问题。

8.2 异常处理

在使用软件时报出英文错误，这对用户来说是一件非常糟糕的事情。编程时需要通过异常处理机制合理解决该问题。

Java 对异常的处理是通过 5 个和异常相关的关键字组合来完成的。这 5 个关键字分别是 try、catch、finally、throw 和 throws。

8.2.1 try…catch 简介

在 Java 中，捕获异常最常用的结构是 try…catch 组合，其基本语法格式如下：

```
try{
    可能出现异常的代码块
}catch (Exception e){
    处理异常的代码块
}
```

try 关键字代表异常捕捉的开始，其花括号内放置的是可能产生异常的代码块；catch 关键字用于捕捉异常信息，其花括号内包括处理异常的代码块，每个 try 后面可以跟多个 catch。

下面对示例 8.1 中会产生异常的代码用 try…catch 进行处理。

在 IDEA 开发工具的 StudyJava 项目中执行如下代码，对除数为 0 的出错情况通过异常处理机制进行处理。

【示例 8.2】对指定除数为 0 的表达式运算出现的异常进行处理。

```
package com.skm.demo.chapter08;

public class TestByZeroTry {
    public static void main(String[] args) {
```

```
        try {                                          //异常处理开始
            int result = 5 / 0;                        //除数为 0
            System.out.println("result = " + result);
        } catch (Exception e) {               //捕捉异常信息
            System.out.println("除数不能为零");//替代英文提示，用中文提示出错信息
        }
        System.out.println("程序结束");
    }
}
```

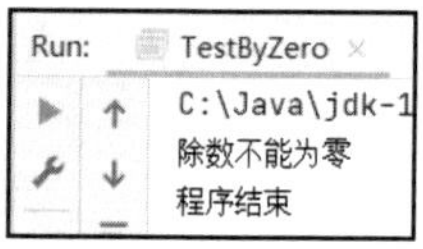

运行代码，将出现如图 8.2 所示的结果。出现"除数不能为零"
的提示，并且程序继续往下运行，输出"程序结束"的信息。

图 8.2　运行结果

8.2.2　finally 简介

在程序运行的过程中经常会碰到一些特殊的需求，例如无论程序是否出现异常，最后
都需要运行一些代码块来完成某些功能。例如：打开文件，读取文件中的字符时出现异常，
应先提示读取文件内容时出现异常，然后代码强制关闭已经打开的文件，以减少内存消耗；
打开文件并正常读取文件内容后，也需要关闭该文件。finally 关键字提供了上述这些功能，
其基本格式如下：

```
        try{
            可能出现异常的代码块
        }catch (Exception e){
            处理异常的代码块
        }finally{
            一般都会被执行的代码块
        }
```

在 IDEA 开发工具的 StudyJava 项目中执行如下代码，对表达式进行运算并进行有异
常或者无异常的处理。

【示例 8.3】对指定的表达式运算时出现的异常或无异常进行处理。

```
package com.skm.demo.chapter08;

public class TestByFinally {
    public static void main(String[] args) {
        try {
            int result = 5 / 0;   //除数为 0
            System.out.println("result = " + result);
        } catch (Exception e) {
            System.out.println("除数不能为零");
        }finally {                      //无论前面的代码是否出错，总会执行下面一行代码
            System.out.println("finally 运行");
        }
        System.out.println("程序结束");
    }
}
```

运行代码，如果除数为 0 则给出如图 8.3 左图所示的结果，如果除数为 2 则给出如图 8.3 右图所示的结果。由此可见，不论程序是否出现异常，finally 中的语句块都会正常运行。

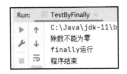 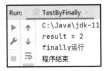

图 8.3　运行结果

8.3　异常抛出

有时代码出现异常，可是当前不想或者没有能力处理该异常，那么可以选择不处理这个异常而抛出该异常，由调用该代码的方法来处理异常。异常抛出主要使用 throws 和 throw 两个关键字来实现。

📖说明：异常抛出功能更多的是捕捉底层出错行为，为开发人员提供帮助信息。

1）选择使用 throws 关键字抛出异常，实际上是将异常抛给了对应的异常处理方法的调用者，它一般在声明方法时使用，并不对异常进行处理。throws 抛出异常的基本格式如下：

```
修饰符 返回值类型 方法名(参数列表) throws Exception{ 方法体 }
```

⚠注意：如果调用的方法可能抛出异常，则必须使用 try…catch 代码块去捕获异常或者继续添加 throws 将异常再次抛出，以便给更上一层的调用者进行处理。在以下 getAge()方法中使用 throws 抛出异常信息。

```
public void getAge(int age) throws Exception{ }
```

2）throw 关键字用于显式抛出异常，它主要用于引发自定义异常。throw 抛出异常的基本格式如下：

```
throw exception;
```

在 IDEA 开发工具的 StudyJava 项目中执行如下代码，对 throws 和 throw 的用法进行演示。

【示例 8.4】对年龄小于 0 的异常通过 throws 和 throw 进行处理。

```
package com.skm.demo.chapter08;

public class TestThrows {
    private int age;

    public void getAge(int age) throws Exception {  //通过 throws 抛出异常
        if (age < 0) {                              //当 age 小于 0 时抛出异常
            Exception e = new Exception("年龄不能小于零");      //定义一个异常
```

```
            throw e;                                        //抛出异常
        }
        this.age = age;
    }
}
```

上述代码通过 throws 和 Excetion()方法的结合,实现了抛出中文异常信息提示的功能。

```
package com.skm.demo.chapter08;

public class TestTT {
    public static void main(String[] args) {
        try {
            //创建 TestThrows 类的实例对象
            TestThrows testThrows = new TestThrows();
            testThrows.getAge(-1);      //传递年龄值为-1
        }catch (Exception e){           //捕获异常
            System.out.println(e);      //输出异常信息
        }
    }
}
```

运行 TestTT 代码,结果如图 8.4 所示,当年龄小于 0 时抛出了"年龄不能小于零"的异常。

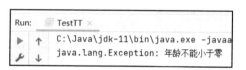

图 8.4　运行结果

8.4　案例——三酷猫捕捉 Bug

三酷猫坐在计算机前,想着午饭该吃什么。对了,冰箱里还有冻鱼。三酷猫从冰箱里把鱼都拿出来了。有好多种类的鱼,到底该吃哪条呢?于是它打算做一个抽签小程序,抽中哪条就吃哪条。它用一个骰子充当选鱼的一个随机数字,第一次就抽中了 6。于是,这个小程序出现了异常,程序代码如下:

```
package com.skm.demo.chapter08;

import java.util.ArrayList;
import java.util.List;

public class Chapter0801 {

    public static void main(String[] args){
        /** 扔骰子,显示的是 6 */
        int selectNum = 6 ;                         //这里模仿随机数产生 6
```

```
        List<String> fishList = new ArrayList<>();
        fishList.add("鲫鱼");
        fishList.add("鲤鱼");
        fishList.add("草鱼");
        fishList.add("胖头鱼");
        fishList.add("罗非鱼");
        fishList.add("武昌鱼");
        System.out.println(fishList.get(selectNum));
    }
}
```

运行程序的时候并没有输出相应的鱼而是报错了，出错信息如下：

```
Exception in thread "main" java.lang.IndexOutOfBoundsException: Index 6 out
of bounds for length 6
    at java.base/jdk.internal.util.Preconditions.outOfBounds(Preconditions.
java:64)
    at java.base/jdk.internal.util.Preconditions.outOfBoundsCheckIndex
(Preconditions.java:70)
    at java.base/jdk.internal.util.Preconditions.checkIndex(Preconditions.
java:248)
    at java.base/java.util.Objects.checkIndex(Objects.java:372)
    at java.base/java.util.ArrayList.get(ArrayList.java:458)
    at com.skm.demo.chapter06.Chapter0601.main(Chapter0801.java:18)
```

咦！明明有 6 条鱼，而且选中了 6，为什么程序会报错呢？三酷猫想了想，明白了，原来动态数组的下标是从 0 开始的，那么对应的 1～6 条鱼，其下标应该对应 0～5 的数字。于是三酷猫增加了对选中数字异常的判断，修改后的程序如下：

```
package com.skm.demo.chapter08;

import java.util.ArrayList; //导入动态数组类 ArrayList（详细用法见 9.1.3 小节）
import java.util.List;

public class Chapter0802 {

    public static void main(String[] args){
        int selectNum = 6 ;
        List<String> fishList = new ArrayList<>();
        fishList.add("鲫鱼");
        fishList.add("鲤鱼");
        fishList.add("草鱼");
        fishList.add("胖头鱼");
        fishList.add("罗非鱼");
        fishList.add("武昌鱼");
        try {
            System.out.println(fishList.get(selectNum));
        }catch(Exception ex){
            System.out.println("非法的选中数字，请重新掷骰子");
        }
    }
}
```

这样，当数字下标越界的时候，再也看不到异常信息了，从输出的信息就能清楚地知道是什么原因导致了错误的发生。例如，三酷猫又抽到了 6，那么程序会输出如下信息：

非法的选中数字，请重新掷骰子

🔔注意：本例主要是对 try…catch 语句的一个说明，实际的动态数组的下标是 0~5，那么
超过 5，肯定就会越界出错。用 try…catch 主要是捕捉一些在实际中无法控制的
异常。本例的最优解应该如下：

```
if(selectNum >= fishList.size()){
    System.out.println("非法的选中数字，请重新掷骰子");
}else{
    System.out.println(fishList.get(selectNum));
}
```

也就是说，本例其实是完全可以不用 try…catch 的，因为 try…catch 是比较耗性能的。
在实际项目中，如果能用代码直接控制，就应该尽量减少 try…catch 语句的使用。

8.5　练习和实验

一、练习

1．填空题

1）捕捉异常用关键字（　　　）和（　　　）。

2）如果程序出现异常，那么在方法声明处用（　　　）往外抛出异常，供调用者处理。

3）在一般情况下，异常之后统一用（　　　）关键字来处理。

4）java.lang.ArithmeticException: / by zero 描述的是（　　　）。

5）在方法内部往外抛出异常，用关键字（　　　），供调用者处理。

2．判断题

1）有 try 的时候，一定要有 catch。　　　　　　　　　　　　　　　　　　（　　）

2）finally 中的代码一定会被执行。　　　　　　　　　　　　　　　　　　（　　）

3）能用代码控制的逻辑，最好也交给 try…catch 进行判断更妥当。　　　　（　　）

4）try 中的代码有些情况下其实可以不用 try，而用程序代码来控制。　　　（　　）

5）finally 一般用于异常之后的统一处理，但是不一定会执行。　　　　　　（　　）

二、实验

参照 8.4 节的案例和思路，完成如下要求：

给定一个数字，对 100 和这个数字求余，并且保证当余数是 0 的时候程序不会报错（用
两种方式实现）。

第 9 章　集合与泛型

通过前面的学习，我们了解了使用数组存储数据的好处。但是在某些特定情况下无法预知将要存储多少个对象，此时使用数组不再适用。集合弥补了数组不能动态扩展等缺点，比数组更加方便和实用。

当单值在参数传递中不够方便时，可以考虑采用泛型（Generics）来传递不同元素类型的组合数据。本章主要介绍集合与泛型的相关知识。

📑说明：第 9 章的所有示例代码统一存放在 StudyJava 项目的 com.skm.demo.chapter09包里。

9.1　集　　合

集合框架按照存储结构可以分为两类：一种是集合（Collection），采用一个个元素的方式存储集合；另外一种是图（Map），用来存储键值映射关系。下面对集合进行介绍。

9.1.1　Collection 接口

Collection 是 Set、List 和 Queue 接口的根接口，因此在该接口中定义了一些方法，可以供 Set、List 和 Queue 接口使用，这些方法如表 9.1 所示。

表 9.1　Collection接口的常用方法

方 法 声 明	功 能 描 述
boolean add(Object object)	向集合中添加一个元素，若指定的集合元素改变，则返回true
boolean addAll(Collection collection)	将指定的collection中的所有元素添加到集合中
void clear()	删除集合中的所有元素
boolean remove(Object object)	删除集合中指定的object元素
boolean removeAll(Collection collection)	删除指定集合collection中的所有元素
boolean isEmpty()	判断集合是否空

续表

方 法 声 明	功 能 描 述
boolean contains(Object object)	判断集合中是否包含object元素
boolean containsAll(Collection collection)	判断集合中是否包含指定集合collection中的所有元素
Iterator iterator()	返回集合元素中进行迭代的迭代器，用于遍历集合中的所有元素
int size()	获取集合的元素个数
Object[] toArray()	返回一个包含集合所有元素的数组

9.1.2　Set 接口

Set 接口继承自 Collection 接口，它和 Collection 接口基本一致，只是 Set 接口中存放的是无序集合，并且不允许存放重复的元素，允许使用 null 元素。Set 接口有两个实现类：HashSet 和 TreeSet。

- HashSet：该类实现 Set 接口的继承功能，其存储的元素是无序的，并且所有元素不允许有重复值。
- TreeSet：该类除了实现 Set 接口的功能外还实现 SortedSet 接口的功能，所以该集合元素处于排序状态。TreeSet 支持两种排序方式，即自然排序和使用指定比较器递增排序，其中自然排序为默认的排序方式。向 TreeSet 中加入对象时会调用 equals()方法判断两个对象是否相等，或者通过调用 CompareTo()（在 Comparable 接口中定义）方法进行比较，最终按照升序进行排列。

在 IDEA 开发工具的 StudyJava 项目中执行如下代码，演示 HashSet 类的用法。

【示例 9.1】演示 HashSet 类的用法。

```java
package com.skm.demo.chapter09;
import java.util.HashSet;
public class TestHashSet {
    public static void main(String[] args) {
        HashSet<String> hs=new HashSet<String>(); //定义 HashSet 类的实例对象
        hs.add("三酷猫");
        hs.add("金吉拉");
        hs.add("布偶猫");
        hs.add("三酷猫");
        System.out.println(hs);
        for (String str:hs) {                      //也可以使用 forEach 输出各元素
        System.out.println(str);
        }
    }
}
```

代码执行结果如图 9.1 所示。

"三酷猫"在代码里被添加了两次，但在代码执行结果中只出现了一次，这是因为 Set

接口的每个元素必须是唯一的。当向 HashSet 集合类中添加一个元素时，HashSet 会调用该对象的 hashCode() 方法，得到该对象的 hashCode 值，然后根据 hashCode 的值决定该对象在 HashSet 中的存储位置，最后调用该对象的 equals() 方法确定是否有重复的元素。如果有两个元素通过 equals() 方法比较的结果为 true，则说明这两个元素的值相同；如果它们的 hashCode() 返回的值不相等，则依然可以添加成功，只是显示时仅显示唯一的一个值。

图 9.1　执行结果

9.1.3　List 接口

List 接口继承自 Collection 接口，它和 Set 接口不同的是，在 List 接口中存储的元素可以重复并且是有序的，元素的存入顺序和取出顺序一般是相同的。因为 List 接口继承自 Collection 接口，所以在 Collection 接口中有的方法也被 List 接口继承了，同时在 List 接口中增加了一些新的方法，如表 9.2 所示。

表 9.2　List接口的常用方法

方 法 声 明	功 能 描 述
void add(int index, E element)	在指定位置index插入元素element
boolean addAll(int index, Collection collection)	在指定的位置插入collection接口中的全部元素，如果集合发生改变，则返回true，否则返回false
E get(int index)	返回集合中指定索引位置的元素
int indexOf(Object object)	返回指定元素在集合中第一次出现的位置
int lastIndexOf(Object object)	返回指定元素在集合中最后一次出现的位置
remove(int index)	删除指定接口collection中的所有元素
set(int index, E element)	将索引为index位置的元素更改为element元素
List subList(int fromIndex, int toIndex)	返回从索引fromIndex（包括）到toIndex（不包括）的元素集合
Object toArray()	将集合转换为数组

List 接口常用的实现类有两个，即 ArrayList 和 LinkedList。

- ArrayList：中文名称为动态数组类，其底层是用数组实现的，因此 ArrayList 是一个可改变大小的数组，允许保存所有元素，包括 null，其规模随着元素的不断添加而动态增大。这种存储便于对元素进行随机访问，但是对于指定索引位置的元素的增加和删除操作速度较慢。
- LinkedList：中文名称为动态双向列表类，其底层是通过双向链表实现的，因此 LinkedList 采用链表结构保存对象。这种结构便于对元素进行增加和删除操作，但是查询和修改值的速度较慢。

在 IDEA 开发工具的 StudyJava 项目中执行如下代码，对 ArrayList 和 LinkedList 的用法进行演示。

【示例 9.2】利用 ArrayList 和 LinkedList 类存储数据并遍历输出结果。

```java
package com.skm.demo.chapter09;
import java.util.ArrayList;
import java.util.LinkedList;
import java.util.List;
public class TestList {
    public static void main(String[] args) {
        //通过 ArrayList 进行实例化，创建对象 arrayList
        List<String> arrayList = new ArrayList<String>();
        //通过 LinkedList 实例化，创建对象 linkedList
        List<String> linkedList = new LinkedList<String>();
        arrayList.add("三酷猫");
        arrayList.add("金吉拉");
        arrayList.add("布偶猫");
        arrayList.add("三酷猫");
        linkedList.add("三酷猫");
        linkedList.add("金吉拉");
        linkedList.add("布偶猫");
        linkedList.add("三酷猫");
        System.out.println("arrayList 中的元素为：");
        for (int i = 0; i < arrayList.size(); i++) {        //遍历 arrayList
            String s = arrayList.get(i);
            System.out.println(s);
        }
        System.out.println("linkedList 中的元素为：");
        for (int i=0; i < linkedList.size(); i++) {        //遍历 linkedList
            String s = linkedList.get(i);
            System.out.println(s);
        }
    }
}
```

代码执行结果如图 9.2 所示。

图 9.2　执行结果

9.1.4 Queue 接口

Queue（队列）接口也继承自 Collection 接口。Queue 和数据结构中的先进先出队列是一致的。Queue 头部的数据是最先存放的也是最后取出的，因此存放在 Queue 中的数据也是有先后顺序的。除了基本的接口操作外，队列还提供了一些方法，如表 9.3 所示。

表 9.3　Queue接口的常用方法

方 法 声 明	功 能 描 述
boolean add(E e)	将指定的元素e插入此队列中，如果成功，则返回true，如果失败，则抛出 IllegalState Exception异常
boolean offer(E e)	将指定的元素e插入此队列中，如果成功，则返回true，如果失败，则返回false
E element()	检索并返回此队列的队头元素，如果此队列为空，则抛出异常
E peek()	检索并返回此队列的队头元素，如果此队列为空，则返回null
E poll()	检索并删除此队列的队头元素，如果此队列为空，则返回null
E remove()	检索并删除此队列的队头元素，如果此队列为空，则抛出异常

Queue 接口的实现类有 PriorityQueue、Deque、BlockingQueue 和 LinkedList 等。
- PriorityQueue：中文名称为"基于优先级队列"类，它存储元素时按队列元素的大小进行重新排序，因此 PriorityQueue 队列中的元素不符合先进先出的规则，并且不允许出入 Null 元素。
- Deque：一个线性队列，支持在两端插入和移除元素，因此又称为双端队列。
- BlockingQueue：中文名称为"阻塞队列"，它是一个有边界的阻塞队列，当插入元素超过阻塞队列的最大范围时，会导致插入动作的线程阻塞（挂起），直到阻塞队列有空位置时继续插入元素。
- LinkedList：该类实现 Deque 和 Queue 接口，可以按照队列、栈和双端队列的方式进行操作。

在 IDEA 开发工具的 StudyJava 项目中执行如下代码，演示 Queue 的用法。

【示例 9.3】利用 Queue 类存储数据并遍历输出结果。

```java
package com.skm.demo.chapter09;
import java.util.PriorityQueue;
public class TestQueue {
    public static void main(String[] args) {
        PriorityQueue pq = new PriorityQueue();        //实例化 PriorityQueue
        pq.offer("sankumao");
        pq.offer("jinjila");
        pq.offer("buoumao");
        System.out.println(pq);                         //输出队列
        //peek 返回队列中的第一个元素
        System.out.println("队列中的第一个元素："+pq.peek());
```

```
        System.out.println(pq);  //输出队列
        //poll()返回并删除队列中的第一个元素
        System.out.println("队列中的第一个元素：
"+pq.poll());
        System.out.println(pq);  //输出队列
    }
}
```

图 9.3　执行结果

代码执行结果如图 9.3 所示。

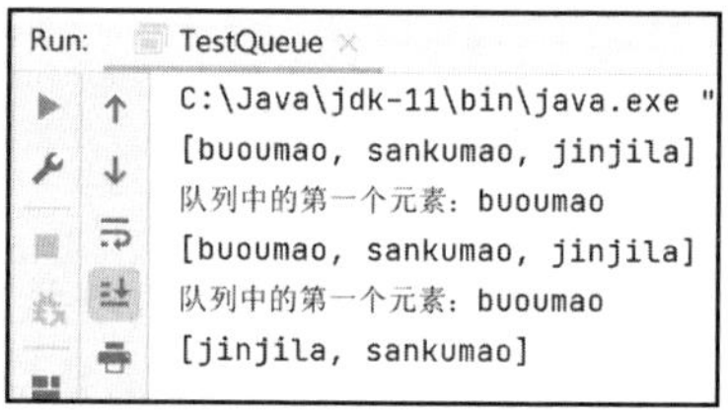

9.1.5　Map 接口

Map 接口中的元素存放是成对出现的，并通过键（key）值（value）一一映射。Map 集合中不能包含相同的键，但是可以包含相同的值，每一个键只能映射一个值。Map 接口中同样提供了一些常用的方法，如表 9.4 所示。

表 9.4　Map接口的常用方法

方 法 声 明	功 能 描 述
void clear( )	移除所有的映射关系
boolean containsKey(Object key)	是否包含指定键（key）的映射关系
boolean containsValue(Object value)	是否包含指定的一个或多个键映射到指定的值
Object get(Object key)	返回指定键所映射的值，如果此映射不包含该键的映射关系，则返回null
Object put(Object k, Object v)	将指定的键和值的映射关系添加到集合中
Collection values( )	返回映射中包含的值的Collection视图
Set keySet( )	返回映射中包含的键的Set视图

Map 接口常用的实现类有 HashMap 和 TreeMap，下面对这两个实现类进行介绍。

- HashMap：基于哈希表实现 Map 接口，以散列表的形式存放键值对，其存放的内容是无序的，通过 hashcode()方法可以对其内容进行快速查找。
- TreeMap：不仅实现了 Map 接口，还实现了 Serializable 接口，因此 TreeMap 中的所有元素都是按照固定顺序存储的。TreeMap 适用于按自然顺序或自定义顺序遍历 key。

在 IDEA 开发工具的 StudyJava 项目中执行如下代码，演示 Map 接口的用法。

【示例9.4】通过 Map 接口的方法实现元素的添加，并将元素遍历输出。

```
package com.skm.demo.chapter09;
import java.util.HashMap;
import java.util.Iterator;
import java.util.Map;
import java.util.TreeMap;
public class TestMap {

    public static void main(String[] args) {
```

```java
        Map<Integer,String> hashMap=new HashMap();    //创建 HashMap 实例
        Map<Integer,String> treeMap=new TreeMap();    //创建 TreeMap 实例
        Cat cat1=new Cat(101,"三酷猫");
        Cat cat2=new Cat(201,"金吉拉");
        Cat cat3=new Cat(108,"布偶猫");
        Cat cat4=new Cat(103,"虎斑猫");
        Cat cat5=new Cat(301,"孟加拉猫");
        //将创建的 cat1-cat5 添加到 HashMap 中
        hashMap.put(cat1.getId(), cat1.getName());
        hashMap.put(cat2.getId(), cat2.getName());
        hashMap.put(cat3.getId(), cat3.getName());
        hashMap.put(cat4.getId(), cat4.getName());
        hashMap.put(cat5.getId(), cat5.getName());
        treeMap.putAll(hashMap);        //将创建的 cat1-cat5 添加到 TreeMap 中
        System.out.println("HashMap 中存放的数据为：");
        //遍历 HashMap 中的数据
        Iterator<Integer> iterator1 = hashMap.keySet().iterator();
        while (iterator1.hasNext()) {
            Integer id = iterator1.next();
            System.out.println("id 为："+id+",存放的小猫名字为："+hashMap.get(id));
        }
        System.out.println("TreeMap 中存放的数据为："); //遍历 TreeMap 中的数据
        Iterator<Integer> iterator2 = treeMap.keySet().iterator();
        while (iterator2.hasNext()) {
            Integer id = iterator2.next();
            System.out.println("id 为：" +id+",存放的小猫名字为："+ treeMap.
get(id));
        }
    }
}
class Cat{
    private Integer id;
    private String name;

    public Cat() {
    }
    public Cat(Integer id, String name) {
        this.id = id;
        this.name = name;
    }
    public Integer getId() {
        return id;
    }
    public void setId(Integer id) {
        this.id = id;
    }
    public String getName() {
        return name;
    }
    public void setName(String name) {
        this.name = name;
    }
}
```

运行结果如图 9.4 所示。可以发现，在 HashMap 中存储的数据是无序的，TreeMap 中存储的数据是按照键的编号从小到大顺序输出的。

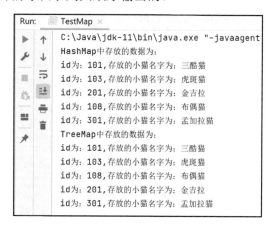

图 9.4　执行结果

9.2　泛　　型

泛型允许程序员在编写 Java 代码时定义一些可变部分，这些可变部分在使用前必须指明。泛型是 JDK 1.5 之后出现的新技术，即参数化类型。

为了更好地理解泛型，我们举个例子。

在 IDEA 开发工具的 StudyJava 项目中执行如下代码，演示泛型的用法。

【示例 9.5】通过 linkedList 类的方法实现错误元素的添加，理解泛型的优点。

```java
package com.skm.demo.chapter09;
import java.util.LinkedList;
import java.util.List;
public class TestGenerics {
    public static void main(String[] args) {
        List linkedList = new LinkedList();
        linkedList.add("三酷猫");
        linkedList.add(123);
        System.out.println("linkedList 中的元素为：");
        for (int i = 0; i < linkedList.size(); i++) {    //遍历 linkedList
            String s = (String) linkedList.get(i);
            System.out.println(s);
        }
    }
}
```

代码执行结果如图 9.5 所示。

从执行结果中不难发现，程序报出了 java.lang.ClassCastException: java.lang.Integer cannot be cast to java.lang.String 错误，原因是实例化 linkedList 时没有声明 linkedList 内存储数据的类型，第一次添加的"三酷猫"为字符类型，第二次添加的数据 123 为整型，两次存放的数据类型不一致。泛型可以很好地解决这个问题。

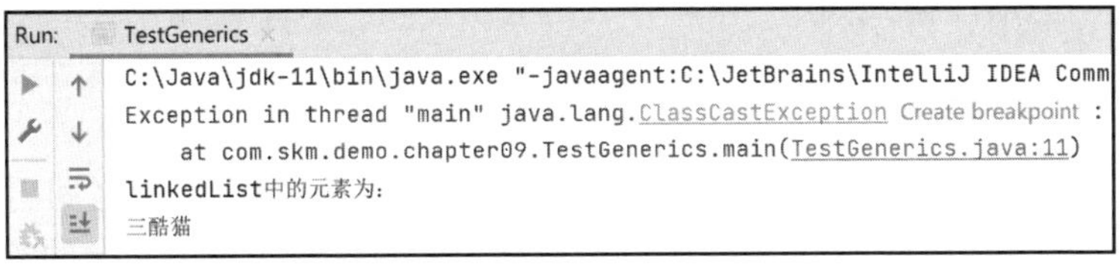

图 9.5　执行结果

泛型实现方式包括泛型方法、泛型类和泛型接口。

9.2.1　泛型方法

在方法中使用泛型，则该方法称为泛型方法，但是该方法所在的类不一定是泛型的操作类。泛型方法的语法格式如下：

```
public <E>返回值类型 方法名称(Class<T> c){
}
```

关于泛型方法有几点说明：

- 所有泛型方法声明中都包含一个类型参数声明（由尖括号分隔），即 public 和返回值类型之间的<E>，该类型参数声明位于方法返回类型之前。
- Class<T>的作用是声明泛型 T 的具体类型，c 是用来创建泛型 T 代表的类的对象。

在 IDEA 开发工具的 StudyJava 项目中执行如下代码，演示泛型的用法。

【示例 9.6】使用泛型方法求两个数的和。通过定义 add()方法，采用通用泛型类型实现两个数的求和。

```
package com.skm.demo.chapter09;

public class TestGenericsMethod {
    public static <T extends Number> double add(T t1,T t2) {//求两个数的和
        double sum = 0;
        sum=t1.doubleValue()+t2.doubleValue();
        return sum;
    }
    public static void main(String[] args) {
        //求两个整数的和
        System.out.println(add(3,4));
        //求两个浮点数的和
        System.out.println(add(3.5,6.3));
    }
}
```

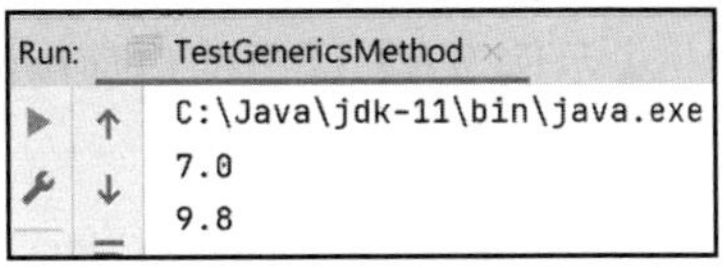

代码执行结果如图 9.6 所示。

图 9.6　执行结果

9.2.2　泛型类

泛型类声明的语法格式如下：

```
public class 类名<泛型类型,泛型类型,…>{
}
```

泛型类的类型参数声明部分可以包含一个或多个类型参数，参数之间用逗号隔开。因为泛型类可以接受一个或多个参数，所以也被称为参数化的类或参数化的类型。

在 IDEA 开发工具的 StudyJava 项目中执行如下代码，演示泛型的用法。

【示例 9.7】声明一个通用泛型类，调用时可以根据情况指定其具体类型。

```
package com.skm.demo.chapter09;
public class TestGenericsClass {
    public static void main(String[] args) {
        Cat1<Integer> age = new Cat1<Integer>();
        Cat1<String> name = new Cat1<String>();
        age.say(new Integer(2));
        name.say(new String("三酷猫"));
        System.out.printf("我今年 :%d 岁了\n", age.get());
        System.out.printf("我的名字叫 :%s\n", name.get());
    }
}
class Cat1<T> {//定义泛型类
    private T t;
    public void say(T t) {
        this.t = t;
    }
    public T get() {
        return t;
    }
}
```

```
Run:  📄 TestGenericsClass ×
  ▶   ↑   C:\Java\jdk-11\bin\java.exe
  🔧  ↓   我今年 :2岁了
          我的名字叫 :三酷猫
```

代码执行结果如图 9.7 所示。

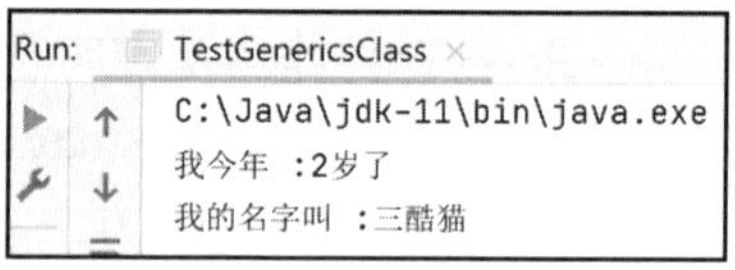

图 9.7　执行结果

9.2.3　泛型接口

泛型不仅可以在方法和类中使用，还可以在接口中使用。具体的语法格式如下：

```
interface 接口名称<泛型类型,泛型类型,…>{
}
```

在 IDEA 开发工具的 StudyJava 项目中执行如下代码，演示泛型的用法。

【示例 9.8】泛型接口使用演示。

定义泛型接口如下：

```
package com.skm.demo.chapter09;

public interface CatMessage<T> {                //定义泛型接口
```

```
    public void printMessage(T message);
}
```

泛型接口的实现如下：

```
package com.skm.demo.chapter09;

public class CatMessageImpl<T> implements CatMessage<T> {    //泛型接口的实现类

    @Override
    public void printMessage(T message) {
        System.out.println(message);
    }
}
```

测试泛型接口如下：

```
package com.skm.demo.chapter09;
public class TestGenericsInterface {
    public static void main(String[] args) {
        CatMessage<String> cat1=new CatMessageImpl();
        cat1.printMessage("我是三酷猫");
        CatMessage<Integer> cat2=new
CatMessageImpl();
        System.out.print("我今年的年龄是：");
        cat2.printMessage(2);
    }
}
```

图 9.8　执行结果

代码执行结果如图 9.8 所示。

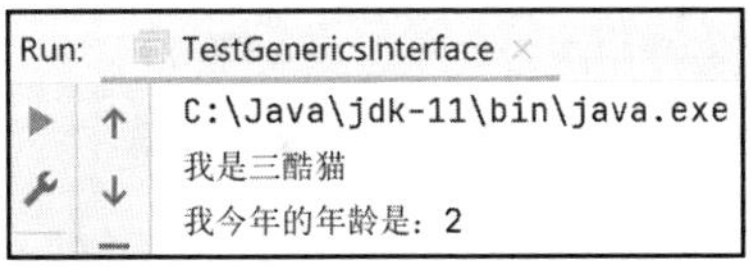

9.3　案例——三酷猫的英语卡片

三酷猫给妹妹买了一叠卡片学英语，每张卡片都有正反两面，正面写的是英文单词，背面写的是中文词语，可能会有重复的卡片。三酷猫想整理出所有的卡片的正面和背面的单词，看看都有哪些英文单词和中文词语，以及每个英文单词对应的中文是什么。实现代码如下：

```
package com.skm.demo.chapter09;

import java.util.*;

public class Chapter0901 {

    public static void main(String[] args) {
        String card1 = "red-红色";                    //一张卡片
        String card2 = "bus-小汽车";
        String card3 = "sea-海洋";
        String card4 = "bus-小汽车";
```

```
String card5 = "blue-蓝色";
//收集所有的卡片
List<String> allCardList = List.of(card1,card2,card3,card4,card5);
//利用 Set 不能保存重复元素的特性，去重卡片
Set<String> cardSet = new HashSet<>();
for(String value : allCardList){
    cardSet.add(value);
}

Map<String,String> cardMap = new HashMap<>();

for(String value : cardSet){
    String[] split = value.split("-");
    String k = split[0];
    String v = split[1];
    cardMap.put(k, v);
}
for(Map.Entry entry : cardMap.entrySet()){
    System.out.println("卡片正面是: " + entry.getKey()+",背面是: " +
entry.getValue());
    }
  }
}
```

9.4　练习和实验

一、练习

1．填空题

1）Set 接口有两个实现类，分别是（　　）和（　　）。

2）List 接口常用的实现类有两个，分别是（　　）和（　　）。

3）Map 接口常用的实现类有（　　）和（　　）。

4）在方法中使用泛型，此方法称为（　　）。

5）泛型的实现方式包括（　　）、（　　）和（　　）。

2．判断题

1）Collection 是 Set、List 和 Map 接口的根接口。　　　　　　　　　　（　　）

2）在 Set 集合中不允许存放重复的元素。　　　　　　　　　　　　　　（　　）

3）Map 接口的一个 key 可以映射多个 value。　　　　　　　　　　　　（　　）

4）泛型类的类型声明只能接受一个参数。　　　　　　　　　　　（　　　）

5）泛型不仅可以在方法和类中使用，还可以在接口中使用。　　　（　　　）

二、实验

参照 9.3 节的案例代码，把 Map 封装变成泛型封装，需求如下：

1）假设有 5 张卡片（同案例），分别为 card1～card5，用一个 list 去收集。

2）创建一个泛型类 Card<T,E>，用于存储每张卡片的正面内容和反面内容。

3）循环并且去重卡片，同时输出卡片正反面的内容。

第 10 章　常 用 类 库

三酷猫学习了 Java 基础内容后，感觉对 Java 工具有了一定的了解，也提升了编程能力。但是三酷猫有点犯懒了，它想难道所有的功能都需要自己声明类和编写方法来实现么？本章就来解决三酷猫犯懒的问题。Java 本身提供了大量的常用类库，很多常用的功能可以调用自带类库的方法来实现。本章主要介绍部分常用类库及其功能。

本章主要内容如下：

- 随机数类；
- 大数字处理类；
- 日期和时间类；
- 正则表达式；
- 数学运算类；
- System 类。

📑 **说明：** 第 10 章的所有示例代码统一存放在 StudyJava 项目的 com.skm.demo.chapter10 包里。

10.1　随 机 数 类

Java 提供了专门生成一个随机数的类 Random（该类在 java.util 包中）。Random 类使用如下两个构造函数创建 Random 对象：

```
public Random();
public Random(long seed);
```

第一个构造函数用于创建一个新的随机数生成器，其创建的 Random 实例对象生成不同的随机数；第二个构造函数使用一个指定的 long 种子创建一个新的随机数生成器，其创建的多个 Random 实例对象生成相同的随机数。

在 Random 类中提供了生成各种数据类型随机数的方法，常用的方法如表 10.1 所示。

表 10.1　Random类的常用方法

方 法 声 明	功 能 描 述
public int nextInt()	生成一个随机整数
public int nextInt(int n)	生成一个大于或等于0且小于n的随机整数
public long nextLong()	生成一个随机长整型数值
public float nextFloat()	生成一个随机浮点型数值（数值介于0.0和1之间）
public double nextDouble()	生成一个随机双精度型数值（数值介于0.0和1之间）
public double nextGaussian()	生成一个概率密度为高斯分布的双精度数值
public boolean nextBoolean()	生成一个随机布尔类型值

在 IDEA 开发工具的 StudyJava 项目中执行如下代码，生成随机数并打印输出值。

【示例 10.1】演示 Random 类的常用方法的使用。

```
package com.skm.demo.chapter10;
import java.util.Random;

public class TestRandom {
    public static void main(String[] args) {
        //实例化一个 Random 类，需要导入 java.util.Random
        Random r=new Random();
        //生成一个随机整数
        System.out.println("生成一个随机整数:"+r.nextInt());
        //生成一个大于或等于 0 且小于 100 的随机整数
        System.out.println("生成一个大于或等于 0 且小于 100 的随机整数:"+r.nextInt(100));
        //生成一个随机长整型数值
        System.out.println("生成一个随机长整型数值:"+r.nextLong());
        //生成一个（数值介于 0.0 和 1 之间）的随机浮点数值
        System.out.println("生成一个随机浮点型数值:"+r.nextFloat());
        //生成一个（数值介于 0.0 和 1 之间）随机双精度型数值
        System.out.println("生成一个随机双精度型数值:"+r.nextDouble());
        //生成一个概率密度为高斯分布的双精度型数值
        System.out.println("生成一个概率密度为高斯分布的双精度数值:"+r.nextGaussian());
        //生成一个随机布尔类型值
        System.out.println("生成一个随机布尔类型值:"+r.nextBoolean());
    }
}
```

上述代码的执行结果如图 10.1 所示。

除了 Random 类可以生成各种类型的随机数外，Math 类中的 random()方法也可以生成随机数，生成的随机数为大于或等于 0 且小于 1 的双精度数值。

图 10.1　执行结果

10.2　大数字处理类

在一般情况下，整数中最大的数为 Long 类型，为 8 个字节，其取值范围为 −9223372036854775808～9223372036854775807。如果需要存放超过这个范围的数值，Long 类型不能满足需求。Java 提供了大数字处理类 BigDecimal 和 BigInteger（这两个类均在 java.math 包中），用来处理更大的数字。

BigInteger 类支持任意精度的整数，在该类中封装了很多基本操作，如加法、减法、乘法和除法等，还提供了模运算、生成质数和最大公约数等高级运算。BigInteger 有很多构造方法，比较常用的一种是使用字符串形式的参数来表示处理的数字。该构造方法如下：

public BigInteger(String val)：将 BigInteger 的十进制字符串 val 表示形式转换为 BigInteger。

使用 BigInteger 可以实例化一个 BigInteger 对象，使用该对象可以调用 BigInteger 类的方法进行运算操作，表 10.2 列出了 BigInteger 类的主要方法。

表 10.2　BigInteger类的常用方法

方　法　声　明	功　能　描　述
public BigInteger abs()	求绝对值
public BigInteger add(BigInteger val)	加法运算
public BigInteger subtract(BigInteger val)	减法运算
public BigInteger multiply(BigInteger val)	乘法运算
public BigInteger divide(BigInteger val)	除法运算
public BigInteger mod(BigInteger m)	模运算
public int intValue()	将此BigInteger转换为int类型
public BigInteger max(BigInteger val)	返回较大值
public BigInteger min(BigInteger val)	返回较小值

续表

方 法 声 明	功 能 描 述
public BigInteger negate()	返回调用该方法的数的相反数
public BigInteger pow(int exponent)	返回调用该方法的数的指数
public BigInteger or(BigInteger val)	或操作
public BigInteger and(BigInteger val)	与操作
public String toString()	返回调用该方法的十进制字符串形式

在 IDEA 开发工具的 StudyJava 项目中执行如下代码，生成整数大数并进行求和运算，然后输出运算结果。

【示例 10.2】演示 BigInteger 类的常用方法的使用。

```java
package com.skm.demo.chapter10;

import java.math.BigInteger;

public class TestBigInteger {
    public static void main(String[] args) {
        String str1 = "3000";
        String str2 = "100";
        BigInteger bigInteger1 = new BigInteger(str1);
        BigInteger bigInteger2 = new BigInteger(str2);
        System.out.println("bigInteger1:" + bigInteger1);//将 str1 转换为大数
        System.out.println("bigInteger1:" + bigInteger2);//将 str2 转换为大数
        BigInteger bigInteger3 = bigInteger1.add(bigInteger2);  //求和
        System.out.println("和:" + bigInteger3);
        BigInteger bigInteger4 = bigInteger1.multiply(bigInteger2);//求乘积
        System.out.println("乘积:" + bigInteger4);
        BigInteger bigInteger5 = bigInteger1.divide(bigInteger2);//除法求商
        System.out.println("商: " + bigInteger5);
    }
}
```

上述代码的执行结果如图 10.2 所示。

BigDecimal 可以实现带小数的大数字运算。float 和 double 类型使用二进制浮点运算，它们都可以用于科学计算，当遇到精度要求更加高的商业等计算需求时，可以使用 BigDecimal。

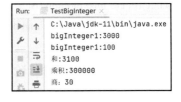

图 10.2　执行结果

BigDecimal 的构造函数如下：

- public BigDecimal(String val)：将 String 表示形式转换成 BigDecimal。
- ublic BigDecimal(int val)：将 int 表示形式转换成 BigDecimal。
- public BigDecimal(double val)：将 double 表示形式转换为 BigDecimal。

在 IDEA 开发工具的 StudyJava 项目中执行如下代码，生成带小数的大数随机数并输出其值。

【示例 10.3】演示 BigDecimal 类构造方法的使用。

```java
package com.skm.demo.chapter10;
import java.math.BigDecimal;
public class TestBigDecimal {
    public static void main(String[] args) {
        //使用构造函数public BigDecimal(int val)实例化对象bigDecimal
        BigDecimal bigDecimal = new BigDecimal(8);
        //使用构造函数public BigDecimal(double val)实例化对象bigDouble
        BigDecimal bigDouble = new BigDecimal(8.3);
        //使用构造函数.public BigDecimal(String val)实例化对象bigString
        BigDecimal bigString = new BigDecimal("8.3");
        System.out.println("bigDecimal=" + bigDecimal);
        System.out.println("bDouble=" + bigDouble);
        System.out.println("bString=" + bigString);
    }
}
```

上述代码的执行结果如图 10.3 所示。很明显，"8.3" 转换的不是预期结果，建议优先使用第一种构造方法。

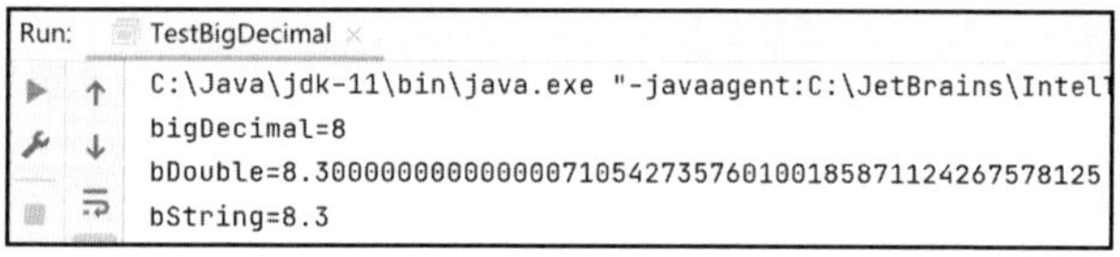

图 10.3　执行结果

BigDecimal 类的常用方法如表 10.3 所示。

表 10.3　BigDecimal类的常用方法

方 法 声 明	功 能 描 述
public BigDecimal add(BigDecimal val)	加法运算
public BigDecimal subtract(BigDecimal val)	减法运算
public BigDecimal multiply(BigDecimal val)	乘法运算
public BigDecimal (BigDecimal divisor, int scale, int roundingMode)	除法运算，divisor表示除数，scale表示商的小数点位数，roundingMode为末尾小数的处理模式

使用 BigDecimal 进行除法运算时，运算结果末尾小数的处理模式如表 10.4 所示。

表 10.4　BigDecimal运算结果末尾小数的处理模式

模 式	功 能 描 述
ROUND_DOWN	如果是正数，则小于或等于该数最近的数；如果是负数，则大于或等于该数最近的数
ROUND_UP	和ROUND_DOWN相反
ROUND_FLOOR	小于或等于该数的值
ROUND_CEILING	大于或等于该数的最近值

模　　式	功　能　描　述
ROUND_HALF_DOWN	五舍六入
ROUND_HALF_UP	四舍五入
ROUND_HALF_EVEN	四舍五入前需要看前一位是奇数还是偶数，如果是偶数则舍去，如果是奇数则进位
ROUND_UNNECESSARY	不需要舍入模式，如果不能除尽则会报异常

在 IDEA 开发工具的 StudyJava 项目中执行如下代码，进行带小数的大数计算并输出计算结果。

【示例 10.4】使用 BigDecimal 的常用方法。

```
package com.skm.demo.chapter10;

import java.math.BigDecimal;

public class TestBigDecimalCon {
    public static void main(String[] args) {
        String str1 = "3000.35";
        String str2 = "100.2";
        BigDecimal bigDecimal1 = new BigDecimal(str1);  //将 str1 转换为大数
        BigDecimal bigDecimal2 = new BigDecimal(str2);  //将 str2 转换为大数
        System.out.println(bigDecimal1);
        System.out.println(bigDecimal2);
        BigDecimal bigDecimal3 = bigDecimal1.add(bigDecimal2);  //求和
        System.out.println("和:"+bigDecimal3);
        BigDecimal bigDecimal4 = bigDecimal1.multiply(bigDecimal2);//求乘积
        System.out.println("乘积:"+bigDecimal4);
        //求商，保留两位小数，四舍五入
        BigDecimal bigDecimal5 = bigDecimal1.divide
(bigDecimal2,2,BigDecimal.ROUND_HALF_UP);
        System.out.println("商:"+bigDecimal5);
    }
}
```

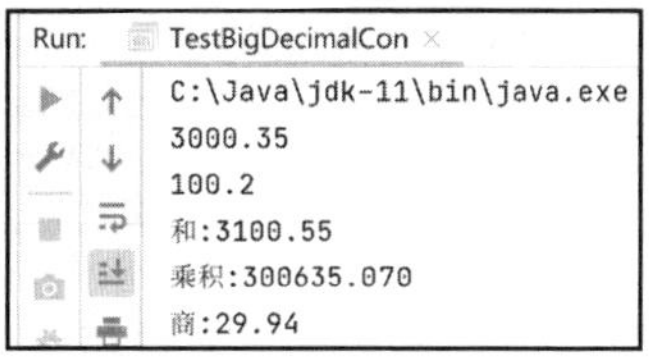

上述代码的执行结果如图 10.4 所示。

图 10.4　执行结果

10.3　日期和时间类

Java 提供了专门针对日期和时间及对其格式化的类。

10.3.1　日期处理类

Java 提供了关于日期和时间的类，主要有 Date 类和 Calendar 类，这两个类均在 java.util

包中。Date 类的大部分构造方法和常用方法均不再推荐使用，本小节只针对 Date 类的常用方法进行介绍。Date 类常用的构造方法如下：

- Date()：使用当前日期和时间来初始化对象。
- Date(long millisec)：使用参数 millisec 创建对象，该参数是从 1970 年 1 月 1 日开始的毫秒数。

Java 还提供了 Calendar 这个专门用于对日期进行操作的类。该类不能直接创建对象，但可以使用静态方法 getInstance() 获得代表当前日期的日历对象，具体示例如下：

```
Calendar calendar=Calendar.getInstance();
```

创建对象后，可以通过调用表 10.5 中的方法实现调用年、月、星期等信息。

表 10.5　Calendar类的常用方法

方 法 声 明	功 能 描 述
int get(int field)	获取指定日历字段的值
void set(int field, int value)	设置时间字段与给定值
void set(int year, int month, int date)	设置字段的年、月、日的值
void set(int year, int month, int date, int hour, int minute, int second)	设置字段的年、月、日、小时、分钟和秒的值
Boolean isLeapYear(int year)	判断是否闰年，如果是则返回True，否则返回False

在 IDEA 开发工具的 StudyJava 项目中执行如下代码，测试时间和日期类的使用并输出结果。

【示例 10.5】演示时间和日期类的使用。

```java
package com.skm.demo.chapter10;
import java.util.Calendar;
import java.util.Date;

public class TestDateAndTime {
    public static void main(String[] args) {
        Date myDate = new Date();        //使用 Date()构造函数创建当前的时间对象
        System.out.println("系统当前时间是: " + myDate);
        //Calendar.getInstance()获取 myCalendar 对象
        Calendar myCalendar = Calendar.getInstance();
        int year = myCalendar.get(Calendar.YEAR);          //获取当前年份
        //获取当前月份，月为 0～11，需要加 1
        int month = myCalendar.get(Calendar.MONTH) + 1;
        int date = myCalendar.get(Calendar.DATE);          //获取当前日
        int hour = myCalendar.get(Calendar.HOUR);          //获取当前小时
        int minute = myCalendar.get(Calendar.MINUTE);      //获取当前分
        int second = myCalendar.get(Calendar.SECOND);      //获取当前秒
        String dateAndTime = year + "年" + month + "月" + date + "日" + hour
+ "时" + minute + "分" + second + "秒";
        System.out.println("系统当前时间是: " + dateAndTime);
```

```
        }
}
```

上述代码的执行结果如图 10.5 所示。

图 10.5　执行结果

10.3.2　日期的格式化

通过示例 10.5 可以发现，输出 Date 对象时默认输出格式为英文。如果想输出中文格式，那么需要使用日期格式化类，SimpleDateFormat 类用来对日期进行格式化。

SimpleDateFormat 类能够按照指定的格式对 Date 进行格式化，它是 DateFormat 类的子类，其主要构造方法如下：

- public SimpleDateFormat()：使用默认模式和日期格式符号创建对象。
- public SimpleDateFormat(String format)：使用参数 format 创建对象，format 为自定义的日期和时间格式。

在 IDEA 开发工具的 StudyJava 项目中执行如下代码，对日期进行格式化并输出结果。

【示例 10.6】演示日期格式类 SimpleDateFormat 的使用。

```
package com.skm.demo.chapter10;
import java.text.SimpleDateFormat;
import java.util.Date;
public class TestSimpleDateFormat {
    public static void main(String[] args) {
                //定义两种日期显示格式
        String format1="yyyy-MM-dd hh:mm:ss";
        String format2="yyyy 年 MM 月 dd 日 hh 小时 mm 分 ss 秒";
                //创建 SimpleDateFormat 对象
        SimpleDateFormat simpleDateFormat1 = new SimpleDateFormat (format1);
        SimpleDateFormat simpleDateFormat2 = new SimpleDateFormat (format2);
                //分别按照定义的两种日期格式来格式化对象
        System.out.println("系统当前时间为: " + simpleDateFormat1.format(new
Date()));
        System.out.println("系统当前时间为: " + simpleDateFormat2.format(new
Date()));
    }
}
```

上述代码的执行结果如图 10.6 所示。

图 10.6　执行结果

10.3.3　时间包

三酷猫感觉 Java 系统提供的日期和时间类用起来比较烦琐，于是想自己写一个简化的日期和时间类来改进系统的处理方式。在此之前已经有前辈完成了此项工作，三酷猫只需要在 IDEA 中导入 joda-time 包就可以对日期和时间进行较为方便的处理。

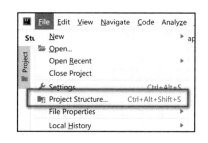

图 10.7　File 菜单

在 IDEA 中选择 File | Project Structure 命令，如图 10.7 所示。

然后选择 Libraries，单击 "+"，选择 Java 选项，如图 10.8 所示。

找到 joda-time 包存储的位置，如图 10.9 所示。

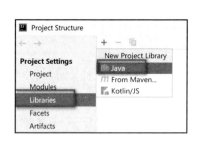

图 10.8　选择 Libraries

图 10.9　jar 包所在的位置

之后就可以体验使用 joda-time 这个 jar 包所带来的方便之处了。

在 IDEA 开发工具的 StudyJava 项目中执行如下代码，对日期进行格式化计算并输出结果。

【示例 10.7】演示 joda-time 时间包的使用。

```
package com.skm.demo.chapter10;
import org.joda.time.DateTime;
import org.joda.time.Days;
import org.joda.time.Months;
```

```
public class TestJodaTime {
    public static void main(String[] args) {
        DateTime dateTime = new DateTime();                 //声明现在的时间对象
        System.out.println("系统时间:"+dateTime);
        //格式化
        String dateTimeFormat = dateTime.toString("yyyy-MM-dd HH:mm:ss");
        System.out.println("格式化后的系统时间:"+dateTimeFormat);
        DateTime before = dateTime.minusDays(60);           //60 天前的日期
        //格式化
        String beforeFormat = before.toString("yyyy-MM-dd HH:mm:ss");
        System.out.println("60 天前的时间"+beforeFormat);
        int subDays = Days.daysBetween(new DateTime("2021-5-20"),new
DateTime("2021-6-20")).getDays();                          //指定日期天数差
        System.out.println("指定日期天数差"+subDays);
        int sumMonths = Months.monthsBetween(new DateTime("2021-2-5"),new
DateTime("2021-6-20")).getMonths();                        //指定日期月份差
        System.out.println("指定日期月份差"+sumMonths);
    }
}
```

上述代码的执行结果如图 10.10 所示。

图 10.10　执行结果

10.4　正则表达式

在程序开发中经常会遇到查找、匹配和替换等情况，如果纯粹用代码来实现，会浪费很多精力。正则表达式是一个强大的工具，可以轻松地解决字符串的查找、匹配和替换等任务。正则表达式用来描述或者匹配一系列符合某种规则的字符串。

正则表达式的核心类都在 java.util.regex 包中，主要有以下两个类。

1. Pattern类

Pattern 是正则表达式的一个编译类。Pattern 类没有构造方法。要声明 Pattern 对象，需要调用其静态方法返回一个 Pattern 对象。

2．Matcher类

Matcher 用于对输入的字符串进行解释和匹配操作。Matcher 也没有公共的构造方法，需要调用 Pattern 对象的 matcher()方法来声明一个 Matcher 对象。

在 IDEA 开发工具的 StudyJava 项目中执行如下代码，利用正则表达式判断子串。

【示例 10.8】利用正则表达式判断子串是否包含在原字符串中。

```java
package com.skm.demo.chapter10;
import java.util.regex.Pattern;

public class TestPatternMatcher {
    public static void main(String[] args){
        String string = "I am sankumao from www.sankumao.com";
        String subString = ".*sanku.*";        //代表sanku前后可以有任意字符
        //判断是否包含
        boolean isContain = Pattern.matches(subString, string);
        //true 为包含, false 为不包含
        System.out.println("字符串中是否包含'sanku'子字符串? " + isContain);
    }
}
```

上述代码的执行结果如图 10.11 所示。

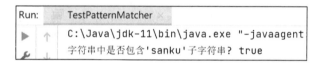

Run:　TestPatternMatcher
C:\Java\jdk-11\bin\java.exe "-javaagent
字符串中是否包含'sanku'子字符串? true

图 10.11　执行结果

在 Java 中，正则表达式的常用语法如表 10.6 所示。

表 10.6　Java中正则表达式的常用语法

字　　符	说　　明
\	将下一个字符标记为转义符
^	匹配输入字符串开始的位置
$	匹配输入字符串结束的位置
*	不匹配或多次匹配前面的字符或子表达式
+	一次或多次匹配前面的字符或子表达式
?	不匹配或一次匹配前面的字符或子表达式
{n}	n是非负整数，正好匹配n次
{n,}	n是非负整数，至少匹配n次
{n,m}	m和n是非负整数，其中$n \leq m$，至少匹配n次，至多匹配m次
.	匹配除 "\r\n" 之外的任何字符
x|y	匹配x或y

续表

字　符	说　明
[xyz]	字符集，匹配包含的任意一个字符
[^xyz]	反向字符集，匹配未包含的任何字符
[a-z]	字符范围，匹配指定范围的任何字符。例如，[a-z]匹配a到z范围内的任何小写字母
[^a-z]	反向范围的字符，匹配不在指定范围内的任何字符
\d	表示数字
\D	表示非数字
\s	表示由字符组成
\S	表示由非字符组成
\w	表示由字母、数字和下划线组成
\W	表示不是由字母、数字和下划线组成

在 IDEA 开发工具的 StudyJava 项目中执行如下代码，利用正则表达式完成常用的操作。

【示例 10.9】正则表达式常用操作演示。

```java
package com.skm.demo.chapter10;
import java.util.regex.Matcher;
import java.util.regex.Pattern;

public class TestRegex {
    public static void main(String[] args) {
        checkQQ("12345678");            //验证 12345678 参数是否符合 QQ 号码的规则

        //字符串替换
        String str1 = "886668jdkffdsf5345435dafkdadpffei888g";
        testReplace(str1, "\\d", "#");  //正则表达式"\\d"表示将数字替换成#
        String str2 = "fjafdfjdafjjjjkkkkwwwwx";
        //正则表达式"(.)\\1+"表示将重叠的字符替换成单个字符
        testReplace(str2, "(.)\\1+", "$1");
    }

    //利用正则表达式对 QQ 号码进行校验。要求：长度为 4~16，不能以 0 开头，都为数字
    public static void checkQQ(String QQ) {
        String QQReg = "[1-9]\\d{3,15}";            //正则表达式
        boolean check = QQ.matches(QQReg);
        if (check) {
            System.out.println("QQ 号码为:" + QQ);
        } else {
            System.out.println("非法 QQ 号码");
        }
    }
```

```
//利用正则表达式完成字符串的替换操作
public static void testReplace(String str, String regex, String
newString) {
    str = str.replaceAll(regex, newString);
    System.out.println("替换后的字符串:" + str);
}
}
```

上述代码的执行结果如图 10.12 所示。

图 10.12　执行结果

10.5　数学运算类

Java 提供了专门进行数学运算的类，即 Math 类。在该类中封装了很多与数学有关的属性和方法，如求绝对值、三角函数和指数函数的方法等，为科学计算提供了很大的支持。

在 Math 类中，属性和方法定义为 static 形式，可以直接引用。下面对该类中的主要常量和方法进行介绍。

Math 类常用的常量如表 10.7 所示。

表 10.7　Math类常用的常量

常　　量	描　　述
E	自然对数的基数e
PI	圆周率π

Math 类常用的方法如表 10.8 所示。

表 10.8　Math类常用的方法

方　法　声　明	功　能　描　述
public static double abs(double a)	返回双精度型a的绝对值
public static float abs(float a)	返回浮点型a的绝对值
public static int abs(int a)	返回整型a的绝对值
public static long abs(long a)	返回长整型a的绝对值

方 法 声 明	功 能 描 述
public static double max(double a, double b)	返回两个双精度型a和b中的较大值
public static int max(int a, int b)	返回两个整型a和b中的较大值
public static int round(float a)	返回a四舍五入的整型数值
public static double floor(double a)	返回小于或等于a的最大整数
public static double ceil(double a)	返回大于或等于a的最小整数
public static double rint(double a)	返回与a最接近值的整数
public static double sin(double a)	返回角度的三角正弦
public static double cos(double a)	返回角度的三角余弦
public static double tan(double a)	返回角度的三角正切
public static double asin(double a)	返回a的反正弦值
public static double acos(double a)	返回a的反余弦值
public static double exp(double a)	返回e的a次方
public static double sqrt(double a)	返回a的正平方根
public static double pow(double a, double b)	返回a的b次幂

　　在 IDEA 开发工具的 StudyJava 项目中执行如下代码，使用 Math 类的常用方法进行计算并输出计算结果。

【示例 10.10】演示 Math 类的常用方法的使用。

```
package com.skm.demo.chapter10;
public class TestMath {
    public static void main(String[] args) {
        System.out.println("PI 的值为:"+Math.PI);          //输出 PI 的值
        System.out.println("e 的值为:"+Math.E);            //输出 e 的值
        //求-8.2 的绝对值
        System.out.println("-8.2 的绝对值为:"+Math.abs(-8.2));
        //比较 3.4 和 5.6 中的较大数
        System.out.println("3.4、5.6 中较大数为:"+Math.max(3.4, 5.6));
        //求小于或等于 5.12 的最大整数
        System.out.println("小于或等于 5.12 的最大整
数:"+Math.floor(5.12));
        //求 90° 的正弦值
        System.out.println("90 度的正弦值为:"+Math.
sin(Math.PI/2));
        System.out.println("4 的平方根为:"+Math.
sqrt(4));                    //求 4 的平方根
    }
}
```

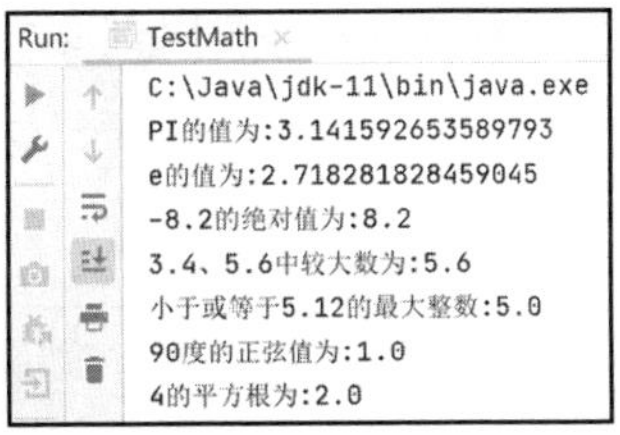

```
Run:    TestMath
  C:\Java\jdk-11\bin\java.exe
  PI的值为:3.141592653589793
  e的值为:2.718281828459045
  -8.2的绝对值为:8.2
  3.4、5.6中较大数为:5.6
  小于或等于5.12的最大整数为:5.0
  90度的正弦值为:1.0
  4的平方根为:2.0
```

上述代码的执行结果如图 10.13 所示。

图 10.13　执行结果

10.6　System 类

System 类提供了与系统相关的方法，这些方法都是静态的，因此该类不能实例化，只能通过类名进行调用。System 类的常用方法如表 10.9 所示。

表 10.9　System类的常用方法

方 法 声 明	功 能 描 述
public static void arraycopy(Object src, int srcPos, Object dest, int destPos, int length)	将指定源数组中的数组src从指定位置srcPos复制到目标数组dest的指定位置destPos
public static long currentTimeMillis()	返回当前时间（以ms为单位）
public static void exit(int status)	终止当前运行的Java虚拟机，status表示状态码
public static void gc()	对当前垃圾进行回收
public static Properties getProperties()	获取当前系统的属性
public static String getProperty(String key)	获取指定键key的系统属性

在 IDEA 开发工具的 StudyJava 项目中执行如下代码，演示 System 类的常用方法的使用。

【示例 10.11】演示 System 类的常用方法的使用。

```java
package com.skm.demo.chapter10;
public class TestSystem {

    public static void main(String[] args) {
        //定义源数组，存放的内容为"hellosankumao"
        char[] src = new String("hellosankumao").toCharArray();
        //定义目标数组，存放的内容为"sankumao"
        char[] dest = new String("sankumao").toCharArray();
        //调用 arraycopy()方法，将 src 中从第 0 个位置开始长度为 5 的字符串复制到目标
            数组 dest 中，并将其从第一个位置开始存放
        System.arraycopy(src,0 , dest, 1, 5);
        //输出源数组中的内容
        for(char c : src){
            System.out.print(c);
        }
        System.out.println();
        //输出目标数组中的内容
        for(char c : dest){
            System.out.print(c);
        }
    }
```

```
        System.out.println();
        //当前系统时间, 单位为 ms
        System.out.println("当前系统时间: "+
System.currentTimeMillis());
    }
}
```

上述代码的执行结果如图 10.14 所示。　　　　　　　　　　图 10.14　执行结果

10.7　案例——三酷猫的类库程序

三酷猫想用类库实现一个小程序,输入一个数字,以这个数字作为最大值生成一个随机数,看看这个随机数是不是在某个数字的范围内。实现代码如下:

```
package com.skm.demo.chapter10;
import java.math.BigInteger;
import java.util.Random;
import java.util.regex.Pattern;

public class Chapter1001 {

    public static void test(int i){
        int randomValue = new Random().nextInt(i);
        System.out.println("随机数是"+randomValue);
        String pattern = "[13579]";
        boolean isMatch = Pattern.matches(pattern, randomValue+"");
        if(isMatch){
            System.out.println("匹配上了~"+", 输入的数字是"+i+", 随机数是
"+randomValue+", 最大值是"+new BigInteger(i+"").max(new BigInteger
(randomValue+"")));
        }else{
            System.out.println("啊哦, 没有匹配上~"+", 输入的数字是"+i+", 随机
数是"+randomValue+", 最小值是"+Math.min(i, randomValue));
        }
        System.out.println("三酷猫的计算机操作系统是"+System.getProperty
("os.name"));
    }

    public static void main(String[] args) {
        test(6);
    }

}
```

上述代码的执行结果如下(因为是随机数,所以不同的时间运行的结果可能不一样)。

第一种情况：

> 随机数是 3
> 匹配上了~，输入的数字是 6，随机数是 3，最大值是 6
> 三酷猫的计算机操作系统是 Windows 10

第二种情况：

> 随机数是 2
> 啊哦，没有匹配上~，输入的数字是 6，随机数是 2，最小值是 2
> 三酷猫的计算机操作系统是 Windows 10

10.8 练习和实验

一、练习

1. 填空题

1）专门用于生成随机数的类是（　　　）。

2）专门用于大数字处理的类是（　　　）和（　　　）。

3）用于日期类格式化的类是（　　　）。

4）在 Math 类中，用于获取绝对值的方法是（　　　）。

5）手动调用垃圾回收的方法是（　　　）。

2. 判断题

1）在 Random 类中，nextInt(2)生成的随机数全集是 1,2。　　　　　　（　　）

2）BigInteger 类可以生成最大公约数。　　　　　　　　　　　　　　（　　）

3）在正则表达式中，用于零次或多次匹配前面的字符或子表达式的是+。（　　）

4）调用 Math 类的时候无须初始化对象，而直接用类.方法即可。　　　（　　）

5）System 类需要用 new 对象的方式才可以调用相应的方法。　　　　（　　）

二、实验

参照 10.7 节的案例，完成如下要求：

1）输入[0,6)的随机数。

2）看看随机数是否在 1、2、3 这 3 个数字的中间，是否可以匹配。

3）如果匹配上了，就以年和日的格式打印今天的日期。

4）如果没匹配上，就以时分秒的格式打印现在的时间。

第 11 章　I/O 处理

到目前为止，三酷猫利用 Java 代码所得到的结果是一次性的，它希望把代码执行结果保存下来，并能被调用和共享。本章将对数据文件进行保存，实现对数据的反复读写和共享使用的效果。

本章的主要内容如下：

- 文本文件；
- 文件流；
- 缓存流；
- 数据流；
- 管道；
- 打印流。

📑说明：*第 11 章的所有示例代码统一存放在 StudyJava 项目的 com.skm.demo.chapter11 包里。*

11.1　文　本　文　件

文本文件是以 ASCII 码（详见附录 A）方式保存的文件。在 Windows 操作系统里最常用的文件扩展名为.txt。

在软件项目中经常会涉及文本文件的一些基本操作。Java 中的 File 类为文件名和目录路径名的管理提供了相应的功能。本节介绍文本文件的创建、文件路径和文件属性信息操作等内容。

11.1.1　创建文件

使用 File 类可以通过以下 4 种构造方法来创建文件对象。

- File(File parent, String child)：根据 parent 抽象路径名和 child 路径名字符串创建一个新文件对象。例如，File("e:\\study", "sankucat.txt")表示在文件夹中创建 File 对象，该文件夹要存在，否则会报错。

- File(String pathname)：通过将给定路径名的字符串转换成抽象路径名来创建一个新文件对象。例如，File("e:\\cat.txt")表示在 E 盘创建 cat.txt 文件。
- File(String parent, String child)：根据 parent 路径名字符串和 child 路径名字符串创建一个新文件对象。例如，File file1 = new File("e:\\study", "sankucat.txt")表示在文件夹中创建 File 对象，该文件夹必须存在，否则会报错。
- File(URI uri)：通过将给定的 URI 转换成一个抽象路径名来创建一个新的文件对象。这个方法不常用，仅了解即可。

在创建文件时，一般应先判断该文件是否存在。如果存在，则删除该文件之后再创建文件；如果不存在，则创建文件。

【示例 11.1】创建文件 cat.txt。

```java
package com.skm.demo.chapter11;
import java.io.File;
import java.io.IOException;
import java.net.URISyntaxException;

public class TestCreateFile {
    public static void main(String[] args) throws URISyntaxException {
        //在文件夹中创建 File 对象，该文件夹必须存在，否则会报错
        File file1 = new File(new File("e:\\study2"), "sankucat.txt");
        File file2 = new File("e:\\cat.txt");          //创建 File 对象
        //在文件夹中创建 File 对象，该文件夹必须存在，否则会报错
        File file3 = new File("e:\\study", "sankucat.txt");
        if (file1.exists()) {                  //调用 exists()方法，判断文件是否存在
            file1.delete();                    //如果文件存在，则将其删除
        }
        if (file2.exists()) {                  //调用 exists()方法，判断文件是否存在
            file2.delete();                    //如果文件存在，则将其删除
        }
        if (file3.exists()) {                  //调用 exists()方法，判断文件是否存在
            file3.delete();                    //如果文件存在，则将其删除
        }
        try {
            file1.createNewFile();             //如果文件不存在，则创建文件
            file2.createNewFile();
            file3.createNewFile();
            System.out.println("文件创建成功！");
        } catch (IOException e) {
            e.printStackTrace();
        }
    }
}
```

执行结果如图 11.1 所示。可以看到，在创建文件目录的 E 盘中已经创建了一个 cat.txt 文件，在该文件中没有任何内容，所以其大小为 0KB，如图 11.2 所示。

图 11.1　执行结果

图 11.2　创建文件的结果

11.1.2　文件路径

读写文件时，通常需要知道文件的位置，这就涉及相对路径和绝对路径的概念。
- 相对路径：相对于当前文件的路径。在默认情况下，java.io 包中的类是根据当前用户目录来分析相对路径的。
- 绝对路径：文件在磁盘上真正存在的路径，它是一个完整的路径名，不需要借助其他信息就能够定位文件的位置。

File 类提供的路径及相关文件判断的常用方法如表 11.1 所示。

表 11.1　File类路径及文件判断的常用方法

方 法 声 明	功 能 描 述
public boolean isFile()	判断文件是否标准文件
public boolean isDirectory()	判断文件是否一个目录
public String getName()	获取文件或目录的名称
public String getParent()	获取调用方法的文件父路径的路径名字符串，如果此文件没有指定父目录，则返回null
public boolean isAbsolute()	判断是否绝对路径
public String getAbsolutePath()	获取文件的绝对路径

11.1.3　文件属性信息操作

在 Java 中，经常会使用如表 11.2 所示的 File 类的常用方法来获取文件本身的一些信息。

表 11.2　File类的常用方法

方 法 声 明	功 能 描 述
public boolean canRead()	判断文件是否可读
public boolean canWrite()	判断文件是否可写
public boolean exists()	判断文件是否存在
public long lastModified()	获取文件最后一次被修改的时间
public long length()	获取文件的长度（单位为byte）
public boolean equals(Object obj)	判断文件是否与给定的对象相同

【**示例 11.2**】演示文件的常用方法的使用。

```java
package com.skm.demo.chapter11;
import java.io.File;
import java.io.IOException;

public class TestCreateFile2 {
    public static void main(String[] args) {
        File file = new File("e:\\cat.txt");        //在根目录下创建 File 对象
        //在文件夹中创建 File 对象，该文件夹必须存在，否则会报错
        File file1 = new File("e:\\study", "sankucat.txt");
        if (file.exists()) {                        //调用 exists()方法，判断文件是否存在
            file.delete();                          //如果文件存在，则将其删除
        }
        try {
            file.createNewFile();                   //如果文件不存在，则创建文件
            System.out.println("file 文件创建成功！");
        } catch (IOException e) {
            e.printStackTrace();
        }
        if (file1.exists()) {                       //调用 exists()方法，判断文件是否存在
            file1.delete();                         //如果文件存在，则将其删除
        }
        try {
            file1.createNewFile();                  //如果文件不存在，则创建文件
            System.out.println("file1 文件创建成功！");
        } catch (IOException e) {
            e.printStackTrace();
        }
        String name1 = file.getName();    //获取文件名称
        String name2 = file1.getName();
        System.out.println("文件的名称为：" + name1);
        System.out.println("文件的名称为：" + name2);
        //获取文件的长度
        System.out.println("文件" + name1 + "的长度为：" + file.length());
        System.out.println("文件" + name2 + "的长度为：" + file1.length());
        //判断文件是否可读
        System.out.println("文件" + name1 + "是否可读：" + file.canRead());
        System.out.println("文件" + name2 + "是否可读：" + file1.canRead());
    }
}
```

程序执行结果如图 11.3 所示。可以看到，在创建文件目录的 E 盘中已经创建了一个 cat.txt 文件，并且在 study 文件夹下也已经创建了 sankucat.txt 文件，如图 11.4 所示。

Run:	TestCreateFile2

```
C:\Java\jdk-11\bin\java.exe
file文件创建成功!
file1文件创建成功!
文件的名称为: cat.txt
文件的名称为: sankucat.txt
文件cat.txt的长度为: 0
文件sankucat.txt的长度为: 0
文件cat.txt是否可读: true
文件sankucat.txt是否可读: true
```

图 11.3　执行结果

此电脑 › 本地磁盘 (E:)				
名称		修改日期	类型	大小
study		2021/7/30 9:21	文件夹	
cat.txt		2021/7/30 9:21	文本文档	0 KB
此电脑 › 本地磁盘 (E:) › study				
名称		修改日期	类型	大小
sankucat.txt		2021/7/30 9:21	文本文档	0 KB

图 11.4　创建文件的结果

11.2　文　件　流

当程序运行的数据需要长期保存时，可以将文件流输出到文件中进行保存。同时也可以利用文件输入流来读取文件中的数据，以供程序使用。文件流中的数据可以是字符、字节或者对象等。文件流的分类如图 11.5 所示。

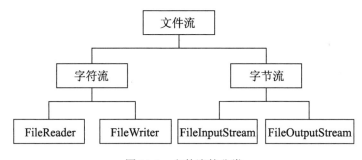

图 11.5　文件流的分类

文件流可以分为字符流和字节流。字符流通过 FileReader 和 FileWriter 类实现对数据的读写操作；字节流通过 FileInputStream 和 FileOutPutStream 类实现对数据的读写操作。

11.2.1　文件输入流

当从文件中读取数据时，可以通过 FileInputStream 类创建一个对象表示文件输入流。FileInputStream 继承自 InputStream 类，其常用的构造方法如下：
- FileInputStream(File file)：通过文件系统中的文件对象 file 来创建一个 FileInputStream 对象。
- FileInputStream(String name)：通过文件系统中的路径名 name 来创建一个 FileInput-Stream 对象。

FileInputStream 类中有重载的 read()方法从文件中读取数据，如果本地有指定的文件，就使用该文件，否则会出现异常。下面通过示例来学习文件输入流的使用。

【**示例 11.3**】使用 FileInputStream 读取文件 cat.txt（先在 cat.txt 中输入 abc 后再保存）。

```java
package com.skm.demo.chapter11;
import java.io.FileInputStream;

public class TestInputStream {

    public static void main(String[] args) {
        String sourceFile = "e:\\cat.txt";  //cat.txt 文件存放在项目根目录下
        FileInputStream fin;                          //声明文件输入流对象
        try {                                         //捕获异常
            //使用第二种构造方法创建文件输入流对象
            fin = new FileInputStream(sourceFile);
            byte sourceDate;
            while ((sourceDate = (byte) fin.read()) != -1) {//从文件中读取信息
                System.out.print((char) sourceDate); //转换成字符输出信息
            }
            fin.close();                              //使用后关闭输入流
        } catch (Exception e) {
            e.printStackTrace();
        }
    }
}
```

执行结果如图 11.6 所示，由结果可知，cat.txt 文件中的内容已经被读取并输出。

当 cat.txt 不存在时会出现如图 11.7 所示的异常，因此通常使用 Java I/O 来捕获异常（可以将磁盘上的 cat.txt 删除来模拟异常情况）。

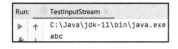

图 11.6　执行结果

图 11.7　读取文件异常

11.2.2　文件输出流

除了通过 FileInputStream 类创建一个输入流之外，还可以通过 FileOutputStream 类创建一个对象实现数据的输出，该类的构造方法和 FileInputStream 类是类似的，这里不再赘述。FileOutputStream 类提供了写入文件的方法，下面通过示例来学习 FileOutputStream 的使用。

【**示例 11.4**】使用 FileInputStream 读取文件 cat.txt。

```java
package com.skm.demo.chapter11;
```

```java
import java.io.File;
import java.io.FileOutputStream;

public class TestOutputStream {
    public static void main(String[] args) {
        String destFile = "e:\\cat.txt";              //将内容写入文件 cat.txt 中
        String line1 = "this is line1";               //定义多行要写入的数据
        String line2 = "this is line2";
        String line3 = "this is line3";
        //行之间需要换行分开，获取当前系统的换行符
        String lineSeparator=System.getProperty("line.separator");
        FileOutputStream fos;
        try {
            fos = new FileOutputStream(destFile);      //创建文件输出流对象
            fos.write(line1.getBytes());               //写入第一行
            fos.write(lineSeparator.getBytes());       //写入换行
            fos.write(line2.getBytes());               //写入第二行
            fos.write(lineSeparator.getBytes());
            fos.write(line3.getBytes());               //写入第三行
            fos.write(lineSeparator.getBytes());
            fos.close();                               //关闭输出流
            System.out.println("文件已经写入： "
                    + (new File(destFile)).getAbsolutePath());
        } catch (Exception e2) {
            e2.printStackTrace();
        }
    }
}
```

执行结果如图 11.8 所示。打开 cat.txt 文件，可以看见已经将内容写入，如图 11.9 所示。

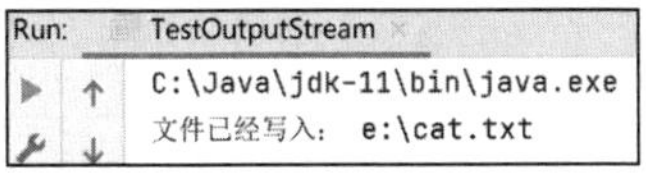

图 11.8　执行结果

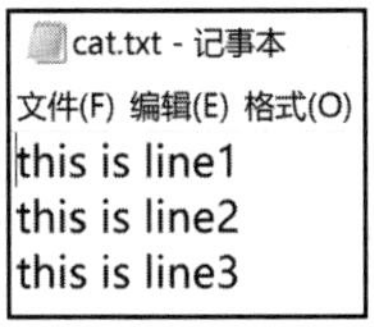

图 11.9　写入文件

使用 FileOutputStream 创建对象时，如果 cat.txt 文件不存在，则会创建新的文件，之后再将数据写入该文件中；如果 cat.txt 文件存在，则会覆盖文件中的内容。

程序结束后会关闭所有打开的流，如果打开的流过多，则会消耗大量的系统资源，因此在项目中随时关闭不使用的流是一个比较好的习惯。

FileInputStream 和 FileOutputStream 可以实现对文件的读取和写入操作，读者可能会发现，当文件中有汉字出现时，可能会出现乱码现象，此时可以使用 FileReader 和 FileWriter 对文件进行读写操作。FileReader、FileWriter 的用法和 FileInputStream、FileOutputStream 的用法基本一致，这里不再详细介绍。

11.3　缓　存　流

三酷猫将自己每天钓鱼的相关信息存放到了 fish.txt 中，每天的钓鱼信息存放在一行里，如果三酷猫想读取某一天的钓鱼信息，则必须读取某一行的信息。使用前面提到的输入和输出流可能很难完成这个操作，因为每天存放的信息不同（一行的字符数不同）。为了解决类似问题，Java 提供了缓存流，其优化了 I/O 的性能。下面分别介绍带缓存的输入和输出流。

11.3.1　带缓存的输入流

BufferedInputStream 类通过缓存数据向输入流中添加相应的功能，该类可以对所有 InputStream 的子类进行带缓存区的包装，以优化其性能。BufferedInputStream 类有两个构造方法：

- BufferedInputStream(InputStream in)：创建一个带有 1024 个字节的缓存输入流。
- BufferedInputStream(InputStream in, int size)：创建具有指定缓存区大小（Size）的缓存输入流。

在下面的示例中使用 BufferedInputStream 来读取文件。

【示例 11.5】使用 BufferedInputStream 读取文件 cat.txt。

```
package com.skm.demo.chapter11;

import java.io.BufferedInputStream;
import java.io.FileInputStream;

public class TestBufferedInputStream {
    public static void main(String[] args) {
        String srcFile = "e:\\cat.txt";
        try (BufferedInputStream bis = new BufferedInputStream(new
FileInputStream(srcFile))){
            byte byteData;
            while ((byteData = (byte) bis.read()) != -1) { //按字节读取数据
                System.out.print((char) byteData);
            }
        } catch (Exception e2) {
            e2.printStackTrace();
        }
    }
}
```

执行结果如图 11.10 所示，cat.txt 文件中的内容已经按行读取并输出了。

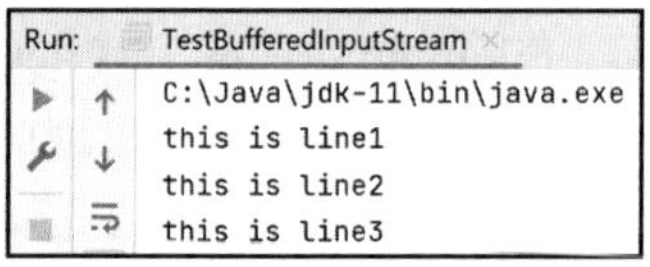

BufferedReader 类也可以用来创建缓存流，感兴趣的读

图 11.10　执行结果

者可以自己查阅资料进行学习。

11.3.2　带缓存的输出流

与 BufferedInputStream 类相对应的带缓存的输出流为 BufferedOutputStream 类，也可以称为带缓存的输出流，其常用的构造方法如下：

- BufferedOutputStream(OutputStream out)：创建一个新的 1024 个字节的缓存输出流，以将数据写入指定的基础输出流中。
- BufferedOutputStream(OutputStream out, int size)：创建一个新的缓存输出流，以将具有指定缓存区大小（size）的数据写入指定的基础输出流中。

下面的示例中使用 BufferedOutputStream 来读取文件。

【示例 11.6】使用 BufferedOutputStream 将数据写入文件 cat.txt 中。

```
package com.skm.demo.chapter11;

import java.io.BufferedOutputStream;
import java.io.FileOutputStream;
import java.io.IOException;

public class TestBufferedOutputStream {
    public static void main(String[] args) throws IOException {
        BufferedOutputStream bos = new BufferedOutputStream(new
FileOutputStream("e:\\cat.txt"));
        bos.write("hello!sankuCat!".getBytes());        //写入数据
        bos.close();                                    //关闭输出缓存流
        System.out.println("文件写入完成");
    }
}
```

执行结果如图 11.11 所示，程序已经将内容写入 cat.txt 中并覆盖了原有内容。

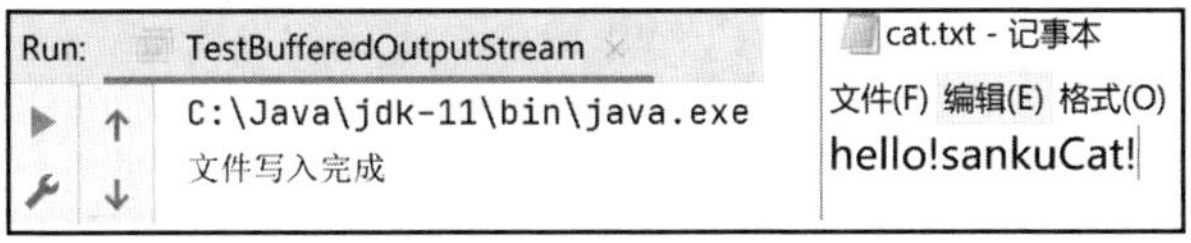

图 11.11　执行结果

11.4　数　据　流

数据输入流 DataInputStream 类和数据输出流 DataOutputStream 类允许从输入流中读取 Java 基本数据类型，或者将 Java 基本数据类型值写入输出流中。

11.4.1　数据输入流

DataInputStream 类允许从输入流中读取 Java 基本数据类型，其构造方法如下：

DataInputStream(InputStream in) ：使用指定的基础输入流创建一个数据输入流。

在 DataInputStream 类中包含读取数据类型值的读取方法。例如，read(byte[] b)是指从所包含的输入流中读取一定数量的字节，并将它们存储到缓存区数组 b 中。如果需要读取 int 类型的值，则可以使用 readInt()；如果需要读取 float 类型的值，则可以使用 readFloat()方法。此外，readUTF()方法还支持读取用 UTF-8 修改版格式编码的 Unicode 字符格式的字符串。

需要注意的是，使用 DataInputStream 读取的文件内容必须是用 DataOutputStream 写入的方可直接读取，否则需要按字节读取。

【示例 11.7】使用 DataInputStream 读取示例 11.8 在文件 cat.txt 中写入的内容。

```java
package com.skm.demo.chapter11;
import java.io.DataInputStream;
import java.io.DataOutputStream;
import java.io.FileInputStream;
import java.io.FileOutputStream;

public class TestDataInputStream {

    public static void main(String[] args) {
        String srcFile = "e:\\cat.txt";
        try {
            DataInputStream dis = new DataInputStream(new FileInputStream
(srcFile));
            //读取的数据类型及顺序和文本中的数据类型一一对应
            int intValue = dis.readInt();
            double doubleValue = dis.readDouble();
            boolean booleanValue = dis.readBoolean();
            System.out.println("intValue = " + intValue);  //输出读入的数据
            System.out.println("doubleValue = " +doubleValue);
            System.out.println("booleanValue = " + booleanValue);
            dis.close();
        }catch (Exception e){
            e.printStackTrace();
        }
    }
}
```

```
Run:    TestDataInputStream ×
 ►  ↑   C:\Java\jdk-11\bin\java.exe
 🔧 ↓   intValue = 12
        doubleValue = 12.5
 ■  ⇥   booleanValue = true
```

执行结果如图 11.12 所示，程序已经将查看 cat.txt 是乱码的内容输出来了。

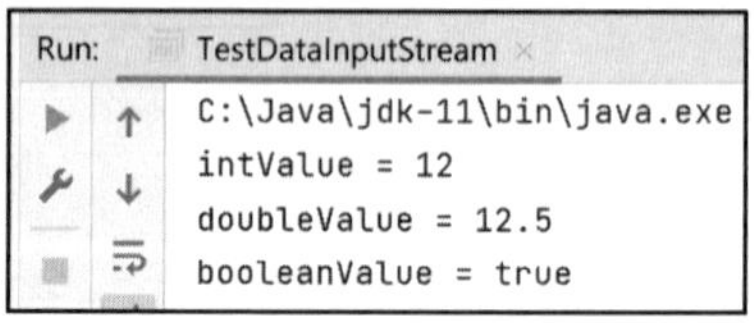

图 11.12　执行结果

11.4.2　数据输出流

DataOutputStream 类可以将 Java 的基本数据类型值写入输出流中，其构造方法如下：

DataOutputStream(OutputStream out)：创建一个新的数据输出流，将数据写入指定的基础输出流中。

DataOutputStream 类中包含写入数据类型值的方法。需要注意的是，写入文本文件中的内容如果直接查看是乱码形式，需要使用 DataInputStream 类进行读取输出。

【示例 11.8】使用 DataOutputStream 将内容写入文件 cat.txt。

```java
package com.skm.demo.chapter11;
import java.io.DataOutputStream;
import java.io.FileOutputStream;

public class TestDataOutputStream {
    public static void main(String[] args) {
        String srcFile = "e:\\cat.txt";
        try {
            DataOutputStream dos = new DataOutputStream(new FileOutputStream
(srcFile));                        //使用 DataOutputStream 将内容写到输入流中
            dos.writeInt(12);                          //按类型写入数据
            dos.writeDouble(12.5);
            dos.writeBoolean(true);
            dos.flush();                               //清空缓冲区
            dos.close();                               //关闭数据流
            System.out.println("数据写入完毕");
        } catch (Exception e) {
            e.printStackTrace();
        }
    }
}
```

执行结果如图 11.13 所示，由结果可见，程序已经将内容写入 cat.txt 并覆盖了原有内容，但是打开文件后看到的是乱码。

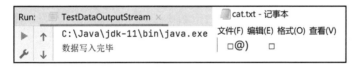

图 11.13　执行结果

11.5　管　道　流

管道（Pipe）输入/输出流可以通过内存在线程之间传输数据。其有 4 个实现类：PipedOutputStream、PipedInputStream、PipedReader 和 PipedWriter，前两种面向字节，后两种面向字符。创建对象等使用方式与输入/输出流基本类似，这里不再赘述，下面通过示例演示其使用方法。

【示例 11.9】使用管道流演示发送和接收数据的过程。

```
package com.skm.demo.chapter11;
import java.io.ByteArrayOutputStream;
import java.io.IOException;
import java.io.PipedInputStream;
import java.io.PipedOutputStream;
import java.util.concurrent.ExecutorService;
import java.util.concurrent.Executors;
import java.util.concurrent.TimeUnit;

public class TestPiped {
    public static void main(String[] args) {
        //创建一个线程池
        ExecutorService executorService = Executors.newCachedThreadPool();
        try {
            PipedOutputStream pos = new PipedOutputStream();//创建输入管道流
            PipedInputStream pis = new PipedInputStream(pos);//创建输出管道流
            Send send = new Send(pos);              //创建发送线程
            Receive receive = new Receive(pis);     //创建和接收线程
            executorService.execute(send);          //提交给线程池运行发送线程
            executorService.execute(receive);       //提交给线程池运行接收线程
        } catch (IOException e) {
            e.printStackTrace();
        }
        //通知线程池不再接受新的任务，并且执行完当前线程后关闭线程池
        executorService.shutdown();
        try {
            //shutdown 以后可能会使线程很长时间不能运行完成，因此设置超过 10 分钟就强
                制结束线程
            executorService.awaitTermination(10, TimeUnit.MINUTES);
        } catch (InterruptedException e) {
            e.printStackTrace();
        }
    }
    static class Send extends Thread {                  //发送管道流线程
        private PipedOutputStream pos;
        public Send(PipedOutputStream pos) {
            super();
            this.pos = pos;
        }
        @Override
        public void run() {                             //执行线程
            try {
                String s = "hello sankumao!";
                System.out.println("Sender:" + s);
                byte[] buf = s.getBytes();              //将字符串转换为字符数组
                pos.write(buf, 0, buf.length);          //写入
                pos.close();
                TimeUnit.SECONDS.sleep(3);              //线程休眠 3 秒
            } catch (Exception e) {
                e.printStackTrace();
            }
        }
    }
```

```
    static class Receive extends Thread {                //接收管道流线程
        private PipedInputStream pis;
        public Receive(PipedInputStream pis) {
            super();
            this.pis = pis;
        }
        @Override
        public void run() {
            try {
                //按字节接收
                ByteArrayOutputStream baos = new ByteArrayOutputStream();
                byte[] buf = new byte[1024];
                int len = 0;
                while ((len = pis.read(buf)) != -1) {
                    baos.write(buf, 0, len);
                }
                byte[] result = baos.toByteArray();    //将字节流转换为字节数组
                //将字节数组转换为字符串
                String s = new String(result, 0, result.length);
                System.out.println("Reciever:" + s); //输出接收的字符串
            } catch (IOException e) {
                e.printStackTrace();
            }
        }
    }
}
```

执行结果如图 11.14 所示，由结果可见，通过管道流发送线程发送的字符串，被接收线程正确地接收了。

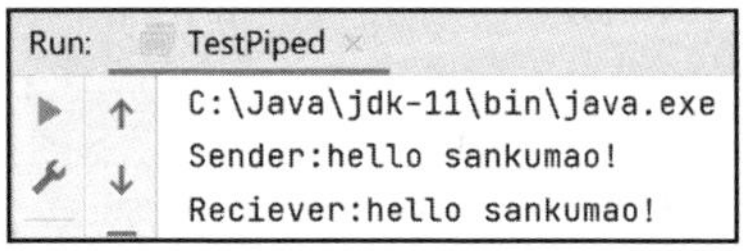

图 11.14　执行结果

11.6　打　印　流

PrintStream 类可以将格式化后的数据直接写入底层的 OutputStream 或者 File 对象中。PrintStream 类可以将基本数据类型直接格式化为文本，以方便打印流输出信息。打印流可以输出任何类型的数据信息，如小数、整数和字符串等。注意，打印流包含字节打印流 PrintStream 和字符打印流 PrintWriter 两个类。

【示例 11.10】使用 PrintStream 类将数据输出到文本文件 cat.txt 中。

```
package com.skm.demo.chapter11;
import java.io.File;
import java.io.FileOutputStream;
import java.io.PrintStream;

public class TestPrintStream {
    public static void main(String[] args) {
        PrintStream printStream = null ;                //声明打印流对象
        try{
            File file = new File("e:\\cat.txt");        //创建文件
```

```
                //创建文件输出流
                FileOutputStream fileOutputStream = new FileOutputStream(file);
                printStream = new PrintStream(fileOutputStream);//创建打印流对象
                printStream.print("hello ") ;          //打印输出,print 表示不换行
                //打印输出,println 表示换行
                printStream.println("三酷猫:今天钓了几条鱼?") ;
                printStream.print(5 + 7) ; //打印输出,支持基本数据类型及表达式运算
                printStream.close() ;                   //关闭打印流
                System.out.println("打印输出完毕");
        }catch (Exception e){
            e.printStackTrace();
        }
    }
}
```

执行结果如图 11.15 所示,由结果可见,程序已经将相应内容输出到 cat.txt 文件中了。

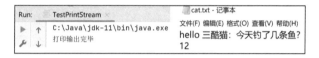

图 11.15　执行结果

11.7　案例——三酷猫的记账单

三酷猫有随手记账的习惯,每个月的消费都会记录到一个文件里。这样月底就能统计出这个月买了哪些商品,总共花了多少钱。以前三酷猫都是月底手工统计,很麻烦。学习完 I/O 处理的相关内容后,三酷猫改变了记账方式,用一种比较规律的方式来记账。三酷猫编写了一个小程序,用于每个月读取记账文件,只需 1 秒就能统计出这个月的总消费额。

三酷猫的记账格式大致如下:

2021-06-01,水果沙拉,1,15.6(2021.6.1,买了一份水果沙拉,花了 15.6 元);

2021-06-03,鲤鱼,2,21.9(2021.6.3,买了 2 斤鲤鱼,花了 21.9)。

这样,每次消费记录一行,月底的时候只需要统计总价就可以知道这个月总共花了多少钱。

记账单的内容如下(记账单文件名为 chapter11.txt,存放到项目的 resources 目录下):

2021-06-01,水果沙拉,1,15.6

2021-06-03,鲤鱼,2,21.9

2021-06-04,猫粮,1,125

2021-06-07,猫砂,1,67.8

2021-06-10,水果沙拉,1.5,22.8

2021-06-11,酸奶,1,9.9

2021-06-13,鲤鱼,3,29.9

2021-06-16,牙刷,1,5.6

2021-06-19,公交卡,1,50

2021-06-20,猫粮,2,248

2021-06-22,酸奶,1,9.8

2021-06-26,鲫鱼,1,12.9

2021-06-27,蔬菜沙拉,1,14.7

2021-06-29,鲤鱼,1,11.8

2021-06-30,酸奶,1,9.5

统计代码如下：

```
package com.skm.demo.chapter11;
import org.springframework.core.io.ClassPathResource;

import java.io.*;
import java.math.BigDecimal;

public class Chapter1101 {

    public static void main(String[] args) throws IOException {
        BigDecimal priceAll = new BigDecimal("0.0");
        ClassPathResource classPathResource =new ClassPathResource
("chapter11.txt");
        File file = classPathResource.getFile();
        BufferedReader bufferedReader =new BufferedReader(new FileReader
(file));
        String line;
        while ((line = bufferedReader.readLine()) !=null) {
            String[] split = line.split(",");
            priceAll = priceAll.add(new BigDecimal(split[split.length-1]));
        }
        System.out.println("三酷猫本月的开销总计："+priceAll);
    }
}
```

输出结果如下：

三酷猫本月的开销总计：655.2

11.8 练习和实验

一、练习

1. 填空题

1）在 Java 中创建文件的类是（　　　）。

2）文件流分为（　　　）流和（　　　）流。

3）在 File 类中获取文件长度的方法是（　　　）。

4）带缓存的输入流是（　　　）。

5）清空缓冲区的方法是（　　　），关闭流的方法是（　　　）。

2．判断题

1）字节流的文件输入类是 FileInputStream。　　　　　　　　　　　　（　　　）

2）文件流中的数据只能是字符和字节。　　　　　　　　　　　　　　　（　　　）

3）带缓存的输入流是 BufferedInputStream。　　　　　　　　　　　　（　　　）

4）使用 DataOutputStream 写入文件中的内容可以直接用文本文件查看。　（　　　）

5）PrintStream 类可以将基本数据类型直接格式化为文本。　　　　　　（　　　）

二、实验

在 11.7 节的案例中，如果要单独统计每种商品当月的总开销，该如何编写？

要求如下：

1）原始文件不变，还是读 chapter11.txt。

2）将消费的商品按照名称进行归类。

3）输出每种商品的总开销。

4）计算本月所有商品的总开销。

第 12 章　注解和反射

学完前面章节介绍的知识后，很多想要实现的系统功能基本上都可以去实现了。但是当深入研究 JDK 的源代码时，发现很多代码不能读懂，如有些方法中加@，并且后面还跟了一个单词，这就是本章要讲的注解和反射机制的相关内容。

本章的主要内容如下：

- 注解；
- 反射。

📖说明：第 12 章的示例代码统一存放在 StudyJava 项目的 com.skm.demo.chapter12 包里。

12.1　注　　解

注解是从 JDK 5.0 开始引入的一个新特征，英文名为 Annotation。它提供了一种类似于注释的机制，用来将信息或元数据与程序的各种元素（类、方法和成员变量等）进行关联。注解的使用类似修饰符，放在包、构造方法、方法、成员变量、参数及本地变量等声明语句中。

Java 注解也叫作标注，主要用于对代码进行相应的解释和说明。类、方法、变量、参数和包等都可以被标注，当编译器生成类文件时，注解被嵌入字节码中，在程序运行时可以用来获取标注的内容。Java 注解一般可以分为内置注解、元注解和自定义注解 3 种。

💬注意：注解与注释的区别：注解是给机器看的注释，而注释则是给程序员看的代码提示。

12.1.1　内置注解

Java 常用的内置注解主要有@Override、@Deprecated 和@SuppressWarnings 共 3 个。

@Override（重写）：通知编译器该方法为重写方法。如果其父类或者引用接口没有该方法，则会报编译错误。

```
package com.skm.demo.chapter12;
```

```
public class TestOverride extends Object{ //每个类都会默认包含 extends Object

    @Override                                  //重写注解
    public String toString() {
        return "我重写了父类 Object 的 toString()方法";
    }
}
```

Object 的 toString()方法的源代码如下，其他方法忽略：

```
public class Object {

    public String toString() {
        return getClass().getName() + "@" + Integer.toHexString(hashCode());
    }
}
```

根据方法重写的概念可知，子类 TestOverride 的 toString()的方法名、返回值类型和方法参数必须和父类一致，否则编译器会报错，如图 12.1 所示。

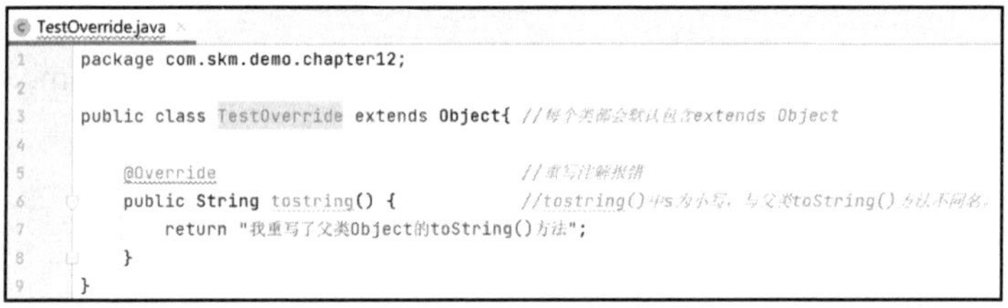

图 12.1　@Override 报错

错误提示如图 12.2 所示，矩形框中提示方法未重写其父类中的方法。

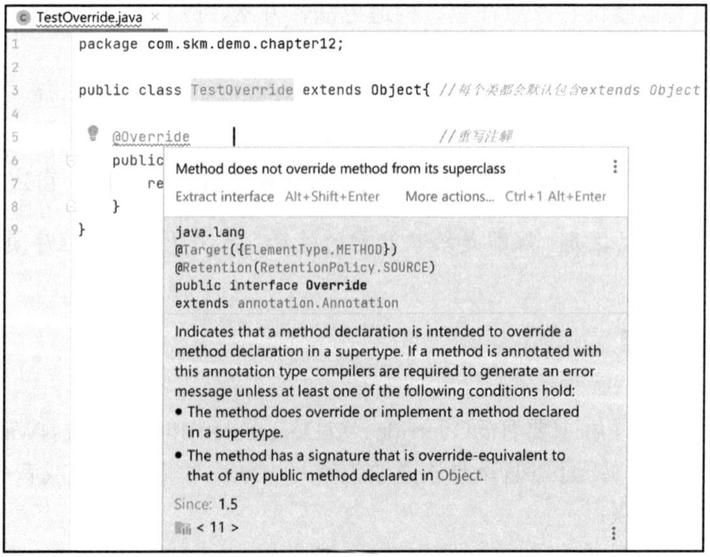

图 12.2　@Override 报错提示

如果不加@Override 注解则不会报错，如图 12.3 所示。这说明重写父类方法时@Override
注解会通知编译器进行语法检验，这样可以帮助开发者检查代码错误。

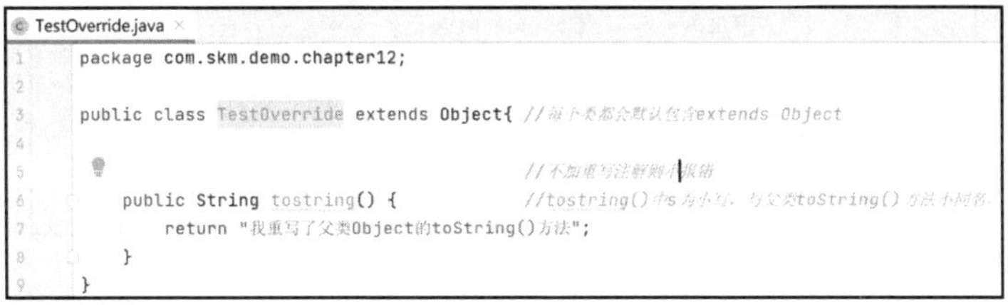

图 12.3　不加@Override 则无报错提示

@Deprecated：表示该方法已准备废弃，但暂时可用，之后不会再进行更新，建议不
要调用该方法。

```
package com.skm.demo.chapter12;
public class TestDeprecated {

    @Deprecated                              //表示该方法已准备废弃，但暂时可用
    public void test(){
        System.out.println("这是一个过时的方法");
    }
}
```

调用被@Deprecated 注解的方法可能会导致之后版本中的代码不被兼容，一般是已经
有了更优的方案对它进行替代。如果使用者坚持调用该方法，则开发工具会在调用的方法
上加删除线，如图 12.4 所示。

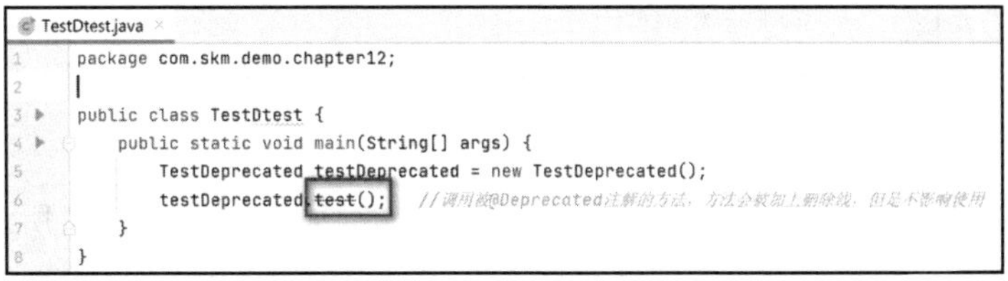

图 12.4　过时方法加删除线

@SuppressWarnings：用来屏蔽想要屏蔽的警告，让使开发者关注真正需要关注的警
告，从而提高开发效率。它需要配合具体参数进行使用，其常用的参数如下：
- all：抑制所有警告；
- deprecation：抑制过期方法警告；
- unused：抑制没被使用过的代码警告。

调用被@Deprecated 注解的方法后，在该方法上会添加删除线并有相应的警告提示，
去掉该警告的方法是添加@SuppressWarnings("deprecation")注解，如图 12.5 所示。

```
TestDtest.java ×
1      package com.skm.demo.chapter12;
2
3 ▶    public class TestDtest {
4          @SuppressWarnings("deprecation")    //添加屏蔽过时代码警告注解
5 ▶        public static void main(String[] args) {
6              TestDeprecated testDeprecated = new TestDeprecated();
7              testDeprecated.test();              //添加注解后，删除线已经去掉
8          }
9      }
```

图 12.5　去掉过时警告

在代码中如果声明变量后没有使用过该变量，则程序会给出变量从未使用的警告，可以通过添加@SuppressWarnings("unused")注解将其消除。

```
package com.skm.demo.chapter12;
public class TestSuppressWarnings {
    public static void TestVariable() {
        int i;
    }
    public static void main(String[] args) {
        TestVariable();
    }
}
```

在上面的代码中，如果变量 i 被定义后从未被使用过，则程序会给出如图 12.6 所示的提示。

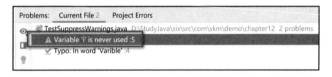

图 12.6　警告提示

添加注解@SuppressWarnings("unused")，警告提示消失，如图 12.7 所示。

```
TestSuppressWarnings.java ×
1      package com.skm.demo.chapter12;
2      |
3 ▶    public class TestSuppressWarnings {
4          public static void TestVariable() {
5              @SuppressWarnings("unused")
6              int i;
7          }
8
9 ▶        public static void main(String[] args) { TestVariable(); }
12     }
```

图 12.7　添加屏蔽警告

可以通过单击屏幕右侧的警告提示条，在代码处出现的灯泡图标的下拉列表框中选择添加的警告信息选项，如图 12.8 所示。

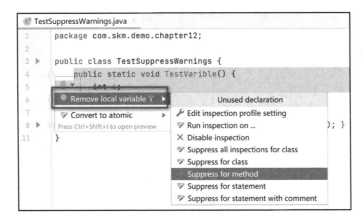

图 12.8　添加警告注解菜单

12.1.2　元注解

元注解负责注解其他注解。Java 5.0 定义了 4 个标准的元注解类型，用来对其他注解类型进行说明。这 4 种元注解分别是@Target、@Retention、@Documented 和@Inherited，如表 12.1 所示。

表 12.1　元注解修饰范围及取值

修饰范围	取　　值
package包	PACKAGE
类、接口、枚举和注解类型	TYPE
方法、构造方法、成员变量和枚举	CONSTRUCTOR为构造器，FIELD为域，METHOD为方法
方法参数和局部变量	LOCAL_VARIABLE为局部变量，PARAMETER为参数

12.1.3　自定义注解

自定义注解和声明接口类似，不同的是自定义注解的格式是以@interface 为标志的。
- 定义参数可以用无参形式定义。
- 参数只有一个时，推荐使用的参数名为 value，调用时可直接赋值，省略名字。
- 参数的类型包括基本数据类型、String、enum、class、annotation，以及这些类型的数组。
- 参数权限修饰只能为 public 和 default（默认）。

给定一个自定义注解：

```
package com.skm.demo.chapter12;
import java.lang.annotation.ElementType;
```

```
import java.lang.annotation.Target;

@Target({ElementType.METHOD,ElementType.TYPE})          //方法
public @interface Person {
    //注解中如果只有一个属性且名称为value, 则使用注解时给value属性赋值可以省略
      value而直接赋值
    String value();                                     //姓名
    int age() default 18;                               //年龄, 默认为18
    String[] hobby();                                   //爱好
}
```

自定义注解示例如下:

```
package com.skm.demo.chapter12;

@Person(value = "张三", age = 20, hobby = "足球、象棋")
public class TestPerson {
    @Person(value = "李四", hobby = {"排球、吉他"})
    public void employee() {
    }
}
```

12.2　反　　射

当类编译后加载到内存中运行时,会产生一个唯一与之对应的 Class 类型的对象,这个对象包含类的所有结构信息。这个 Class 对象像镜子一样,可以通过它看到类结构信息,因此将其形象地称为反射。

反射的定义是:在类运行过程中,可以获取任意一个实体类的所有属性和方法等信息,动态获取、调用对象的属性和方法等信息的功能叫作反射。

12.2.1　Class 类

Class 类是 Java 反射的源头,要想进行反射操作,必须了解 Class 类。在 Java 中,可以通过实例化对象来查找类的完整信息,而这就是 Class 类的主要功能。

任何一个类都是 Class 类的实例化对象,它可以有 3 种表示形式。以 TestCat 类为例:

1)任何一个类都有一个隐含的静态成员属性 class。

```
Class clazz = TestCat.class;
```

2)已知一个类的对象,可以通过 getClass()方法获取该类。

```
TestCat cat = new TestCat();
Class clazz = cat.getClass();
```

3)通过 Class.forName 方法加载指定的类并且初始化该类。

```
c3 = Class.forName("com.skm.demo.chapter12.TestCat");
```

Class 类也是一个普通类，和平时常用的以及自定义的类没有区别，其常用的方法如表 12.2 所示。

表 12.2 Class类的常用方法

方 法 名	功 能 描 述
getName()	返回String形式的该类名称
newInstance()	根据某个Class对象产生其对应类的实例，它调用的是此类默认的构造方法（如果没有默认的无参构造器会报错）
getConstructor(Class[])	返回Class对象表示的类的公有构造子对象
getConstructors()	返回Class对象表示的类的所有公有构造子对象数组
getDeclaredConstructor(Class[])	返回Class对象表示的类已说明的构造子对象
getDeclaredConstructors()	返回Class对象表示的类所有已说明的构造子对象数组
getDeclaredField(String)	返回Class对象表示的类或接口指定的已说明的一个域对象
getDeclaredMethod(String, Class[])	返回Class对象表示的类或接口指定的已说明的一个方法对象
getDeclaredMethods()	返回Class对象表示的类或接口已说明的所有方法数组
getField(String)	返回Class对象表示的类或接口指定的公有成员域对象
getFields()	返回Class对象表示的类或接口可访问的所有公有域对象数组
getInterfaces()	返回当前对象表示的类或接口实现的接口
getMethod(String, Class[])	返回Class对象表示的类或接口指定的公有成员的方法对象
getMethods()	返回Class对象表示的类或接口的所有公有成员方法的对象数组，包括已声明的和从父类继承的方法

12.2.2 通过反射获取注解

利用反射可以获取类中的注解。

在 IDEA 开发工具的 StudyJava 项目中执行如下代码，测试通过反射获取注解。

【示例 12.1】声明 TestStudentAnnotation 和 TestStudentPropertyAnnotation 两个注解类，然后声明一个 TestStudent 类使用注解。通过 TestStudentDemo 类进行测试，通过反射完成对注解的获取并输出注解。

注解类 TestStudentAnnotation 声明注解：

```
package com.skm.demo.chapter12;

import java.lang.annotation.ElementType;
import java.lang.annotation.Retention;
import java.lang.annotation.RetentionPolicy;
import java.lang.annotation.Target;


//定义注解，对测试类 TestStudent 进行解析
@Target({ElementType.TYPE})                    //该注解可以应用于接口、类和枚举
//该注解会存在于 class 字节码中，可以在运行时通过反射获取
```

```
@Retention(RetentionPolicy.RUNTIME)
public @interface TestStudentAnnotation {   //定义注解
    String value(); //定义变量 value，只有一个 value 引用注解时可以省略直接赋值
}
```

注解类 TestStudentPropertyAnnotation 声明注解：

```
package com.skm.demo.chapter12;

import java.lang.annotation.ElementType;
import java.lang.annotation.Retention;
import java.lang.annotation.RetentionPolicy;
import java.lang.annotation.Target;

//该注解对类属性进行解析
@Target({ElementType.FIELD})                    //该注解可以应用于字段和枚举常量中
//该注解会存在于 class 字节码中，可以在运行时通过反射获取
@Retention(RetentionPolicy.RUNTIME)
public @interface TestStudentPropertyAnnotation {
    String columnName();                        //表中的字段名(与类中的属性名对应)
    String type();                              //字段类型
    int length();                               //字段长度
}
```

对 TestStudent 类添加注解：

```
package com.skm.demo.chapter12;

@TestStudentAnnotation("Table")                  //注解：该类与数据库中的表字段对应
public class TestStudent {
    private int id;
    //对 username 字段添加注解：对应数据库中的表字段 username 和 varchar，字段长度为 20
    @TestStudentPropertyAnnotation(columnName = "username",type = "varchar",
length = 20)
    private String username;
    private String password;
}
```

通过 TestStudentDemo 类进行测试，通过反射完成对注解的获取并输出。

```
package com.skm.demo.chapter12;

import java.lang.annotation.Annotation;
import java.lang.reflect.Field;

public class TestStudentDemo {
    public static void main(String[] args) throws ClassNotFoundException,
NoSuchFieldException {
        //返回与给定的字符串名称相关联的类的 Class 对象
        Class clazz = Class.forName("com.skm.demo.chapter12.TestStudent");
        //通过反射获取所有注解
        Annotation[] annotations = clazz.getAnnotations();
        for (Annotation annotation : annotations) {       //输出类的所有注解
            System.out.println("所有注解:" + annotation);
        }
```

```
        //获取类的指定注解 value()的值
        TestStudentAnnotation studentAnnotation = (TestStudentAnnotation)
clazz.getAnnotation(TestStudentAnnotation.class);
        System.out.println("value()注解:" + studentAnnotation.value());
        //获取指定类属性 username 的注解
        Field field = clazz.getDeclaredField("username");
        TestStudentPropertyAnnotation propertyAnnotation = field.getAnnotation
(TestStudentPropertyAnnotation.class);
        System.out.println("username 字段注解:" + propertyAnnotation);
        //输出类属性 username 的详细信息
        System.out.println("username 字段注解详细信息:" + propertyAnnotation.
columnName() + "---" + propertyAnnotation.type() + "---" + propertyAnnotation.
length());
    }
}
```

上述代码的执行结果如图 12.9 所示。

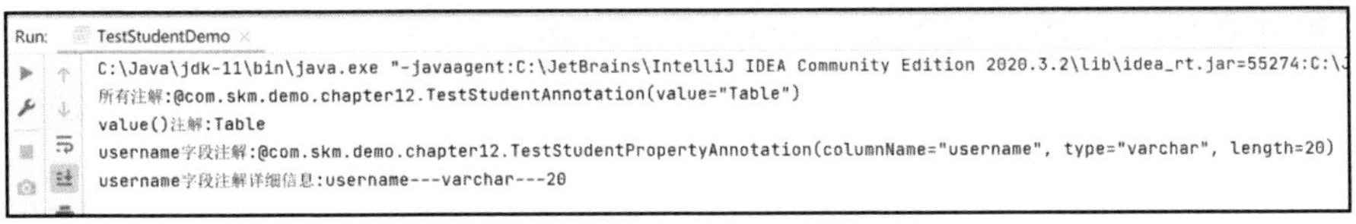

图 12.9　执行结果

12.2.3　通过反射创建对象

new 关键字可以通过调用无参和有参构造方法来创建对象,反射也可以通过调用无参和有参构造方法创建对象。

在 IDEA 开发工具的 StudyJava 项目中执行如下代码,通过反射调用无参构造方法创建对象。

【示例 12.2】声明一个 TestCat 类,然后声明 ReflectTestCat 类通过反射调用无参构造方法创建对象并后赋值、输出。

声明 TestCat 类:

```
package com.skm.demo.chapter12;
public class TestCat {
    private String name;                         //定义属性 name,表示名字
    private String color;                        //定义属性 color,表示颜色

    public TestCat() {                           //空参构造方法
    }
    public TestCat(String name, String color) {//带参数的构造方法
        this.name = name;
        this.color = color;
    }
    public void setName(String name) {           //设置 name 属性
        this.name = name;
```

```
    }
    public void setColor(String color) {              //设置 color 属性
        this.color = color;
    }
    @Override
    public String toString() {                        //重写 toString()方法
        return "TestCat{name='" + name + ", color='" + color + '}';
    }
    public String selfIntroduction(String name, String color) {
        return "大家好，我叫" + name + "我的毛发是" + color + "的";
    }
}
```

声明 ReflectTestCat 类：

```
package com.skm.demo.chapter12;

public class ReflectTestCat {
    public static void main(String[] args) throws ClassNotFoundException,
IllegalAccessException, InstantiationException {
        //返回与给定的字符串名称相关联类的 Class 对象
        Class clazz = Class.forName("com.skm.demo.chapter12.TestCat");
        TestCat cat = (TestCat) clazz.newInstance(); //实例化 TestCat 对象
        cat.setName("三酷猫");                          //通过 set 方法赋值
        cat.setColor("灰色");
        System.out.println(cat);                      //输出对象
    }
}
```

上述代码的执行结果如图 12.10 所示。

【示例 12.3】利用示例 12.1 中的 TestCat 类，然后声明 ReflectTestCat2 类通过反射调用带参构造方法创建对象并后赋值输出。

图 12.10 执行结果

```
package com.skm.demo.chapter12;
import java.lang.reflect.Constructor;
import java.lang.reflect.InvocationTargetException;

public class ReflectTestCat2 {
    public static void main(String[] args) throws Exception {
        //返回给定的字符串名称相关联的类的 Class 对象
        Class clazz = Class.forName("com.skm.demo.chapter12.TestCat");
        //通过反射获取所有构造方法
        Constructor constructors[] = clazz.getConstructors();
        //向带参构造方法传递参数并实例化 TestCat 对象
 // TestCat 类中两个构造方法,从下标 0 开始, 所以带参构造方法下标为 1
        TestCat cat = (TestCat) constructors[1].
newInstance("三酷猫","灰色");
        System.out.println(cat); //输出对象
    }
}
```

上述代码的执行结果如图 12.11 所示。

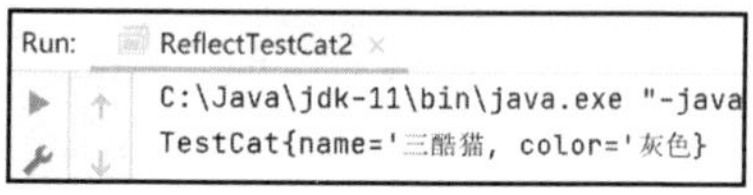

Run: ReflectTestCat2 ×
C:\Java\jdk-11\bin\java.exe "-java
TestCat{name='三酷猫, color='灰色'}

图 12.11 执行结果

12.2.4　通过反射调用方法

调用 Class.forName()方法获得某个类的 Class 对象后，可以通过 getMethod()方法获得指定的方法，getMethod()方法会返回一个 Method 类型的对象，可以通过该对象的 invoke()方法调用指定的方法。invoke()方法的定义格式如下：

```
public Object invoke(Object obj,Object... args)  throws IllegalAccess
Exception,IllegalArgumentException, InvocationTargetException
```

参数 obj 是从底层方法中被调用的对象，args 是用于方法调用传递的参数。

在 IDEA 开发工具的 StudyJava 项目中执行如下代码，通过反射调用对象的方法。

【示例 12.4】利用示例 12.1 中的 TestCat 类获取 TestCat 类的 Class 对象，然后声明 ReflectTestCat3 类通过反射创建对象后调用 invoke()方法并赋值输出。

```
package com.skm.demo.chapter12;
import java.lang.reflect.Constructor;
import java.lang.reflect.Method;

public class ReflectTestCat3 {
    public static void main(String[] args) throws Exception {
        //返回与给定的字符串名称相关联类的 Class 对象
        Class clazz = Class.forName("com.skm.demo.chapter12.TestCat");
            //获取 TestCat 类中名为 selfIntroduction 的方法,该方法有两个 String
                类型的参数
        Method method = clazz.getMethod("selfIntroduction", String.class,
String.class);
                //调用 selfIntroduction()方法并传递参数
        String cat = (String) method.invoke(clazz.newInstance(), "三酷猫",
"灰色");
        System.out.println(cat); //输出对象
    }
}
```

图 12.12　执行结果

上述代码的执行结果如图 12.12 所示。

12.2.5　通过反射调用属性

通过调用 Class.forName()方法获得某个类的 Class 对象后，可以通过 Field()类中的 set()和 get()方法对属性进行赋值和取值。如果访问的类属性是 private 修饰的私有属性，那么在访问前需要调用 setAccessible()方法去掉对访问权限的限制。

在 IDEA 开发工具的 StudyJava 项目中执行如下代码，通过反射调用对象的方法。

【示例 12.5】利用示例 12.1 中的 TestCat 类获得 TestCat 类的 Class 对象，然后声明 ReflectTestCat4 类通过反射创建对象对指定的属性赋值后将其输出。

```
package com.skm.demo.chapter12;
import java.lang.reflect.Field;
```

```
import java.lang.reflect.Method;

public class ReflectTestCat4 {
    public static void main(String[] args) throws Exception {
        //返回与给定的字符串名称相关联类的 Class 对象
        Class clazz = Class.forName("com.skm.demo.chapter12.TestCat");
        //通过反射创建一个 TestCat 类型的对象 cat
        Object cat = clazz.newInstance();
        //获取 TestCat 类中指定的 name 属性
        Field nameField = clazz.getDeclaredField("name");
        nameField.setAccessible(true);    //取消反射访问该属性时的权限检查
        nameField.set(cat,"三酷猫");        //调用 set()方法对指定的 name 属性赋值
        //获取 TestCat 类中指定的 color 属性
        Field colorField = clazz.getDeclaredField("color");
        colorField.setAccessible(true); //取消反射访问该属性时的权限检查
        colorField.set(cat,"灰色");       //调用 set()方法对指定的 color 属性赋值
        //输出对象
        System.out.println(cat);
    }
}
```

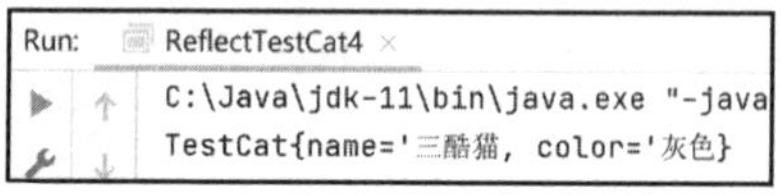

上述代码的执行结果如图 12.13 所示。

Run: ReflectTestCat4 ×
C:\Java\jdk-11\bin\java.exe "-java
TestCat{name='三酷猫, color='灰色}

图 12.13　执行结果

12.3　案例——三酷猫的注解反射对比小程序

学完了注解的相关内容后，三酷猫想用注解与反射的特性与之前编写的代码进行对比，看看哪种方式更简单。在 IDEA 开发工具的 StudyJava 项目中的 com.skm.demo.chapter12 包中执行如下代码，用于对两种方式进行对比，并打印输出结果。

不用注解方式的代码如下：

```
package com.skm.demo.chapter12.o;
/**
 * 猫类
 */
public class Chapter12CatParent {

    private String name = "猫咪";                //姓名
    private String type = "猫科动物";             //种类
    private String[] hobby ;                     //爱好

    public String getName() {
        return name;
    }
    public void setName(String name) {
        this.name = name;
    }
    public String getType() {
```

```
        return type;
    }
    public void setType(String type) {
        this.type = type;
    }
    public String[] getHobby() {
        return hobby;
    }
    public void setHobby(String[] hobby) {
        this.hobby = hobby;
    }
}

package com.skm.demo.chapter12.o;
import java.util.Arrays;
import java.util.stream.Collectors;
/**
 * 三酷猫
 */
public class Chapter12SkmCatOld extends Chapter12CatParent{
    private String name ;
    private String[] hobby ;
    @Override
    public String getName() {
        return name;
    }
    @Override
    public void setName(String name) {
        this.name = name;
    }
    @Override
    public String[] getHobby() {
        return hobby;
    }
    @Override
    public void setHobby(String[] hobby) {
        this.hobby = hobby;
    }
    public static void main(String[] args) {
        Chapter12SkmCatOld skm = new Chapter12SkmCatOld();
        skm.setName("三酷猫");
        skm.setHobby(new String[]{"钓鱼","听歌"});
        System.out.println("我的名字叫："+skm.getName()+", 我属于:"+skm.
getType()+",我的爱好是:"+ Arrays.stream(skm.getHobby()).collect(Collectors.
joining(", ")));
    }
}
```

输出结果如下：

我的名字叫：三酷猫，我属于：猫科动物，我的爱好是：钓鱼，听歌

使用注解之后的代码如下：

```
package com.skm.demo.chapter12.n;
import java.lang.annotation.*;
/**
 * 三酷猫注解
 */
@Target({ ElementType.FIELD, ElementType.TYPE })
@Inherited
@Documented
@Retention(RetentionPolicy.RUNTIME)
public @interface Chapter12CatAnnotation {
    String name() default "猫咪" ;              //姓名
    String type() default "猫科动物";            //种类
    String[] hobby() default {};                // 爱好
}
package com.skm.demo.chapter12.n;
import java.util.Arrays;
import java.util.stream.Collectors;
/**
 * 三酷猫
 */
@Chapter12CatAnnotation(name="三酷猫",hobby = {"钓鱼","听歌"})
public class Chapter12SkmCatNew {
    public static void main(String[] args) {
        Class<Chapter12SkmCatNew> clazz = Chapter12SkmCatNew.class;
        Chapter12CatAnnotation annotation = clazz.getAnnotation(Chapter12
CatAnnotation.class);
        System.out.println("我的名字叫: "+annotation.name()+", 我属于:
"+annotation.type()+", 我的爱好是: "+ Arrays.stream(annotation.hobby()).
collect(Collectors.joining(", ")));
    }
}
```

打印结果如下：

我的名字叫：三酷猫，我属于:猫科动物，我的爱好是：钓鱼，听歌

　　三酷猫惊喜地发现，使用注解和反射之后，不仅代码量少了很多，而且结构更清晰了，维护起来也更方便了。

12.4　练习和实验

一、练习

1. 填空题

1）Java 注解分为（　　）、（　　）和（　　）。

2）Java 5.0 定义了 4 种元注解，分别是（　　）、@Retention、（　　）和@Inherited。

3）调用 Class.forName()方法获得某个类的 Class 对象后，可以通过它的（　　　）方法获得指定的方法，再通过（　　　）调用指定的方法。

4）Java 反射的源头是（　　　）类。

5）创建注解类的关键字是（　　　）。

2．判断题

1）Java 中的注解可以修饰类、方法、变量、参数和包。　　　　　　　　　　（　　　）

2）Java 常用的内置注解主要有@Override、@Deprecated 和@Target 共 3 个。　（　　　）

3）自定义注解的参数权限可以是 private。　　　　　　　　　　　　　　　（　　　）

4）利用反射可以获取类的注解。　　　　　　　　　　　　　　　　　　　（　　　）

5）通过调用 Class.forName()方法获得某个类的 Class 对象后，无法调用对象的 private()方法。　　　　　　　　　　　　　　　　　　　　　　　　　　　　　　　（　　　）

二、实验

参照 12.3 节的案例，完成如下要求：

1）编写一个猫咪的注解类。

2）创建三酷猫和加菲猫的类。

3）通过注解获取创建的类是三酷猫还是加菲猫。

第2篇
进阶提高

相对基础篇而言，本篇内容在技术难度和专业应用方面都有所提高，接近于编写实际软件的要求。本篇内容如下：

▶▶ 第13章　JVM 与多线程

▶▶ 第14章　锁机制

▶▶ 第15章　数据库操作

▶▶ 第16章　Web 开发技术

▶▶ 第17章　后端开发技术

第 13 章　JVM 与多线程

　　三酷猫发现学习到现在，他对支撑 Java 代码运行的 JVM 还一无所知，如果想要同时执行多个任务，也没有一个可执行的方案。本章主要讲解 JVM 与多线程的相关知识。

　　本章的主要内容如下：

- JVM；
- 多线程。

📄说明：第 13 章的所有示例代码都统一存放在 StudyJava 项目的 com.skm.demo.chapter13 包里。

13.1　JVM 基础知识

　　JVM（Java Virtual Machine，Java 虚拟机）本质上是应用程序，它可以执行保存在字节码文件中的指令。JVM 是 Java 语言可移植特性的基础。任何操作系统安装上 JVM 后，字节码文件（.class）就可以在该系统上被执行。Java 使用 JVM 屏蔽掉操作系统的底层信息，使 Java 编译程序编译成字节码文件，就可以在不同的操作系统上直接执行。

13.1.1　Java 的内存结构

　　JVM 在执行程序的过程中会把它管理的内存划分为若干个不同的数据区域。JVM 运行时的数据区主要包括堆、栈、方法区和程序计数器等。JVM 的优化问题主要在线程共享的数据区中，即堆和方法区。

13.1.2　垃圾回收机制

　　Java 语言不需要程序员控制内存回收，Java 的内存分配和回收都是由 JVM 在后台自动进行的。JVM 负责回收不再使用的内存，这种机制称为垃圾回收机制（Garbage Collection，GC）。JVM 提供一个后台线程对内存进行检测和控制，它一般在 CPU 空闲或者内存不足时自动进行垃圾回收。

13.1.3　垃圾收集器

垃圾收集器在 Java 程序中自动执行，不能强制执行。即便程序员判断有一块内存无用而应该回收，也不能强制执行垃圾收集器回收该内存块。程序员只能通过执行 System.gc()方法建议执行垃圾收集器，但其具体何时执行是由 JVM 控制的。这是垃圾收集器的主要缺点之一。

13.1.4　常用的 JVM 参数及监控工具

下面介绍常用的 JVM 参数及监控工具。

1. JVM的常用参数

- -Xms：用于设置堆最小空间的大小，默认为物理内存的 1/64。
- -Xmx：用于设置堆最大空间的大小，默认为物理内存的 1/4。
- -XX：NewSize 设置新生代最小内存空间。
- -XX：MaxNewSize 设置新生代最大内存空间。
- -XX：PermSize 设置永久代最小内存空间，默认为物理内存的 1/64。
- -XX：MaxPermSize 设置永久代最大内存空间，默认为物理内存的 1/4。
- -Xss：用于设置每个线程的堆栈大小，JDK 1.5 及之后默认为 1MB，之前默认为 256KB。

2. JVM常用的监控工具

（1）jps

执行 jps 命令可以获取当前 JVM 正在运行的 Java 进程名和对应的进程号，如图 13.1 所示，第 1 个数字表示 JVM 的进程号，第 2、3 个数字表示运行的 Java 的进程号（其右为进程名）。

（2）JConsole

JConsole 是一款可视化的 JVM 监控软件。在运行窗口中输入 jconsole，即可启动该软件，其启动界面如图 13.2 所示。在其中选择想要监测的进程，这里选择第一个，单击"连接"按钮。

打开"内存"选项卡，可以监视内存的使用情况，如图 13.3 所示。

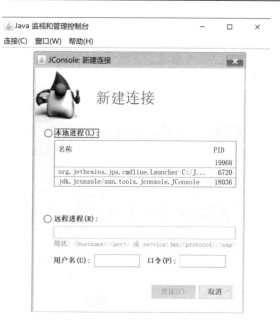

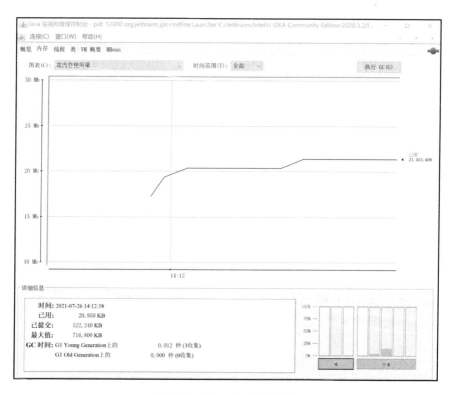

图 13.1　jps 命令的执行结果　　　　　　图 13.2　JConsole 启动界面

图 13.3　JConsole 内存监视

在"线程"选项卡中可以对死锁等运行情况进行分析和检测。例如，在 IDEA 中运行示例 13.1，然后启动 JConsole，之后选择 TestDieLock 这个进程进行连接，如图 13.4 所示。

打开"线程"选项卡，单击"检测死锁"按钮，可以查看发生死锁的情况，如图 13.5 和图 13.6 所示。

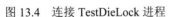

图 13.4　连接 TestDieLock 进程

图 13.5　检测死锁

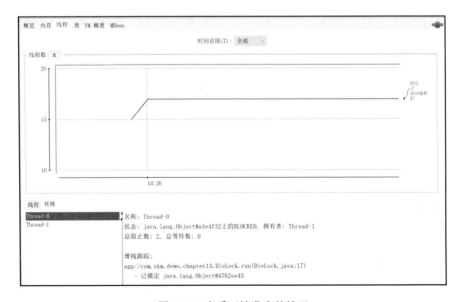

图 13.6　查看死锁发生的情况

13.2　多　线　程

多线程是指利用软件或硬件实现多个线程同时执行的技术,目的为提升系统的整体处理性能。具有这种能力的系统叫作多线程系统。在一个项目中这些可以独立运行的程序片段叫作线程。

13.2.1　问题描述

三酷猫出门去火车站买票,发现车站同时开着 5 个售票窗口,每个窗口都有人排队。善于思考问题的三酷猫在排队的同时开始思考:假设有 1000 张票,这 5 个窗口同时进行售票,如何保证每个窗口销售的都是不同座位的车票呢?当只剩下最后一张票时,如何保证只有一个窗口售出,而其他窗口显示无票呢?要想解决三酷猫思考的这些问题,就需要使用多线程技术来实现。

13.2.2　多线程的原理和线程状态

因为 CPU 在同一时间内只能处理一个线程,所以只有一个线程在工作。多线程同时执行,其本质是 CPU 快速地在多个线程之间切换执行。因为 CPU 调度线程的速度足够快,所以给操作者造成多线程同时执行的假象。

线程从创建、运行到结束的整个过程有 5 种状态:新建、就绪、运行、阻塞及死亡。

1)新建:创建一个线程,此时程序还没有开始运行线程中的代码。

2)就绪:要执行新建的线程,必须调用 start()方法启动线程,创建线程运行的系统资源,调度线程运行的 run()方法,当返回 start()方法后,线程就处于就绪状态。

就绪状态的线程并不一定会立即运行 run()方法,该线程需要与其他线程竞争 CPU 时间,获得 CPU 时间后方可运行线程。

3)运行:线程获得 CPU 时间后进入运行状态,真正开始执行 run()方法。

4)阻塞:线程在运行过程中可能由于各种原因导致出现阻塞。

- 线程调用 sleep()方法进入睡眠状态。
- 线程调用一个在 I/O 上被阻塞的操作,该操作在输入/输出操作完成之前不会返回给它的调用者。
- 线程试图得到一个锁,该锁正被其他线程占有。
- 线程等待某个触发条件。

所谓的阻塞状态是指正在运行的线程没有结束,只是暂时让出 CPU,其他处于就绪状态的线程就可以抢占 CPU 时间而进入运行状态。

5）死亡（dead）：一般有两个原因导致线程死亡。

- 执行 run()方法正常退出，即自然死亡。
- 因未捕获的异常导致 run()方法终止而使线程死亡。

可以通过 isAlive()方法确定线程当前是否存活状态。如果可运行或被阻塞，则返回 true；如果线程是新建状态且不可运行或者线程已经死亡，则返回 false。

13.2.3　创建线程

创建线程有 3 种常用的方法。

1）继承 java.lang 包下的 Thread 类。

```
public class MyThread extends Thread{}
```

在 main()方法中按如下方式调用并启动线程。

```
package com.skm.demo.chapter13;
public class TestMyThread {
    public static void main(String[] args) {
        MyThread myThread = new MyThread();
        myThread.start();
    }
}
```

2）实现 java.lang 包下的 Runnable 接口，需要实现接口中的 run()抽象方法。

```
package com.skm.demo.chapter13;
public class MyRunnable implements Runnable{
    @Override
    public void run() {}
}
```

在 main()方法中按如下方式调用并启动线程。

```
package com.skm.demo.chapter13;
public class TestMyRunnable {
    public static void main(String[] args) {
        MyRunnable myRunnable = new MyRunnable();
        myRunnable.run();
    }
}
```

3）直接使用匿名类创建线程。

```
package com.skm.demo.chapter13;
public class TestThread {
    public static void main(String[] args) {
        Thread thread = new Thread() {
            @Override
            public void run() {
                super.run();
            }
```

```
        };
    }
}
```

🔔注意：调用 Thread 类的 start()方法启动一个线程后，此线程处于就绪（可运行）状态，并没有运行，当线程得到 CPU 时间片后就会立刻执行 run()方法。

调用 start()方法方可启动线程，而 run()方法只是 thread 类中的一个普通的调用方法，而且还是在主线程里执行。

13.2.4　线程的常用方法

线程常用的方法包括 sleep()、join()、setPriority()、yield()和 setDaemon()共 5 种。

sleep()方法：该方法是静态方法，它可由 Thread 类直接调用。该方法的作用是让线程暂停一段时间，参数的时间单位是 ms。

```
try {
    Thread.sleep(100);                          //让线程暂停 1s
} catch (InterruptedException e) {
    e.printStackTrace();
}
```

join()方法：该方法的作用是把指定的线程加入主线程（main 线程）中。例如，下面把 13.2.3 小节中匿名类创建的线程 Thread 加入主线程。

```
try {
    thread.join();                              //把 thread 线程加入主线程
} catch (InterruptedException e) {
    e.printStackTrace();
}
```

setPriority()方法：对线程设置优先级。Java 中的优先级从低到高为 1～10，默认值为 5。Java 中设置了 3 个优先级常量，分别是 MAX_PRIORITY（对应 10）、MIN_PRIORITY（对应 1）和 NORM_PRIORITY（对应 5）。例如，把 13.2.3 小节中匿名类创建的线程 thread 设置为最高优先级可以使用以下两种方法。

```
thread.setPriority(Thread.MAX_PRIORITY);    //将系统定义常量设置为最高的优先级
thread.setPriority(10);                      //将整型数值设置为最高的优先级
```

yield()方法：静态方法，可由 Thread 类直接调用。该方法使得正在运行的线程进入就绪状态，以与其他处于就绪状态的线程相同，共同等待 CPU 让出时间。该线程之后可能会继续被执行，也有可能不被执行。

```
Thread.yield();
```

setDaemon()方法：将用户线程设置为守护线程，详见 13.2.5 小节。例如，下面把 13.2.3 小节匿名类创建的线程 thread 设置为守护线程。

```
thread.setDaemon(true);                     //将 thread 线程设置为守护线程
```

13.2.5　守护线程

Java 的线程分为守护线程和用户线程两大类。一般使用 Thread 类创建的线程在默认情况下都属于用户线程。在启动线程之前执行 setDaemon(true)，该线程会变成守护线程。守护线程是服务线程，准确地说它是为其他线程服务的。常见的守护线程是 GC 垃圾回收器。

本质上，用户线程和守护线程没有多大区别，唯一的区别是会影响虚拟机的退出（程序终止）。当在 JVM 中只有守护线程时，则虚拟机退出，程序终止；只要在 JVM 中还有一个用户线程存在，JVM 就不会退出。

判断在 13.2.3 小节中匿名类创建的线程 thread 是否守护线程：

```
thread.isDaemon();  // 判断当前线程是否守护线程，如果返回 true 则是守护线程
```

13.2.6　线程的安全

多线程可以带来更高的性能。但是线程并不是越多越好，线程过多容易带来意想不到的问题，如线程之间的调度和切换会浪费 CPU 时间，还会产生线程的安全问题。线程的安全是指在多线程运行环境下程序始终执行正确，符合预期的逻辑。

死锁是在多线程环境中最常见的一种线程不安全现象。死锁的情形是这样的：多个线程同时被阻塞，它们中的一个或者全部都在等待某个资源被释放。由于线程被无限期地阻塞，因此程序不可能正常被终止。Java 死锁产生的 4 个必要条件如下：

* 互斥使用，即当资源被一个线程使用（占有）时，其他线程不能使用。
* 不可抢占，即资源请求者不能强制从资源占有者手中夺取资源，资源只能由资源占有者主动释放。
* 请求和保持，即资源请求者在请求其他资源的同时保持对原有资源的占有。
* 循环等待，即存在一个等待队列，P1 占有 P2 的资源，P2 占有 P3 的资源，P3 占有 P1 的资源，这样就形成了一个等待环路。

当上述 4 个条件都成立的时候便形成死锁。当然，在发生死锁的情况下，打破上述任何一个条件，就可以让死锁消失。

假如中国人和外国人一起吃饭，在中国人使用筷子而外国人使用叉子的情况下才能顺利吃完饭。那么在这种场景下如何产生死锁现象呢？那就是外国人拿着筷子而中国人拿着叉子，两个人谁都不把手中的餐具与对方交换，这种情况一直僵持下去的话，那么谁都吃不了饭。

死锁现象出现后，不会出现异常，也不会出现提示，只是所有的线程都会出现阻塞状态，无法继续。

在 IDEA 开发工具的 StudyJava 项目中执行如下代码，模拟死锁发生的情况。

【示例 13.1】根据死锁产生的条件，模拟死锁发生的情况并将其输出。

1）创建一个 LockUtils 接口。

```
package com.skm.demo.chapter13;

public interface LockUtils {
    Object china = new Object();            //创建一个 china 对象
    Object foreign = new Object();          //创建一个 foreign 对象
}
```

2）模拟死锁产生的类。

```
package com.skm.demo.chapter13;

class DieLock extends Thread {
    private boolean flag;

    public DieLock(boolean flag) {
        this.flag = flag;
    }

    @Override
    public void run() {
        if (flag) {
            //同步代码块嵌套
            synchronized (LockUtils.china) {
                System.out.println("dieLock1 线程持 china 锁");
                synchronized (LockUtils.foreign) {
                    System.out.println("dieLock1 线程持 foreign 锁");
                }
            }
        } else {
            synchronized (LockUtils.foreign) {
                System.out.println("dieLock2 线程持 foreign 锁");
                synchronized (LockUtils.china) {
                    System.out.println("dieLock2 线程持 china 锁");
                }
            }
        }
    }
}
```

3）创建一个测试类。

```
package com.skm.demo.chapter13;

public class TestDieLock implements LockUtils {
    public static void main(String[] args) {
        DieLock dieLock1 = new DieLock(true);
        DieLock dieLock2 = new DieLock(false);
        dieLock1.start();
        dieLock2.start();
    }
}
```

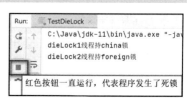

上述代码的执行结果如图 13.7 所示。

图 13.7　执行结果

13.2.7　线程池

线程池的设计与数据库的缓冲区设计思想非常相似。将线程进行池化处理，一般是先初始化几个线程，当需要使用线程时可以直接从线程池中提取。线程池的主要作用是减少创建和销毁线程的次数，使每个线程都可以被重复使用，从而提高效率。

Java 线程池的最顶层接口是 Executor。常用的线程池接口是 ExecutorService，该接口提供了一些静态方法用于简化线程池的配置，并且可以生成一些常用的线程池。

newSingleThreadExecutor()：创建单线程的线程池。该线程池中只有一个线程在工作，相当于单线程串行执行所有任务。如果这个线程因为异常结束，会有一个新的线程来替代它。线程池可以保证所有任务按照提交顺序依次执行。

newFixedThreadPool()：创建固定大小的线程池，其参数为线程池的大小。使用该方法时每提交一个任务就创建一个线程，直到线程个数达到线程池的上限。当线程池达到最大值后就会保持不变，如果某线程因为异常结束，则线程池会补充一个新线程。

newCachedThreadPool()：创建可缓存的线程池。如果线程池大小超过了任务所需要的线程，则会回收部分空闲（60s 不执行任务）的线程。当任务数增加时，该线程池可以自动添加新线程来处理任务。该线程池不对线程池的大小进行限制，线程池的大小依赖于JVM 能够创建的最大线程大小。

newScheduledThreadPool()：创建一个大小无限制的线程池。此线程池支持定时或者周期性执行任务的需求。

在 IDEA 开发工具的 StudyJava 项目中执行如下代码，模拟使用 ExecutorService 类的4 个静态方法创建线程池。

【示例 13.2】利用 ExecutorService 的 4 个静态方法创建不同类型的线程池，并模拟输出。

1）声明一个线程类。

```
package com.skm.demo.chapter13;
public class ThreadPool extends Thread{
    @Override
    public void run() {
        System.out.println(Thread.currentThread().getName() + "正在执行...");
    }
}
```

2）对 newSingleThreadExecutor()、newFixedThreadPool()和 newCachedThreadPool()进行模拟。

```
package com.skm.demo.chapter13;
import java.util.concurrent.ExecutorService;
import java.util.concurrent.Executors;

public class TestThreadPool {
```

```
public static void main(String[] args) {
    //创建单线程的线程池
    ExecutorService pool = Executors.newSingleThreadExecutor();
    //创建固定大小为 2 的线程池
    //ExecutorService pool = Executors.newFixedThreadPool(2);
    //创建可缓存的线程池
    //ExecutorService pool = Executors.newCachedThreadPool();
    ThreadPool thread1 = new ThreadPool();          //创建 5 个线程对象
    ThreadPool thread2 = new ThreadPool();
    ThreadPool thread3 = new ThreadPool();
    ThreadPool thread4 = new ThreadPool();
    ThreadPool thread5 = new ThreadPool();
    pool.execute(thread1);                          //将线程放入池中进行执行
    pool.execute(thread2);
    pool.execute(thread3);
    pool.execute(thread4);
    pool.execute(thread5);
    pool.shutdown();                                //关闭线程池
}
}
```

上述代码的执行结果如图 13.8 所示。可以看到，只有一个线程在执行。

将代码 ExecutorService pool = Executors.newSingleThreadExecutor();注释掉，并恢复 //ExecutorService pool = Executors.newFixedThreadPool(2);这行被注释的代码，执行结果如 图 13.9 所示。可以看到，有两个线程在运行。

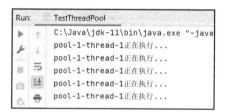

图 13.8 执行结果

图 13.9 执行结果

将代码 ExecutorService pool = Executors.new SingleThreadExecutor();注释掉，恢复//ExecutorService pool = Executors.newCachedThreadPool();这行被注释的代码，执行结果如图 13.10 所示。可以看到，它创建了 5 个线程，此时这 5 个线程都在运行。

下面使用newScheduledThreadPool()创建一个大小无限制的线程池。此线程池支持定时或者周期性执行任务的需求。

图 13.10 执行结果

```
package com.skm.demo.chapter13;
import java.util.concurrent.ScheduledThreadPoolExecutor;
import java.util.concurrent.TimeUnit;
```

```
public class TestScheduledThreadPool {
    public static void main(String[] args) {
        ScheduledThreadPoolExecutor stpe = new ScheduledThreadPoolExecutor(1);
        stpe.scheduleAtFixedRate(new Runnable() {    //每隔一段时间就输出横线
            @Override
            public void run() {
                System.out.println("----------------");
            }
        }, 1000, 5000, TimeUnit.MILLISECONDS);
        //每隔一段时间输出系统时间, 两者互不影响
        stpe.scheduleAtFixedRate(new Runnable() {
            @Override
            public void run() {
                System.out.println(System.
nanoTime());
            }
        }, 1000, 2000, TimeUnit.MILLISECONDS);
    }
}
```

执行结果如图 13.11 所示。可以看到，横线和时间是交替输出的。

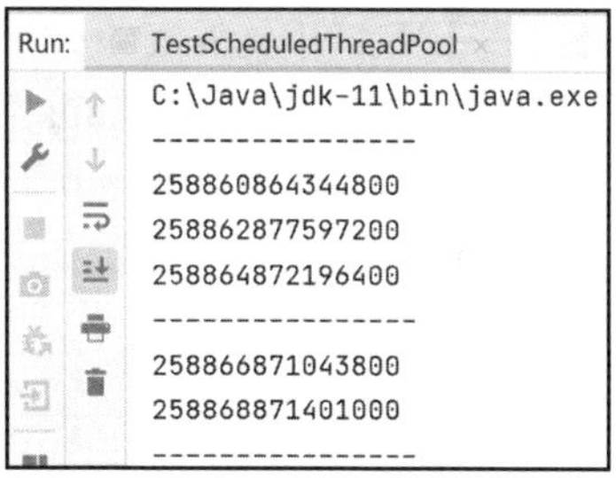

图 13.11　执行结果

13.2.8　异步线程

前面讲解了创建线程的 3 种常见方式。这 3 种方式都有一个共同的缺点：任务执行完毕后无法获取返回的结果。如果想要获取返回的结果，就需要实现 Callable 和 Future 接口。Callable 接口声明如下：

```
public interface Callable<V> {
    V   call()   throws Exception;
}
```

Callable 接口声明了一个 call()方法，该方法有返回值 V 并抛出一个异常。

Future 接口声明如下：

```
public interface Future<V> {
    boolean cancel(boolean mayInterruptIfRunning);
    boolean isCancelled();
    boolean isDone();
    V get() throws InterruptedException, ExecutionException;
    V get(long timeout, TimeUnit unit) throws InterruptedException,
ExecutionException, TimeoutException;
}
```

Future 接口声明了以下 5 个方法：

• cancel()：取消任务，如果取消任务成功则返回 true，如果取消任务失败则返回 false。

• isCancelled()：查看任务是否取消成功，如果在任务正常完成前取消成功，则返回 true。

• isDone()：查看任务是否完成，如果任务完成则返回 true。

- get()：获取执行结果，这个方法会产生阻塞，一直等到任务执行完毕才返回。
- get(long timeout, TimeUnit unit)：获取执行结果，如果在指定的时间内没有获取结果则返回 null。

三酷猫现在需要计算一个较大的求和运算，该计算比较耗时，三酷猫觉得这么长的计算时间不能白白浪费，可以利用这段时间做一些其他工作。我们可以利用 Callable 开一个线程去执行计算任务，主线程继续做其他事，计算完成后使用 Future 获取异步计算结果，这样就满足了三酷猫不想浪费时间的需求。

在 IDEA 开发工具的 StudyJava 项目中执行如下代码，模拟异步线程。

【示例 13.3】利用 Callable 和 Future 接口模拟异步线程并获取返回值。

1）声明 TestCallable 类，创建求和子线程。

```java
package com.skm.demo.chapter13;
import java.util.concurrent.Callable;

public class TestCallable implements Callable<Integer> {
    private int sum;
    @Override
    public Integer call() throws Exception {
        System.out.println("Callable 子线程开始求和...");
        Thread.sleep(1000);                    //线程休眠 1s
        for (int i = 0; i < 30000; i++) {
            sum = sum + i;
        }
        System.out.println("Callable 子线程求和结束！");
        return sum;
    }
}
```

2）声明 TestCallableFuture 类，创建主线程，获取子线程返回的结果。

```java
package com.skm.demo.chapter13;
import java.util.concurrent.ExecutorService;
import java.util.concurrent.Executors;
import java.util.concurrent.Future;

public class TestCallableFuture {
    public static void main(String[] args) {
        //创建线程池
        ExecutorService executor = Executors.newSingleThreadExecutor();
        TestCallable testCallable = new TestCallable();    //testCallable
        //提交任务并获取执行结果
        Future<Integer> future = executor.submit(testCallable);
        executor.shutdown();                    //关闭线程池
        try {
            Thread.sleep(1000);
            System.out.println("三酷猫正在做其他工作");
            if (future.get() != null) {
                //输出获取的结果
                System.out.println("future.get()-->" + future.get());
            } else {
```

```
        //输出获取的结果
        System.out.println("future.get()未获取结果");
    }
    } catch (Exception e) {
        e.printStackTrace();
    }
    System.out.println("三酷猫工作完成");
    }
}
```

执行结果如图 13.12 所示。可以看到，在三酷猫忙着工作的同时，子线程完成了求和任务。

```
Run:    TestCallableFuture  ×
▶  ↑   C:\Java\jdk-11\bin\java.exe
🔧  ↓   Callable子线程开始和...
⬛  ⇥   三酷猫正在做其他工作
       Callable子线程求和结束!
📷  ⬇   future.get()-->449985000
       三酷猫工作完成
```

图 13.12　执行结果

13.3　案例——三酷猫模拟多台机器生产鱼罐头

学习完多线程后，三酷猫想到了可以利用多线程原理并行生产鱼罐头。假设生产一瓶鱼罐头需要 2s，如果想生产 10 瓶鱼罐头，就需要 20s。利用多线程的原理，多台机器并行生产鱼罐头需要多少时间呢？于是，三酷猫就编写了一段程序，代码如下：

```java
package com.skm.demo.chapter13;

import lombok.SneakyThrows;

import java.util.Vector;
import java.util.concurrent.TimeUnit;

public class Chapter1301 {

    public static void main(String[] args) throws InterruptedException {
        long start = System.currentTimeMillis() ;
        Vector<Thread> vectors=new Vector<Thread>();
        for(int i=0;i<10;i++){
            Thread t =  new MyThread(i+"");
            t.start();
            vectors.add(t);
        }
        //主线程
        for(Thread thread : vectors){
            //使用join保证childrenThread的5个线程都执行完后才执行主线程
            thread.join();
        }
        long end = System.currentTimeMillis() ;
        System.out.println("共计执行了："+(end-start)*1.0/1000+"秒");
    }

}

 class MyThread extends Thread{

    private String taskNum ;
```

```
    MyThread(String taskNum){
        this.taskNum = taskNum ;
    }

    @SneakyThrows
    @Override
    public void run() {
        TimeUnit.MILLISECONDS.sleep(2000);
        System.out.println(taskNum +"号机器生产鱼罐头");
    }
}
```

打印结果如下：

```
3 号机器生产鱼罐头
9 号机器生产鱼罐头
1 号机器生产鱼罐头
6 号机器生产鱼罐头
4 号机器生产鱼罐头
8 号机器生产鱼罐头
5 号机器生产鱼罐头
2 号机器生产鱼罐头
0 号机器生产鱼罐头
7 号机器生产鱼罐头
共计执行了：2.083 秒
```

可以发现，在多线程下，执行时间大大降低了。

13.4　练习和实验

一、练习

1．填空题

1）JVM 运行时数据区主要包括（　　）、（　　）、（　　）和（　　）等。

2）常见的创建线程的方式有继承（　　）类或者实现（　　）接口。

3）Java 程序启动的时候最少有（　　）个线程，分别是（　　）。

4）Java 线程池的最顶层接口是（　　）。

5）要获取线程执行结果的返回值，需要实现（　　）或者（　　）接口。

2．判断题

1）线程的 5 种状态分别是新建、就绪、运行、回滚和死亡。　　　　　　　　（　　）

2）就绪状态的线程会立即运行 run()方法。　　　　　　　　　　　　　　　（　　）

3）如果线程的 run()方法正常退出，则线程即变成死亡状态。　　　　　　（　　　）

4）多线程的特点就是线程越多越好。　　　　　　　　　　　　　　　　（　　　）

5）Java 死锁产生的 4 个必要条件分别是互斥使用、不可抢占、请求和保持、循环
等待。　　　　　　　　　　　　　　　　　　　　　　　　　　　　　　（　　　）

二、实验

使用线程池来模拟生产鱼罐头，要求如下：

1）10 台机器同时生产鱼罐头，每台机器用时 2s。

2）使用线程池类 ExecutorService。

3）使用 Callable 接口和 Future 接口。

4）打印生产时间。

第 14 章 锁 机 制

使用 Java 完成并发编程离不开锁机制，多线程任务有条理地执行离不开锁机制管理。Java 提供了种类丰富的锁，不同锁的特性各有不同，其应用于适合的场景能够高效提升程序的执行效率。本章主要讲解锁机制中部分锁的应用。

本章的主要内容如下：

- 可重入锁；
- 读写锁；
- CAS 简介；
- AQS 简介；
- 原子类。

📒 说明：第 14 章的所有示例代码统一存放在 StudyJava 项目的 com.skm.demo.chapter14 包里。

14.1 问 题 描 述

三酷猫今天来到一个较小的银行网点，这里只设置了一个自动存取款柜员机，为了保证大家存取款不受干扰，客户进入操作间后要锁上门。爱思考的三酷猫刚学完多线程，他觉得可以把该操作间视为一个共享资源，所有想存取款的客户是多个线程。假如操作间有人占用，那么其他人就必须等待，直到该客户完成存取款操作，打开操作间出来为止。这与多个线程贡献一个资源时的情况基本类似，客户需要按照先来后到的顺序存取款。

假如没有操作间的门，让所有客户竞争，谁先抢到谁就可以先存取款。这样的后果一定是所有客户一起向操作间涌入，这必然会发生争执，正常的存取款操作就会受到干扰，甚至可能会发生意想不到的后果。因此操作间的门起到了至关重要的作用。

三酷猫想，在 Java 多线程程序执行的过程中，当多个线程竞争同一个共享资源时，如何保证多个线程像存取款一样有序地进行呢？是不是也可以加个门并上道锁呢？实际上，在 Java 中，多线程同步机制正是靠锁机制的控制完成的。

锁是用来管理和控制多线程访问共享资源的一种机制。在一般情况下，锁能够防止多个线程同时访问共享资源。

Java 有很多种不同机制的锁，如可重入锁、读写锁、互斥锁、悲观锁、乐观锁、公平锁、锁消除、独享锁和共享锁等。

14.2　可　重　入　锁

可重入锁也叫递归锁，指同一线程的外层函数获得锁之后，其内层递归函数仍然可以获取该锁的代码，但该锁不受影响。也就是说，一个线程获取锁之后，可以无限次地执行该锁锁住的程序。

在 Java 中，ReentrantLock 和 synchronized 都是可重入锁，可重入锁最大的作用是避免死锁。

在 IDEA 开发工具的 StudyJava 项目中执行如下代码，模拟可重入锁。

【示例 14.1】利用 synchronized 模拟可重入锁。

```java
package com.skm.demo.chapter14;
public class TestSynchronized implements Runnable {
    public synchronized void get() {
        System.out.println(Thread.currentThread().getId());//输出当前线程的 ID
        set();                                             //调用 set()
    }

    public synchronized void set() {
        System.out.println(Thread.currentThread().getId());//输出当前线程的 ID
    }
    @Override
    public void run() {
        get();
    }

    public static void main(String[] args) {
        TestSynchronized reentrantLock = new TestSynchronized();
        new Thread(reentrantLock).start();
        new Thread(reentrantLock).start();
        new Thread(reentrantLock).start();
    }
}
```

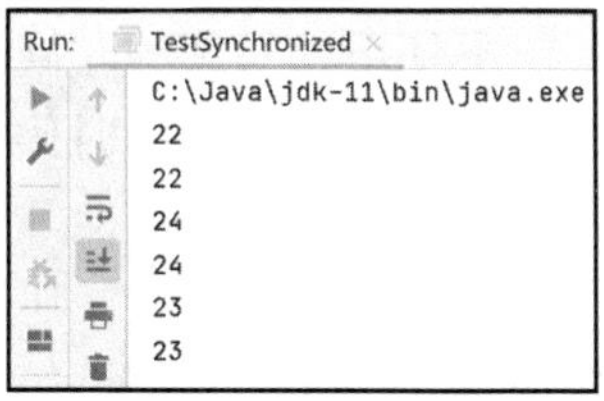

执行结果如图 14.1 所示。

在 IDEA 开发工具的 StudyJava 项目中执行如下代码，模拟可重入锁。

【示例 14.2】利用 ReentrantLock 模拟可重入锁。

图 14.1　执行结果

```java
package com.skm.demo.chapter14;
import java.util.concurrent.locks.ReentrantLock;

public class TestReentrantLock implements Runnable {
    ReentrantLock reentrantLock = new ReentrantLock();
```

```java
    public void get() {
        reentrantLock.lock();                                    //获取锁
        System.out.println(Thread.currentThread().getId());//输出当前线程的 ID
        set();                                                   //调用 set()
        reentrantLock.unlock();                                  //释放锁
    }
    public void set() {
        reentrantLock.lock();                                    //获取锁
        System.out.println(Thread.currentThread().getId());//输出当前线程的 ID
        reentrantLock.unlock();                                  //释放锁
    }
    @Override
    public void run() {
        get();
    }

    public static void main(String[] args) {
        TestReentrantLock testReentrantLock = new
TestReentrantLock();
        new Thread(testReentrantLock).start();
        new Thread(testReentrantLock).start();
        new Thread(testReentrantLock).start();
    }
}
```

执行结果如图 14.2 所示。

```
Run:    TestReentrantLock
        C:\Java\jdk-11\bin\java.exe
        24
        24
        22
        23
        23
```

图 14.2　执行结果

14.3　读　写　锁

前面介绍的 ReentrantLock 和 synchronized 都是排它锁。也就是说，这些锁在同一时刻只允许一个线程进行访问，读写锁则可以允许在同一时刻多个读线程进行访问，写线程访问时其他读线程和写线程都会被阻塞。读写锁维护一对读锁和写锁，通过将读锁和写锁分离，提升并发性能。

不使用读写锁的时候，一般情况下需要用 synchronized 搭配等待通知机制来完成并发控制（写操作开始的时候，晚于写操作的所有读进程操作都会进入等待状态），完成写操作且通知可以执行其他等待的线程后，这些线程才会被唤醒并执行。

如果使用读写锁，则只需要在读操作时获取读锁，在写操作时获取写锁即可。写锁被获取时，后续的其他操作（读写）都会被阻塞，在写锁释放后继续执行后续操作。ReentrantReadWriteLock 类是 ReadWriteLock 接口的实现类，该实现类具有以下特点：

- 具有与 ReentrantLock 相似的公平锁和非公平锁的实现。默认支持的是非公平锁，非公平锁的吞吐量优于公平锁。

- 支持重入，即读线程获取读锁之后可以再次获取读锁，写线程获取写锁之后能再次获取写锁，也可以获取读锁。

- 锁能降级，即支持写锁降级为读锁。

在 IDEA 开发工具的 StudyJava 项目中执行如下代码，模拟读写锁。

【**示例 14.3**】模拟读写锁。

```java
package com.skm.demo.chapter14;
import java.util.Random;
import java.util.concurrent.locks.ReadWriteLock;
import java.util.concurrent.locks.ReentrantReadWriteLock;

public class Data {                                            //源数据
    private static String string = "sankumao";
    ReadWriteLock readWriteLock = new ReentrantReadWriteLock();
    public String get() {
        readWriteLock.readLock().lock();                       //获取读锁
        //线程读取数据前
        System.out.println(Thread.currentThread().getName()+"--读数据前: ");
        try {
            try {
                Thread.sleep(new Random().nextInt(1000));   //线程休眠时间随机
            } catch (InterruptedException e) {
                e.printStackTrace();
            }
            return string;
        } finally {
            //线程读取完毕
            System.out.println(Thread.currentThread().getName()+"--读取完毕");
            readWriteLock.readLock().unlock();                 //释放锁
        }
    }
    public void set(String string) {
        readWriteLock.writeLock().lock();
        try {
            //线程写入数据前
            System.out.println(Thread.currentThread().getName()+"写数据前");
            try {
                Thread.sleep(new Random().nextInt(1000));   //线程休眠时间随机
            } catch (InterruptedException e) {
                e.printStackTrace();
            }
            this.string = string;                              //写入
            System.out.println(Thread.currentThread().getName() + "数据写入
完毕");                                                         //写入完毕
        } finally {
            readWriteLock.writeLock().unlock();
        }
    }
}

package com.skm.demo.chapter14;
public class TestWriteLock {                          //多线程对源数据进行读写
    public static void main(String[] args) {
        for (int i = 0; i < 3; i++) {                 //3 个读线程
```

```
            new Thread(new Runnable() {
                @Override
                public void run() {
                    System.out.println(Thread.currentThread().getName() + "
读到的数据为: " + new Data().get());                //输出读取的数据
                }
            }).start();
        }

                                        //3 个写线程
        for (int i = 0; i < 3; i++) {
            final int num = i;
            new Thread(new Runnable() {
                @Override
                public void run() {
                    new Data().set("Hello World"
+ num);                                //写入数据
                }
            }).start();
        }
    }
}
```

执行结果如图 14.3 所示。

图 14.3　执行结果

14.4　CAS 简介

CAS（Compare And Swap，比较和交换），它使用一个期望值与一个变量的当前值进行比较。如果当前变量的值与期望值相等，则用一个新值来替换当前的变量值。CAS 假设所有线程访问共享资源时不会出现冲突，线程不会出现阻塞状态。

CAS 的优点是在竞争小的时候系统开销小。

CAS 的缺点主要有以下两点：

- ABA 问题：如果一个值从 A 变成 B 又变回 A，使用 CAS 操作时不能发现该值发生过变化，可以使用携带类似时间戳的版本 AtomicStampedReference 来避免。
- 性能问题：大部分使用 while…true 的方式对数据进行修改，直到数据修改完成后为止。CAS 的优势是响应快，缺点是当线程数不断增加时，性能明显下降，因为所有线程的执行都需要占用 CPU 时间。

在 IDEA 开发工具的 StudyJava 项目中执行如下代码，模拟 CAS 容易发生的 ABA 问题。

【示例 14.4】模拟 CAS 的 ABA 问题。

```
package com.skm.demo.chapter14;
import java.util.concurrent.atomic.AtomicInteger;

public class TestCASABA {
    public static void main(String[] args) {
```

```
        AtomicInteger atomicInteger = new AtomicInteger(100);
                //A 将 200 更新为 201, 之后又改回 200
        System.out.println(atomicInteger.compareAndSet(100, 101));// true
        System.out.println(atomicInteger.get());
        System.out.println(atomicInteger.compareAndSet(101, 100));// true
        System.out.println(atomicInteger.get());
                //B 直接将 200 改成 202, 虽然修改成功, 但是在 B 修改前, A 已经对 200
                    进行了两次操作, 所以 B 修改的 200 已经不是原来的 200
        System.out.println(atomicInteger.compareAndSet(100, 102));// true
        System.out.println(atomicInteger.get());

    }
}
```

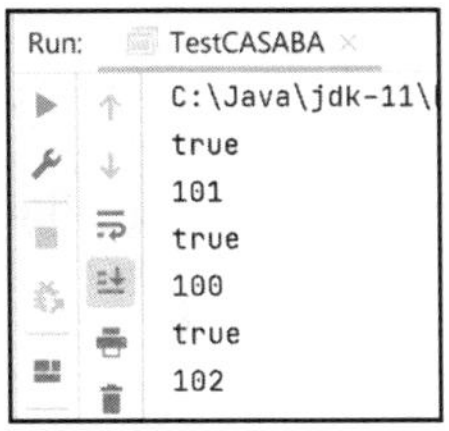

执行结果如图 14.4 所示。

在 IDEA 开发工具的 StudyJava 项目中执行如下代码, 模拟 CAS 如何规避 ABA 的问题。

【示例 14.5】模拟 CAS 规避 ABA 的问题。

图 14.4　执行结果

```
package com.skm.demo.chapter14;
import java.util.concurrent.TimeUnit;
import java.util.concurrent.atomic.AtomicStampedReference;

public class TestCAS {
    public static void main(String[] args) {
        AtomicStampedReference<Integer> atomicStampedReference = new
AtomicStampedReference(100, 1);
        new Thread(() -> {
            try {
                TimeUnit.SECONDS.sleep(1);
            } catch (InterruptedException e) {
                e.printStackTrace();
            }
            System.out.println(Thread.currentThread().getName() + "第 1 次版
本号:" + atomicStampedReference.getStamp() + ";当前值:" + atomicStamped
Reference.getReference());
            atomicStampedReference.compareAndSet(100, 101, atomicStamped
Reference.getStamp(), atomicStampedReference.getStamp() + 1);
            System.out.println(Thread.currentThread().getName() + "第 2 次版
本号:" + atomicStampedReference.getStamp() + ";当前值:" + atomicStamped
Reference.getReference());
            atomicStampedReference.compareAndSet(101, 100, atomicStamped
Reference.getStamp(), atomicStampedReference.getStamp() + 1);
            System.out.println(Thread.currentThread().getName() + "第 3 次版
本号:" + atomicStampedReference.getStamp() + ";当前值:" + atomicStamped
Reference.getReference());
        }, "thread1").start();
        new Thread(() -> {
            int stamp = atomicStampedReference.getStamp();
            System.out.println(Thread.currentThread().getName() + "第 1 次版
本号:" + stamp);
            try {
```

```
                TimeUnit.SECONDS.sleep(2);
            } catch (InterruptedException e) {
                e.printStackTrace();
            }
            boolean b = atomicStampedReference.compareAndSet(100, 102,
stamp, stamp + 1);
            System.out.println(Thread.currentThread().getName() + "是否更新
成功:" + b);
            System.out.println(Thread.
currentThread().getName() + "更新后的版本
号:" + atomicStampedReference.getStamp());
            System.out.println(Thread.
currentThread().getName() + "更新后的值:" +
atomicStampedReference.getReference());
        }, "thread2").start();
    }
}
```

执行结果如图 14.5 所示。可以看到, thread2 更新
数值失败。

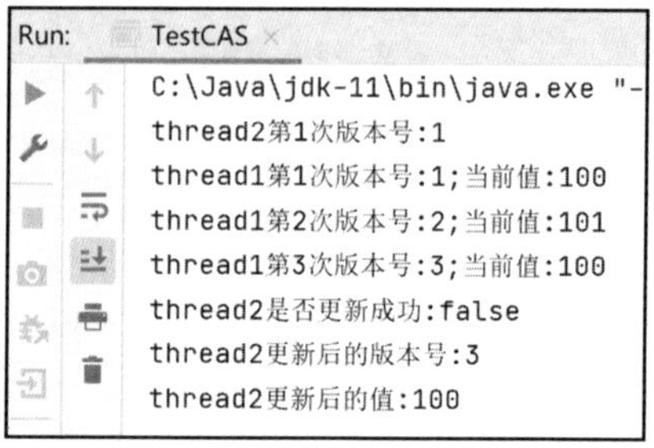

图 14.5　执行结果

14.5　AQS 简介

AQS（AbstractQueuedSynchronizer，队列同步器），它用来构建锁或者其他同步的基础，使用一个 int 成员变量来表示同步状态，通过内置的 FIFO 队列完成竞争资源的线程排队工作。

AQS 提供的方法主要有 3 类：独占式获取和释放同步状态，共享式获取和释放同步状态，以及查询同步队列中等待线程的情况。

synchronized 是可重入锁。如果编写可重入锁，则需要解决以下两个问题：

- 线程再次获取锁：锁需要识别获取锁的线程是否当前占据锁的线程，如果是，则再次获取。
- 锁的最终释放：线程重复 n 次获取锁，在第 n 次释放该锁后其他线程才能有机会获取该锁。锁的释放需要根据获取锁的次数进行计数，这个计数表示当前锁被重复获取的次数；锁被释放时计数自减，当计数为 0 时表示锁成功释放。

在 IDEA 开发工具的 StudyJava 项目中执行如下代码，实现一个可重入的独占锁。

【示例 14.6】编码模拟实现一个可重入的独占锁。

```
package com.skm.demo.chapter14;
import java.util.concurrent.TimeUnit;
import java.util.concurrent.locks.AbstractQueuedSynchronizer;
import java.util.concurrent.locks.Condition;
import java.util.concurrent.locks.Lock;

public class TestAQS implements Lock {
```

```java
static class SyncQueued extends AbstractQueuedSynchronizer {
    @Override
    protected boolean tryAcquire(int arg) {
        if (compareAndSetState(0, 1)) {              //锁第一次被获取
            //设置当前线程为锁独占线程
            setExclusiveOwnerThread(Thread.currentThread());
            return true;
        //锁被多次获取
        } else if (Thread.currentThread() == getExclusiveOwnerThread()) {
            setState(getState() + 1);                //将获取锁的次数进行累加
            return true;
        }
        return false;
    }
    @Override
    protected boolean tryRelease(int arg) {
        if (Thread.currentThread() != getExclusiveOwnerThread()) {
            throw new IllegalMonitorStateException();
        }
        if (getState() == 0) {
            throw new IllegalMonitorStateException();
        }
        setState(getState() - 1);
        if (getState() == 0) {
            setExclusiveOwnerThread(null);
        }
        return true;
    }
    @Override
    protected boolean isHeldExclusively() {
        return getState() > 0;
    }
    Condition newCondition() {
        return new ConditionObject();
    }
}
private final SyncQueued syncQueued = new SyncQueued();

public void lock() { //调用 AQS 的方法 acquire(int arg)
    System.out.println(Thread.currentThread().getName() + " 准备获取锁");
    syncQueued.acquire(1);
    System.out.println(Thread.currentThread().getName() + " 已经获取到锁");
}
public boolean tryLock() {
    return syncQueued.tryAcquire(1);
}
public void unlock() {//调用 AQS 的模板方法 release(int arg)
    System.out.println(Thread.currentThread().getName() + " 准备释放锁");
    syncQueued.release(1);
    System.out.println(Thread.currentThread().getName() + " 已经释放锁");
}
public Condition newCondition() {
    return syncQueued.newCondition();
}
```

```
    public boolean isLocked() {
        return syncQueued.isHeldExclusively();
    }
    public boolean hasQueuedThreads() {
        return syncQueued.hasQueuedThreads();
    }
    public void lockInterruptibly() throws InterruptedException {
        syncQueued.acquireInterruptibly(1);
    }
    public boolean tryLock(long timeout, TimeUnit unit) throws Interrupted
Exception {
        return syncQueued.tryAcquireNanos(1, unit.toNanos(timeout));
    }
}
```

示例 14.6 的测试类如下：

```
package com.skm.demo.chapter14;
import java.util.concurrent.locks.Lock;

public class TestAQSMain {
    static final Lock lock = new TestAQS();
    public static void reenter(int deep) {              //递归获取锁
        lock.lock();
        try {
            System.out.println(Thread.currentThread().getName() + ":递归深
度:" + deep);
            int currentDeep = deep - 1;
            if (currentDeep == 0) {
                return;
            } else {
                reenter(currentDeep);
            }
        } finally {
            lock.unlock();
        }
    }
    static class WorkerThread extends Thread {
        public void run() {
            reenter(2);
        }
    }
    public static void main(String[] args) {
        // 启动 2 个子线程去争抢锁
        for (int i = 0; i < 2; i++) {
            Thread thread = new WorkerThread();
            thread.start();
        }
    }
}
```

图 14.6　执行结果

执行结果如图 14.6 所示。

14.6　原　子　类

Java 的原子类是 java.util.concurrent.atomic 包下的类，它之所以有原子性的共性，是因为它来源于 CAS。对原子类变量的操作不会存在并发性问题，不需要同步进行并发控制。可以用 AtomicInteger 和 AtomicLong 实现计数器等功能，用 AtomicBoolean 实现标志位等功能。

在 IDEA 开发工具的 StudyJava 项目中执行如下代码，利用 int 类型编码实现多线程累计求和并打印输出结果。

【示例 14.7】利用 int 类型编码实现多线程求 1～5 的和。

```
package com.skm.demo.chapter14;
public class TestInt {
    static int x = 0;                              //声明整型变量 x 用于保存和

    public static void main(String[] args) {
        TestInt testInt = new TestInt();           //声明 testInt 对象
        Thread[] threads = new Thread[3];          //声明存放 3 个线程的线程数组
        for (int i = 0; i < 3; i++) {
            threads[i] = new Thread(() -> {
                try {
                    for (int j = 0; j < 5; j++) {
                        System.out.println(x++);   //x 自增
                        Thread.sleep(500);         //线程休眠
                    }
                } catch (Exception e) {
                    e.printStackTrace();
                }
            });
            threads[i].start();                    //线程启动
        }
    }
}
```

图 14.7　执行结果

执行结果如图 14.7 所示。可以看到，3、4、7 等数字出现多次，并且没有得到正确的结果 15。

在 IDEA 开发工具的 StudyJava 项目中执行如下代码，利用 AtomicInteger 原子类编码实现多线程累计求和并输出结果。

【示例 14.8】利用 AtomicInteger 原子类编码实现多线程求 1～5 的和。

```
package com.skm.demo.chapter14;
import java.util.concurrent.atomic.AtomicInteger;

public class TestAtomicInteger {
    //声明 atomicInteger 对象
```

```
static AtomicInteger atomicInteger = new AtomicInteger();

public static void main(String[] args) {
    TestAtomicInteger testAtomicInteger = new TestAtomicInteger();
    Thread[] threads = new Thread[3];          //声明存放 3 个线程的线程数组
    for (int i = 0; i < 3; i++) {
        threads[i] = new Thread(() -> {
            try {
                for (int j = 0; j < 5; j++) {
                    //incrementAndGet()自增
                    System.out.println(atomicInteger.
incrementAndGet());
                    Thread.sleep(500); //线程休眠
                }
            } catch (Exception e) {
                e.printStackTrace();
            }
        });
        threads[i].start();               //线程启动
    }
}
}
```

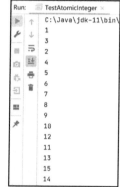

执行结果如图 14.8 所示。如果多次执行，则输出结果的顺序可能不同，但是一定能够得到正确的结果 15。

图 14.8　执行结果

14.7　案例——三酷猫模拟单台机器生产鱼罐头

在第 13 章中，三酷猫利用多线程原理模拟多台机器生产鱼罐头。这次假设每台机器生产一瓶鱼罐头的时间是 200ms，在这期间只能单独生产，因为要将鱼肉装进罐头瓶里，所以不能被其他请求打扰，因此生产罐头的这 200ms 必须是独立的。我们可以模拟一台机器生产罐头，在生产过程中加锁，结束后再释放锁，然后等待新的生产请求。实现代码如下：

```
package com.skm.demo.chapter14;
import java.util.concurrent.TimeUnit;

public class Chapter1401 implements Runnable{

    private static int count = 20;             //要生产的罐头总数

    public static void main(String[] args) {
        Chapter1401 chapter1401 = new Chapter1401();
        for(int i=0 ; i<count ; i++){
            new Thread(chapter1401, i+"").start();
        }
    }

    @Override
    public synchronized void run() {
```

```
    try {
        TimeUnit.MILLISECONDS.sleep(20);
        if(count > 0) {
            count--;
            System.out.println("还剩" + count + "罐头");
        }
    } catch (Exception e) {
        e.printStackTrace();
    }
    }
}
```

14.8 练习和实验

一、练习

1. 填空题

1）ReentrantLock 默认支持的锁类型是（　　）。
2）AQS 内部通过（　　）队列完成竞争资源的线程排队工作。
3）Java 原子类之所以有原子性的共性，是因为其来源于（　　）。
4）可重入锁也叫作（　　）。
5）可重入锁最大的作用是避免（　　）。

2. 判断题

1）ReentrantLock 和 synchronized 都是可重入锁。 （　　）
2）ReentrantLock 在同一时刻可以允许多个线程共同访问。 （　　）
3）CAS 的优点是在竞争小的时候系统开销小。 （　　）
4）公平锁的吞吐量优于非公平锁。 （　　）
5）锁能够防止多个线程同时访问共享资源。 （　　）

二、实验

改写 14.7 节的案例，用 ReentrantLock 尝试加锁。要求如下：
1）某台机器要生产 20 瓶鱼罐头。
2）生产一瓶鱼罐头的时间为 20ms。
3）生产期间不能被打断。
4）生产完一个再继续生产下一个，直到 20 瓶鱼罐头全部生产完成。
5）按顺序输出生产序号。

第 15 章　数据库操作

当项目的业务数据量越来越大时，必须考虑使用数据库系统来存储数据。数据库系统可以解决很多实际的数据使用问题。例如：

- 独占访问的问题：多用户同时访问一个数据源，文件数据存在独占访问的问题。
- 数据的统一管理及高效分析的问题：一般的数据库系统都提供灵活的数据访问和分析功能。
- 事务问题处理：对于一个完整的业务逻辑的多种操作，必须保证数据在数据库中要么同时被处理，要么同时不被处理，而避免只处理一部分数据的问题。
- 数据安全管理问题：数据库系统统一管理数据，无权限的用户无法直接访问数据库，这可以有效地增强数据的安全性；同时，数据库系统往往具有数据自动备份等功能，可以提高数据的存储安全性。

这里只列举了使用数据库系统的一些便利。在商业环境中，绝大多数软件系统都使用数据库系统来管理数据。Java 语言为关系型数据库系统和非关系型数据库系统都提供了良好的访问接口。

本章主要内容如下：

- 数据库简介；
- 关系型数据库；
- 非关系型数据库。

说明：第 15 章的所有示例代码都统一存放在 StudyJava 项目的 com.skm.demo.chapter15 包里。

15.1　数据库简介

本节介绍数据库（Database，DB）的相关知识。要了解完整的数据库知识，需要阅读相关数据库专题知识，如 MySQL、SQLite、Oracle、MongoDB 和 Redis 等数据库产品，它们都有官网参考文献或相关的专业书籍。对于熟悉数据库的读者，本节内容可以简单了解或直接跳到下一节。

数据库是指可以长期储存在计算机内的有组织、可共享的数据集合。大多数数据库往往是以特殊格式的数据库文件存储在计算机的磁盘上，有极少部分是一直保存在内存中的数据集合。

数据库管理系统（Database Management System，DBMS）是对数据库进行统一管理和操作的软件，其主要功能包括建立、使用和维护数据库等。

目前市场上主流的数据库系统分为以下几类：

根据数据存储结构和是否采用分布式技术特征，可以把数据库分为关系型数据库和非关系型数据库。

- 关系型数据库（Relational Database）是建立在关系模型基础上的数据库，它借助集合代数等数学概念和方法来处理数据库中的数据。其最主要特征是以行、列结构化关系表的形式来存储数据和 SQL 语句，提供数据读写操作和事务处理数据的多表操作，且支持并发访问。
- 非关系型数据库又称为 NoSQL（Not Only SQL），其主要特点是在数据结构上采用非经典的行列结构的组织方式，并提供分布式处理技术，用来解决大数据处理问题，在对数据库中的数据进行操作时，没有提供统一的类似 SQL 语言的标准操作。

另外，现在又提出了一种介于 DBMS 与 NoSQL 之间的 NewSQL 类数据库，其特点是具有关系型表结构的特征和 SQL 语言及事物处理技术的特征，同时具有分布式处理技术的特征。

根据是否常驻内存或磁盘可以将数据库分为基于内存的数据库和基于磁盘的数据库。该分法只能说明某一款数据库主要是在内存中驻留，还是在磁盘中驻留。内存数据库的优点是执行数据速度非常快，缺点是数据容易丢失；磁盘数据库的数据不容易丢失，但是大规模读写数据的速度相对比较慢。SQLite 和 Redis 等数据库就是典型的基于内存的数据库；而 MySQL、Oracle 和 MongoDB 数据库则是典型的基于磁盘的数据库。

但是事情往往是复杂的，SQLite 和 Redis 数据库也支持基于磁盘的数据存储方式，MySQL 也有基于内存的数据存储引擎。

15.2　关系型数据库

目前占据主流地位的仍然是关系型数据库。市面上常见的关系型数据库主要有 MySQL、Microsoft SQL Server、Oracle、Sybase、Microsoft Access 和 SQLite 等，Java 对这些数据库都有较好的支持。

15.2.1　常见的数据库连接方式

Java 常见的数据库连接方式主要有 ODBC 和 JDBC 两种，其中 JDBC 使用得更多一些。

1．ODBC数据库

使用 JDBC-ODBC 桥接连接 SQL Server 数据库时需要配置
ODBC 数据源，步骤如下：

1）在"开始"菜单中选择"Windows 管理工具"|"ODBC
数据源"命令，有 64 位和 32 位之分，如果你的操作系统是
64 位，就选择 64 位，如果是 32 位，就选择 32 位，如图 15.1
所示。

2）进入程序后选择"系统 DSN"|"添加"|"创建 MySQL
数据源"命令，单击 Test 按钮，出现 Connection Successful 提示，说明成功连接数据源，
如图 15.2 所示。

图 15.1　ODBC 数据源

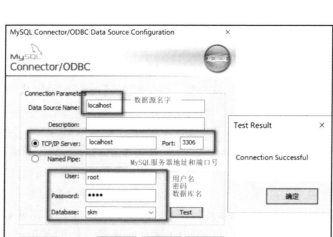

图 15.2　创建 MySQL 数据源

2．JDBC数据库的连接步骤

1）导入 java.sql 包中所需要的类。

```
import java.sql.*;
```

2）加载 JDBC 驱动程序。

```
Class.forName(JDBC 驱动包的名称).newInstance();
```

3）创建 Connection。

加载 JDBC 驱动程序后，利用加载的驱动程序连接数据库：

```
Connection con=DriverManager.getConnection(URL,username,password);
```

- URL：要连接数据的 URL 地址。
- username：数据库的用户名。

• password：数据库的密码。

15.2.2　安装 MySQL

MySQL 是知名的开源关系型数据库系统，其主要用于与互联网相关的业务系统。

要实现应用系统与 MySQL 数据库的连接需要 3 步：首先安装 MySQL，然后安装数据库驱动程序，最后进行 Java 应用编程。

要安装 MySQL，需要从其官网下载安装包，下载地址为 https://www.mysql. com/。其免费社区的 Windows 版本下载地址为 https://dev.mysql.com/downloads/windows/。

1）双击安装文件，启动安装包。例如，可以下载 mysql-installer-community-5.7.17.0.msi，该版本在 Windows 10 中可以顺利安装。如果安装时提示 Framework 出错，则意味着现有 Windows 操作系统的版本不够高。解决方法有两个：下载低版本的 MySQL 数据库或者更新 Framework 的版本。

2）设置安装参数。设置安装类型时（Choosing a Setup Type）一般选择默认的开发者版本（Developer Default），然后单击 Next 按钮；在其他界面中的配置可以保持默认设置，在账户和角色（Accounts and Roles）界面中需要设置登录密码（设置登录密码两次，且两次设置的密码须一致）并且记住密码。后续登录 MySQL 系统时初始用户名为 Root，密码为自己新设置的。在其他界面中直接单击 Next 按钮，最后单击 Finish 按钮即可顺利完成 MySQL 数据库的初步安装。其中，主要的安装界面如图 15.3 和图 15.4 所示。

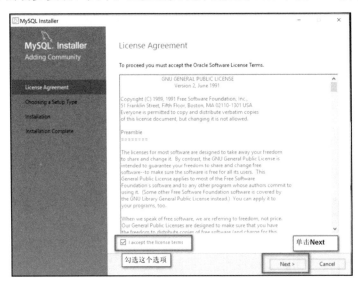

图 15.3　安装界面 1

3）验证 MySQL 数据库安装是否完成。启动 cmd 窗口，转到安装目录下，登录 MySQL，输入 status 命令查看版本信息，如图 15.5 和图 15.6 所示。

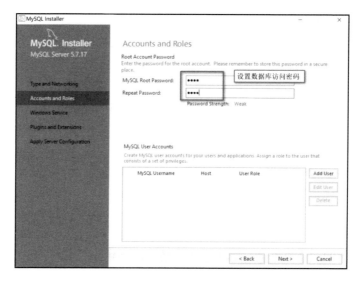

图 15.4　安装界面 2

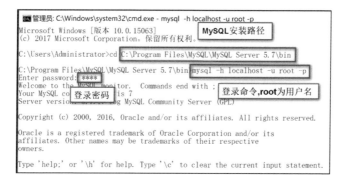

图 15.5　cmd 窗口

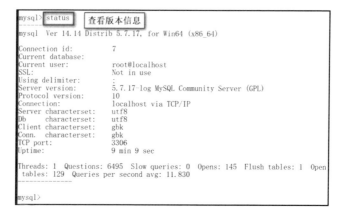

图 15.6　查看 MySQL 的版本信息

15.2.3　数据库的基本操作

数据库的基本操作主要是增、删、改、查操作，以下用一个例子来演示数据库的主要操作方法。

在 IDEA 开发工具的 StudyJava 项目中执行如下代码，利用 JDBC 连接方式完成对数据库表的增、删、改、查操作。

【示例 15.1】利用 JDBC 连接方式完成对数据库表的增、删、改、查操作。

1）创建 skm 数据库，然后在数据中创建一个表 users 并插入两行数据，具体的 MySQL 语句如下：

```
CREATE TABLE `users` (
  `id` int(11) NOT NULL AUTO_INCREMENT,
  `username` varchar(20) DEFAULT NULL,
  `password` varchar(20) DEFAULT NULL,
  `money` float DEFAULT NULL,
  PRIMARY KEY (`id`)
) ENGINE=InnoDB AUTO_INCREMENT=3 DEFAULT CHARSET=utf8;

INSERT INTO `users` VALUES ('1', 'skm', '123456', '1000');
INSERT INTO `users` VALUES ('2', 'cat', '123456', '1000');
```

2）在项目中导入数据库驱动 mysql-connector-java-5.1.32.jar 包。

3）编写连接数据库和释放资源通用类 JDBCUtils。

```
package com.skm.demo.chapter15;
import java.sql.*;

public class JDBCUtils {
    //URL 地址，连接 skm 数据库
    private static String url = "jdbc:mysql://localhost:3306/skm";
    private static String username = "root";          //数据库用户名
    private static String password = "root";          //数据库密码
    static {
        try {
            Class.forName("com.mysql.jdbc.Driver");   //数据库驱动
        } catch (ClassNotFoundException e) {          //捕获类未找到异常
            e.printStackTrace();
        }
    }
    public static Connection getConnection() throws SQLException {
        //返回数据库 Connection 连接对象
        return DriverManager.getConnection(url, username, password);
    }
    //释放资源
    public static void release(ResultSet rs, Statement st, Connection conn) {
        if(rs != null){
            try {
                rs.close();
```

```
        } catch (SQLException throwables) {
            throwables.printStackTrace();
        }
    }
    if (st != null){
        try {
            st.close();
        } catch (SQLException throwables) {
            throwables.printStackTrace();
        }
    }
    if(conn != null){
        try {
            conn.close();
        } catch (SQLException throwables) {
            throwables.printStackTrace();
        }
    }
    }
}
```

4）编写数据库操作类，包含查询、插入、更新和删除功能。

```
package com.skm.demo.chapter15;
import java.sql.Connection;
import java.sql.ResultSet;
import java.sql.SQLException;
import java.sql.Statement;

public class TestCRUD {
    private static Connection conn = null;
    private static Statement st = null;
    private static ResultSet rs = null;
    public static void main(String[] args) throws SQLException {
        findAll();                              //调用查询方法
        insert();                               //调用插入方法
        update();                               //调用更新方法
        delete();                               //调用删除方法
        findAll();                              //再次调用查询方法
    }
    static void findAll() throws SQLException {//查询
        try {
            // 1.创建数据库 Connection 连接
            conn = JDBCUtils.getConnection();
            st = conn.createStatement();        // 2.创建 Statement 对象
            rs = st.executeQuery("select id, username,password, money from
users");                                        //3.执行 SQL 语句
            while (rs.next()) {                 //4.处理结果集，输出查询结果
                System.out.println(rs.getInt("id") + "\t"
                    + rs.getString("username") + "\t"
                    + rs.getString("password") + "\t"
                    + rs.getFloat("money"));
            }
        } finally {
```

```
            JDBCUtils.release(rs, st, conn);              //释放资源
        }
    }
    static void insert() throws SQLException {
        try {
            conn = JDBCUtils.getConnection(); // 1.创建数据库 Connection 连接
            st = conn.createStatement();        // 2.创建 Statement 对象
            String sql = "insert into users(username,password, money) values
('fish', '2015-01-01', 1000) ";                           //SQL 语句
            int i = st.executeUpdate(sql);               //3.执行 SQL 语句
            System.out.println("插入了" + i + "条数据");  //4.输出插入结果
        } finally {
            JDBCUtils.release(rs, st, conn);              //释放资源
        }
    }
    static void update() throws SQLException {
        try {
            conn = JDBCUtils.getConnection(); // 1.创建数据库 Connection 连接
            st = conn.createStatement();        // 2.创建 Statement 对象
            String sql = "update users set money=money+10 ";//SQL 语句
            int i = st.executeUpdate(sql);                  //3.执行 sql 语句
            System.out.println("更新了" + i + "条数据");    //4.输出更新结果
        } finally {
            JDBCUtils.release(rs, st, conn);              //释放资源
        }
    }
    static void delete() throws SQLException {
        try {
            conn = JDBCUtils.getConnection(); // 1.创建数据库 Connection 连接
            st = conn.createStatement();        // 2.创建 Statement 对象
            String sql = "delete from users where id>2";//SQL 语句
            int i = st.executeUpdate(sql);                  //3.执行 SQL 语句
            System.out.println("更新了" + i + "条数据");    //4.输出更新结果
        } finally {
            JDBCUtils.release(rs, st, conn);              //释放资源
        }
    }
}
```

执行结果如图 15.7 所示。首先执行 findAll()方法查询出两条数据,然后执行 insert()方法插入一条数据,此时数据库中共有 3 条数据。接着执行 update()方法将所有的 money 加 10,更新 3 条数据并多次执行。最后删除 ID 大于 2 的数据,此时数据库中剩余两条数据,但是 money 已经加了 10 变成 1010。

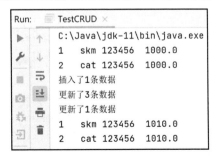

图 15.7　执行结果

15.2.4 事务操作

比较典型的事务操作就是银行转账，假定客户向三酷猫转账买鱼的钱 100 元，这时会涉及两个操作：一个是客户的账号上减去 100 元，另一个是三酷猫的账号上加上 100 元。这两个操作必须全部执行成功才能提交整个事务。如果客户的账号少了 100 元而三酷猫的账号没有变化就会造成银行转账业务发生混乱。两个操作的 SQL 语句分别如下：

```
update users set money = money - 100 where username = 'cat';
update users set money = money + 100 where username = 'skm';
```

JDBC 数据库连接方式针对事务操作，在 Connection 接口中提供了 3 个方法：

- setAutoCommit(boolean atuoCommit)：设置事务是否自动提交，false 为不自动提交；
- commit()：提交事务；
- rollback()：事务回滚。

在 IDEA 开发工具的 StudyJava 项目中执行如下代码，利用 JDBC 连接方式对数据库表事务操作进行演示。

【示例 15.2】利用 JDBC 连接方式演示对数据库表的事务操作。

1）数据库表使用示例 15.1 中的 users 表。

2）数据库驱动 jar 包在示例 15.1 中已经导入。

3）使用示例 15.1 中的 JDBSUtils 类。

4）具体事务类如下：

```
package com.skm.demo.chapter15;
import java.sql.Connection;
import java.sql.ResultSet;
import java.sql.SQLException;
import java.sql.Statement;
public class TestTran {
    private static Connection conn = null;
    private static Statement st = null;
    private static ResultSet rs = null;
    public static void main(String[] args) {
        try {
            conn = JDBCUtils.getConnection();      // 创建数据库Connection连接
            conn.setAutoCommit(false);             //关闭事务自动提交
            st = conn.createStatement();           // 创建 Statement 对象
            String sql = "update users set money=money - 100 where
username='cat' ";                                 //SQL 语句
            int i = st.executeUpdate(sql);         //执行 SQL 语句
            //int k = 5/0;                         //模拟转账过程发生异常
            String sql2 = "update users set money = money + 100 where username
= 'skm'";                                          //SQL 语句
            int j = st.executeUpdate(sql2);        //执行 SQL 语句
            conn.commit();                         //提交事务
            System.out.println("转账成功");         //转账成功提示
```

```
    } catch (Exception e) {
        try {
            conn.rollback();                        //事务回滚
        } catch (SQLException el) {
            el.printStackTrace();
        }
        System.out.println("转账失败");              //转账失败提示
        e.printStackTrace();
    } finally {
        JDBCUtils.release(rs, st, conn);            //释放资源
    }
}
```

在数据库中，客户 cat 和 skm 的 money 余额初始都是 1000 元，如图 15.8 所示。

执行结果如图 15.9 所示。

此时可以看到 cat 的 money 余额变成 900 元，skm 的 money 余额变成 1100 元，如图 15.10 所示。

图 15.8　users 表中的数据

图 15.9　执行结果

图 15.10　users 表中数据

把 "//int k = 5/0;//" 模拟转账过程异常发生这行代码的注释取消，用整数除以 0，模拟异常发生。执行结果如图 15.11 所示。同时，数据库表中的余额未发生变化。

图 15.11　执行结果

💬注意：MySQL 数据库中默认的搜索引擎为 InnoDB，其提供事务支持功能，但是性能更快的 MyISAM 引擎不支持事务。

15.3　非关系型数据库

随着大数据的兴起，非关系型数据库为大数据问题的解决提供了全新的技术支持。通

过 Java 语言与 NoSQL 技术的结合，为科学计算、大数据分析、人工智能技术的应用提供了一套成熟的解决思路。非关系型数据库系统避免了复杂的 SQL 连接操作，提高了大数据量的存储和检索效率。

15.3.1　常见的非关系型数据库

常见的非关系型数据库主要有以下几种：

- MongoDB：面向文档的开源 NoSQL 数据库。
- Redis：最著名的键值存储数据库。
- Cassandra：Facebook 为收件箱搜索开发的数据库。
- HBase：谷歌为 BigTable 数据库设计的分布式非关系型数据库。
- Couchbase：用于交互式 Web 应用程序的 NoSQL 文档数据库。
- CouchDB：开源的 NoSQL 数据库，使用 JSON 存储信息，以 JavaScript 作为查询语言。

15.3.2　MongoDB 简介

MongoDB 是著名的面向文档记录的分布式数据库系统，这里需要了解其安装及 Java 调用过程。

1．MongoDB的下载与安装

可以从官网 https://www.mongodb.com/download-center/community 上下载 MongoDB 安装包，如图 15.12 所示。这里下载的是 4.4.6 版本。

双击运行下载的 msi 文件，安装 MongoDB。安装过程与安装一般的软件没有区别，基本都是一直单击 Next 按钮即可。其中的几个关键步骤如下：

在如图 15.13 所示的左图中选择 Custom 安装方式，然后修改安装路径为 C:\MongoDB\Server\4.4\，如图 15.13 右图所示。

安装完成后，与 Java 一样需要配置环境变量。新建环境变量%MONGO_HOME%，设置 MongoDB 的安装路径为 C:\MongoDB\Server\4.4\，在 Path 路径中加入：%MONGO_HOME%\bin，环境变量即配置完成。

图 15.12　下载 MongoDB

在 cmd 窗口中输入 mongo 命令，显示信息如图 15.14 所示，说明环境变量配置正确。

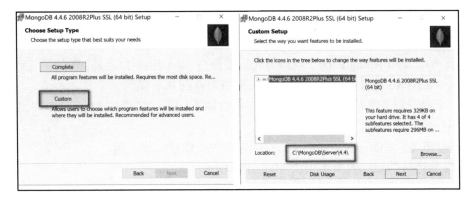

图 15.13　设置安装方式和安装路径

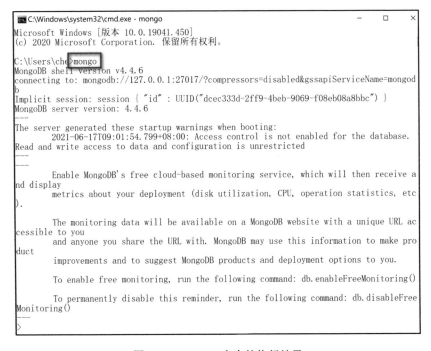

图 15.14　mongo 命令的执行结果

在浏览器中输入 http://localhost:27017/，如果出现如图 15.15 所示的信息，则说明 MongoDB 服务已经开启，可以正常访问。

图 15.15　MongoDB 访问界面

2．在Java中使用MongoDB

在 Java 中使用 MongoDB 之前，首先需要拥有 Java 连接 MongoDB 的第三方驱动包 mongo-java-driver-3.12.8.jar，读者可自行在网络上找到并下载。

在 IDEA 开发工具的 StudyJava 项目中执行如下代码，完成与 MongoDB 的连接并对数据库进行增、删、改、查操作。

【示例 15.3】完成与 MongoDB 的连接并对数据库进行增、删、改、查操作。

1）编写连接数据库对象通用类 MongoDBUtils。

```java
package com.skm.demo.chapter15;
import com.mongodb.MongoClient;
import com.mongodb.client.MongoDatabase;

public class MongoDBUtils {
    public static MongoDatabase getConnection() {   //直接获取连接数据库对象
                //localhost 为服务器地址，27017 为连接到 MongoDB 服务的端口号
        MongoClient mongoClient = new MongoClient("localhost", 27017);
        //连接数据库 testMongoDB
        MongoDatabase mongoDatabase = mongoClient.getDatabase("testMongoDB");
        return mongoDatabase;                        //返回数据库对象
    }
}
```

2）利用 MongoDBUtils 获取数据库连接对象。

```java
package com.skm.demo.chapter15;
import com.mongodb.client.FindIterable;
import com.mongodb.client.MongoCollection;
import com.mongodb.client.MongoCursor;
import com.mongodb.client.MongoDatabase;
import com.mongodb.client.model.Filters;
import org.bson.Document;
import org.bson.conversions.Bson;

public class TestMongoDBCRUB {
    //获取数据库连接对象
    private static MongoDatabase mongoDatabase = MongoDBUtils.getConnection();
    private static MongoCollection<Document> collection = mongoDatabase.
getCollection("users");                             //获取集合
    public static void main(String[] args) {
        insertOneTest();                             //插入
        System.out.println("插入数据：");
        findAll();                                   //查询
        update();                                    //更新
        System.out.println("更新后数据：");
        findAll();                                   //查询
        System.out.printf("删除更新后数据");
        delete();                                    //删除
        findAll();                                   //查询
    }
```

```
public static void insertOneTest() {
    //创建要插入的文档数据
    Document document = new Document("username", "张三")
            .append("sex", "男")
            .append("age", 20);
    collection.insertOne(document);                    //插入文档
}
public static void findAll() {
    FindIterable findIterable = collection.find();  //查找集合中所有的文档
    MongoCursor mongoCursor = findIterable.iterator();  //迭代
    while (mongoCursor.hasNext()) {                     //遍历
        System.out.println(mongoCursor.next());
    }
}
public static void update() {
    Bson filter = Filters.eq("username", "张三");  //设置过滤器更新对象
    //设置更新文档的内容
    Document document = new Document("$set",new Document("age", 40));
    collection.updateOne(filter, document);           //更新文档
}
public static void delete() {
    Bson filter = Filters.eq("age", 40);       //设置过滤器删除数据
    collection.deleteOne(filter);              //删除与过滤器匹配的一个文档
}
}
```

执行结果如图 15.16 所示。

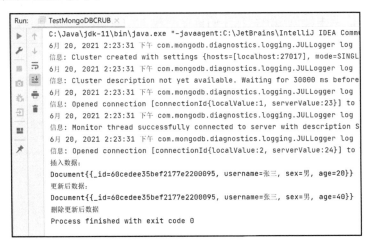

图 15.16　执行结果

15.3.3　Redis 简介

Redis（Remote Dictionary Server，远程字典服务器）是一种主要基于内存存储和运行

的能快速响应的键值数据库产品。Redis 数据库产品用 ANSI C 语言编写而成，开源、少量数据存储、高速读写访问是 Redis 的主要特点。

Redis 在内存数据库排行榜上长期居于第一的位置。毋庸置疑，它很受程序员的喜欢。

在读写响应性能上，传统关系型数据库比较普通，与 MongoDB 类似的基于磁盘读写的 NoSQL 数据库较好，基于内存存储的 Redis 数据库最好。但是传统关系型数据库的应用范围最广，MongoDB 主要是基于 Internet 的 Web 应用，而 Redis 只能应用于 Internet 环境下的特定业务。如表 15.1 对传统关系型数据库（Traditional Relational Database，TRDB）、MongoDB 和 Redis 三者之间的主要特点进行了比较。

表 15.1　TRDB、MongoDB和Redis的比较

比较项	TRDB	MongoDB	Redis
读写速度	一般	较快	最快，单服务器每秒插入处理速度可以超过8万条，这在高并发处理方面非常具有诱惑力
	基于磁盘读写，强约束	基于磁盘读写，约束很弱	主要基于内存读写
应用范围	最广	以互联网应用为主	以互联网特定应用为主
	无法很好地处理大数据存储和高并发访问	能很好地处理大数据存储和高并发访问	最善于处理高并发和高响应的内存数据应用

1）下载 Redis 安装包。

首先在 GitHub 上下载 Redis 安装包，网址为 https://github.com/MSOpenTech/redis/releases。如图 15.17 所示，单击红色矩形框标注的链接下载 3.2.100 版本的安装包。

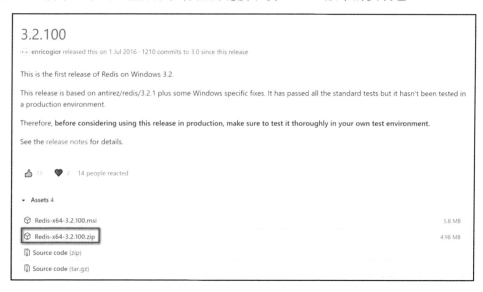

图 15.17　Redis 的下载界面

2）下载完成后解压，然后安装 Redis。

鉴于本书示例的工作环境基本在 Windows 10 下，因此这里以 Windows 10 为基础介绍 Redis 的安装和使用。在商业环境下 Redis 的主流运行环境为 Linux 操作系统，读者可参阅相关资料进行学习。

打开 cmd 窗口，使用 cd 命令切换到 C:\Redis-x64-3.2.100 目录运行以下命令：

```
redis-server.exe redis.windows.conf
```

输入以上命令之后，会显示如图 15.18 所示的信息。

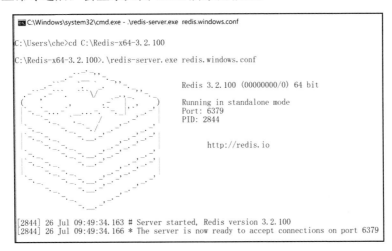

图 15.18 Redis 服务启动

然后再打开一个新的 cmd 窗口，原来的窗口不要关闭，否则将无法访问服务端。执行如下命令安装 Redis 服务，如图 15.19 所示。

```
redis-server --service-install redis.windows.conf
```

图 15.19 Redis 安装服务

关闭原来的窗口，启动服务命令如下：

```
redis-server --service-start
```

停止服务命令如下：

```
redis-server --service-stop
```

命令执行结果如图 15.20 所示。

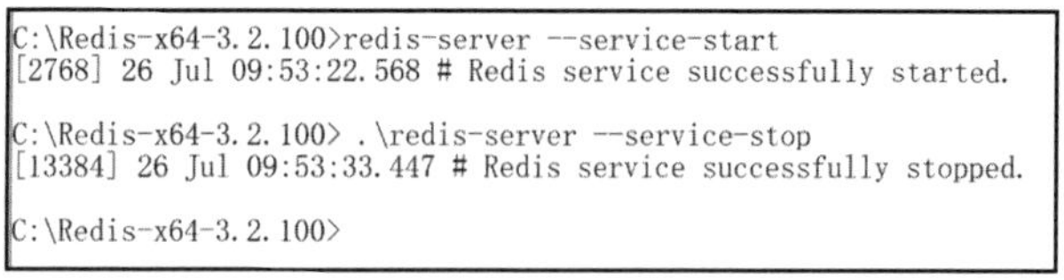

```
C:\Redis-x64-3.2.100>redis-server --service-start
[2768] 26 Jul 09:53:22.568 # Redis service successfully started.

C:\Redis-x64-3.2.100> .\redis-server --service-stop
[13384] 26 Jul 09:53:33.447 # Redis service successfully stopped.

C:\Redis-x64-3.2.100>
```

图 15.20　Redis 启动和停止服务命令

3）实现 Redis 中的数据操作。

切换到 Redis 目录下运行以下命令

```
redis-cli.exe -h 127.0.0.1 -p 6379
```

设置键值对 set myKey 123，通过键取出值 get myKey，如图 15.21 所示。

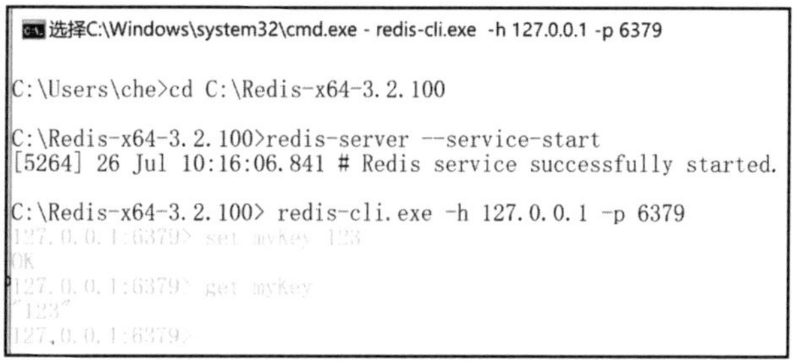

```
选择C:\Windows\system32\cmd.exe - redis-cli.exe -h 127.0.0.1 -p 6379

C:\Users\che>cd C:\Redis-x64-3.2.100

C:\Redis-x64-3.2.100>redis-server --service-start
[5264] 26 Jul 10:16:06.841 # Redis service successfully started.

C:\Redis-x64-3.2.100> redis-cli.exe -h 127.0.0.1 -p 6379
127.0.0.1:6379> set myKey 123
OK
127.0.0.1:6379> get myKey
"123"
127.0.0.1:6379>
```

图 15.21　在 Redis 中的数据操作

15.4　案例——三酷猫销售数据分析

　　学习完数据库，三酷猫想把买鱼的销售账单保存到数据库中。由于存储在内存中的文件读取速度比磁盘快，所以三酷猫打算先在 Redis 中保存一份数据，然后再在 MySQL 中保存一份数据。当查询的时候，如果 Redis 里面有，就不用读取数据库了，这样可以减少数据库的 I/O 交互。这是大型项目中一个很重要的优化点，实现代码如下：

```java
package com.skm.demo.chapter15;
import lombok.AllArgsConstructor;
import lombok.Data;

import java.io.Serializable;
import java.math.BigDecimal;
/**
 * 商品信息
 */
@Data
@AllArgsConstructor
public class Chapter1501ProductInfo implements Serializable {
```

```java
    private String productName ;                    //商品名称
    private BigDecimal unitPrice ;                   //单价
    private Integer num ;                            //数量

}

package com.skm.demo.chapter15;
import java.sql.*;
public class Chapter1501MySqlUtil {

    private static String url = "jdbc:mysql://localhost:3306/study_project?
useUnicode=true&characterEncoding=utf8&zeroDateTimeBehavior=convertToNu
ll&useSSL=true&serverTimezone=GMT%2B8";              //URL 地址，连接数据库 skm
    private static String username = "root";         //数据库的用户名
    private static String password = "123456";       //数据库的密码
    static {
        try {
            Class.forName("com.mysql.cj.jdbc.Driver");   //数据库的驱动
        } catch (ClassNotFoundException e) {             //捕获类未找到异常
            e.printStackTrace();
        }
    }
    public static Connection getConnection() throws SQLException {
        //返回数据库的连接对象
        return DriverManager.getConnection(url, username, password);
    }
    //释放资源
    public static void release(ResultSet rs, Statement st, Connection conn) {
        if(rs != null){
            try {
                rs.close();
            } catch (SQLException throwables) {
                throwables.printStackTrace();
            }
        }
        if (st != null){
            try {
                st.close();
            } catch (SQLException throwables) {
                throwables.printStackTrace();
            }
        }
        if(conn != null){
            try {
                conn.close();
            } catch (SQLException throwables) {
                throwables.printStackTrace();
            }
        }
    }
}

package com.skm.demo.chapter15;
import redis.clients.jedis.Jedis;
```

```java
public class Chapter1501RedisUtil {
    public static Jedis getJedisConection(){
        return new Jedis("localhost", 6379);
    }

}

package com.skm.demo.chapter15;
import com.alibaba.fastjson.JSONObject;
import redis.clients.jedis.Jedis;
import java.math.BigDecimal;
import java.sql.*;
public class Chapter1501 {

    private static int insert(Chapter1501ProductInfo productInfo) throws
SQLException {
        Connection connection = Chapter1501MySqlUtil.getConnection();
        String sql = "insert into project_test_product_info(product_name,
unit_price, num) values(?,?,?)";
        PreparedStatement prepareStatement = connection.prepareStatement
(sql);
        prepareStatement.setString(1, productInfo.getProductName());
        prepareStatement.setBigDecimal(2, productInfo.getUnitPrice());
        prepareStatement.setInt(3, productInfo.getNum());
        int result = prepareStatement.executeUpdate();
        Chapter1501MySqlUtil.release(null, prepareStatement, connection);
        Jedis jedis = Chapter1501RedisUtil.getJedisConection();
        jedis.set(productInfo.getProductName(), JSONObject.toJSONString
(productInfo));
        return result ;
    }
    private static void query(String productName) throws SQLException {
        Jedis jedis = Chapter1501RedisUtil.getJedisConection();
        String productJson = jedis.get(productName);
        if(productJson != null){
            Chapter1501ProductInfo productInfo = JSONObject.toJavaObject
(JSONObject.parseObject(productJson), Chapter1501ProductInfo.class);
            System.out.println("从缓存中读取：" + JSONObject.toJSONString
(productInfo));
        }else{
            Connection connection = Chapter1501MySqlUtil.getConnection();
            Statement statement = connection.createStatement();
            ResultSet rs = statement.executeQuery("select product_name ,
unit_price , num from project_test_product_info where product_name = '" +
productName + "' ");
            while (rs.next()) {
                String _productName = rs.getString("product_name");
                BigDecimal _unitPrice = rs.getBigDecimal("unit_price");
                Integer _num = rs.getInt("num");
                Chapter1501ProductInfo productInfo = new Chapter1501ProductInfo
(_productName, _unitPrice, _num);
                System.out.println("从数据库中读取：" + JSONObject.toJSONString
(productInfo));
            }
        }
```

```
    }
    public static void main(String[] args) throws SQLException {
        Chapter1501ProductInfo p1 = new Chapter1501ProductInfo("鲤鱼",new
BigDecimal("15.6"), 3);
        Chapter1501ProductInfo p2 = new Chapter1501ProductInfo("鲫鱼",new
BigDecimal("18.2"), 5);
        Chapter1501ProductInfo p3 = new Chapter1501ProductInfo("鲢鱼",new
BigDecimal("16.9"), 2);
        insert(p1);
        insert(p2);
        insert(p3);
        query("鲤鱼");
        query("鲫鱼");
        query("鲢鱼");
    }
}
```

单击"运行"按钮，由于数据同时存储在 Redis 和 MySQL 中，所以先从缓存中读取，输出结果如下：

```
从缓存中读取：{"num":3,"productName":"鲤鱼","unitPrice":15.6}
从缓存中读取：{"num":5,"productName":"鲫鱼","unitPrice":18.2}
从缓存中读取：{"num":2,"productName":"鲢鱼","unitPrice":16.9}
```

假如把上述 3 行 insert 代码注释掉，然后在 Redis 中执行，再删除鲤鱼的数据，最后运行程序会怎样呢？由于鲤鱼的数据已经从 Redis 中删除了，程序获取不到，所以会从 MySQL 中读取数据，而其余的数据还是从缓存中读取，因此输出结果如下：

```
从数据库中读取：{"num":3,"productName":"鲤鱼","unitPrice":15.60}
从缓存读取：{"num":5,"productName":"鲫鱼","unitPrice":18.2}
从缓存读取：{"num":2,"productName":"鲢鱼","unitPrice":16.9}
```

15.5　练习和实验

一、练习

1．填空题

1）根据存储数据的结构，数据库可以分为（　　　）和（　　　）。

2）非关系型数据库又称为（　　　）。

3）修改数据库的 SQL 关键字是（　　　）。

4）面向文档的开源 NoSQL 数据库是（　　　）。

5）MySQL 数据库默认的搜索引擎为（　　　）。

2．判断题

1）非关系型数据库主要处理的是对数据操作的一致性、安全性和完整性要求不高的场景。　　　　　　　　　　　　　　　　　　　　　　　　　　　　　　　（　　　）

2）Redis 是基于磁盘读写的数据库。　　　　　　　　　　　　　（　　　）

3）内存数据库的优点是执行速度快并且数据不易丢失。　　　　　（　　　）

4）如果遇到宕机的情况，则存储在 Redis 中的数据，肯定就丢失了。　（　　　）

5）MyISAM 引擎不支持事务。　　　　　　　　　　　　　　　　（　　　）

二、实验

如果要更新商品信息，那么该如何设置缓存呢？要求如下：

1）参考本章中的数据库进行设置。

2）将鲤鱼的价格改为 25.6，数量改为 4；将鲫鱼的价格改为 28.2，数量改为 6；将鲢鱼的价格改为 26.9，数量改为 3。

3）同时更新缓存。

4）从缓存中分别查询鲤鱼、鲫鱼和鲢鱼的价格并将其输出。

第 16 章　Web 开发技术

因特网（Internet）非常强大，有了它我们可以随时与世界各地的人们进行交流，也可以在全球范围内搜索想要的资料。例如：你想与世界各地的朋友交流自己的学习心得，就可以使用博客发表自己的观点；如果你想购买法国的葡萄酒，就可以通过电子商务平台进行购买；如果你想获取 Java 语言最新的技术发展动态，就可以通过搜索引擎在全世界的技术网站上获取自己想要的资料。

要获取这些信息，需要通过 Web 技术提供相应的功能。Java 提供了强大的 Web 开发技术。本章主要内容如下：

- Web 简介；
- HTML 简介；
- CSS 简介；
- JavaScript 简介。

说明：第 16 章的所有示例代码都统一存放在 StudyJavaWeb 项目的 webapp 目录下。

16.1　Web 简介

Web 也称为万维网（World Wide Web，WWW）。对于 Web 初学者来说，本节的很多知识都是全新的，加之 Web 技术的基础知识特别多，需要读者有点耐心，一节一节地往下看。假如一次看不明白也没有关系，可以先运行相关源代码，再回过头来掌握相关基础知识。

相信会上网的用户都体验过 Web 技术带来的各种强大功能。只要在浏览器的地址栏中输入需要访问的网址（也可以通过搜索关键字来获取网址），那么在浏览器中就会显示该网址所对应网站的内容。

Web 是一个以网络为基础的信息空间（各种 Web 站点）。其中，文件和其他网络资源由统一资源定位符（Uniform Resource Locator，URL）标识，通过超文本链接相互关联，并可以通过互联网进行访问[①]。

———————————

① 维基百科，https://en.wikipedia.org/wiki/World_Wide_Web。

用户通过浏览器访问 Internet 的示意如图 16.1 所示。可以看到，张三、李四等人通过计算机连接到 Interent，然后在浏览器中输入网址，Interent 上的互联设备（如 DNS 服务器）会根据用户发送的网址把它映射到对应的 Web 服务器上。Web 服务器上的相关服务器软件接收访问请求后会把相关的网站信息反馈给用户并显示在用户访问的浏览器上，此时用户就可以浏览所访问网站上的各种信息并进行相应的操作了。

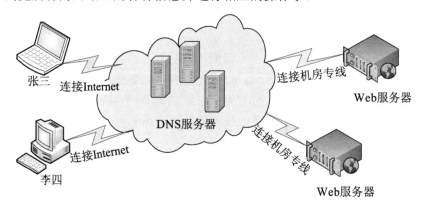

图 16.1　通过浏览器访问指定网站示意

访问因特网的客户端软件除了浏览器外，还有自定义客户端软件，以及 FTP（File Transfer Protocol，文件传输协议）、SMTP（Simple Mail Transfer Protocol，简单邮件传输协议）和 NNTP（Network News Transfer Protocol，网络新闻传输协议）等。由于浏览器是我们接触最多且最熟悉的客户端软件，因此本章所讲的客户端软件主要是指浏览器。

1．浏览器

浏览器可以查看 HTML、XHTML、XML 和纯文本文件，以及 PNG、JPG 和 GIF 等格式的图片，并支持动画、视频、音频和流媒体等文件的播放。

目前大家熟悉的浏览器有 IE 浏览器（Windows 默认的浏览器）、Firefox（火狐浏览器）、Google Chrome 浏览器、360 浏览器、QQ 浏览器、UC 浏览器和百度浏览器等。

为了和不同的 Web 服务器软件进行信息交互，浏览器提供了 HTTP、FTP 和 HTTPS 等网络协议。

2．网址

统一资源定位符（URL）俗称网址，它是对网络资源的引用，指定这些资源在计算机网络上的位置和检索它们的方法。URL 通常用于引用网页，但也可以用于文件传输、电子邮件、数据库访问及其他应用程序。URL 的格式如下：

```
scheme:[//[user[:password]@]host[:port]][/path][?query][#fragment]
```

RUL 举例：以下为用户可以通过浏览器访问的网址：

https://hao.360.cn/?1002	#360 导行网网址

- scheme：表示 HTTPS 和 FTP 等协议。
- [user[:password]@]表示用于登录服务器的用户名和密码的可选身份验证部分，用冒号分隔，后跟@符号（普通的因特网网址没有这部分内容）。
- host[:port]][/path]：提供 Web 服务的服务器 IP 和端口地址（或因特网域名），如 hao.360.cn/。
- [/path]：包含 Web 等文件的路径，如 https://baike.baidu.com/item 后面的/item。
- [?query]：可选查询，它与前一部分用问号（?）分开，包含非层次数据的查询字符串。它的语法没有很准确的定义，但是按照惯例，通常是由分隔符分隔的一系列"属性-值"对，如"?id=1002"。
- [#fragment]：可选片段，前面的部分用散列（#）分开。该片段包含片段标识符，片段标识符向辅助资源提供方向。当主资源是 HTML 文档时，片段通常是特定元素的 ID 属性，Web 浏览器将此元素滚动到视图中。

3. HTTP简介[①]

超文本传输协议（HyperText Transfer Protocol，HTTP）用于从 Web 服务器上传输超文本（Hypertext）到本地浏览器。它是互联网上应用最为广泛的一种网络协议，所有的 Web 文件都必须遵守这个协议。

超文本是一种结构化的文本，文本的节点之间使用逻辑链接进行调整。在结构化文本中一般存放的是浏览器可以显示并可供用户操作的相关内容。

📑说明：如果读者需要深入学习如何开发 Web 应用程序，则建议先熟悉一下 HTTP 的相关内容，如请求头包和响应状态等。

4. DNS

域名系统（Domain Name System，DNS）是一种分层的分布式命名系统，用于统一管理连接到因特网上的计算机的 IP 地址，并将其转为更容易记忆的域名，以方便普通用户对不同的资源进行访问。例如，某网站的 IP 地址为 202.102.192.11，其对应的域名为 www.fish.com（这里仅用于举例，非实际情况）。

由此可知，如果读者需要建立一个可以被因特网访问的网站，在开发完网站后，还需要进行 DNS 域名注册。网络上有相关的注册服务公司，一年一般需要花几十元到几百元不等的注册服务费。

---

① HTTP，百度百科，https://baike.baidu.com/item/http。

16.1.1　B/S 与 C/S

当我们对通过浏览器访问因特网上的 Web 信息有了初步印象和一些基本了解之后，接下来需要进一步了解浏览器与 Web 服务器软件之间到底是怎样进行数据交互的。

如图 16.2 所示，要让用户能访问因特网上特定网站上的信息，需要浏览器、Web 服务器和 Web 应用程序三方配合才能完成。

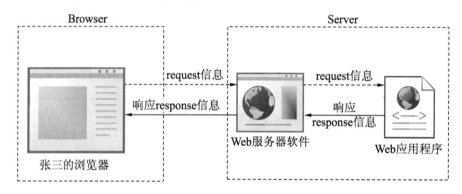

图 16.2　在实际环境中 Browser/Server 的工作过程

Browser 就是浏览器端；Server 就是服务器端，Web 服务器软件和 Web 应用程序运行在远程服务器上。Browser 方式和 Server 方式互动结合，可以实现 Web 信息的共享与操作，我们将这种方式称为 Browser/Server（浏览器/服务器模式，B/S）结构模式。通俗地讲，所有以网站形式进行远程访问和操作的都是 B/S 模式。

1．浏览器的作用

用户端的浏览器是访问远程 Web 站点内容的一种终端软件，一般随操作系统一起安装或单独安装，无须用户自己开发。在 Windows 操作系统下，默认安装的为 IE 浏览器。

2．Web服务器的作用

Web 服务器为浏览器和 Web 应用程序之间的信息交互搭建了桥梁。Web 服务器接收到某些浏览器（如张三或李四的计算机上的浏览器）上的终端用户提交的请求（request）信息（如某些网站的网址信息）后，会将这些请求信息转发给指定的 Web 应用程序，Web 应用程序进行数据处理，并把处理结果（带网页的格式）通过 Web 服务器响应（response）后返回给张三或李四操作的浏览器页面上。

目前，由于主流的 Web 服务器软件都是免费的，如 Apache、Nginx、IIS、ligHTTPD 和 thttpd 等，它们都可以在因特网上自行下载（有的是收费下载软件）。很多版本的 Windows 系统上（家庭版除外）都默认安装了 IIS 的 Web 服务器软件；一些 Linux 操作系统上也默认安装了 Apache 服务器软件。

3．Web应用程序的作用

Web 应用程序主要用来实现我们经常接触的网站的相关功能。例如，实现电子商务平台的商品浏览、注册、商品检索、商品评价和商品销售排行等网页的相关功能。这是读者需要深入了解和掌握的一项内容。

4．它们之间的信息交互原理

Web 站点主要通过 HTTP 实现浏览器与 Web 服务器和 Web 应用程序的数据交流。当用户操作浏览器提交访问请求时，浏览器端通过 HTTP 的 Get 和 Post 两种方法实现它与 Web 端的数据交互要求。

（1）Get 方法

当用户在浏览器中输入网址并回车后，浏览器内部先调用 Get 方法把网址发送给 Web 服务器，然后由 Web 服务器转给 Web 应用程序，最后 Web 应用程序响应返回对应的网站页面，如图 16.3 所示。另外，在 HTML 表单里也可以使用 Get 方法，最后通过 URL 把网址发送给 Web 服务器。

图 16.3　通过浏览器发送网址（内含一个 Get 方法）

（2）Post 方法

Post 方法可以请求 Web 服务器接收包含在请求中的实体信息，该方法可以提交 HTML 表单，向新闻组、BBS、邮件群组和数据库发送消息。

如图 16.4 所示，当用户输入用户名和密码（实体信息）并单击"登录"按钮后就可以产生 Post 方法，该方法向 Web 服务器提交包含实体信息的请求，然后通过 Web 应用程序进行实体信息处理并返回处理结果。

图 16.4　通过浏览器发送实体信息（内含一个 Post 方法）

16.1.2　Web 基础知识

Web 应用程序的核心要素之一是网页,而制作网页需要使用 HTML(HyperText Markup Language,超文本标记语言)。通过 HTML 可以进行网页的风格和式样设计,并进行基本操作。本小节不打算详细介绍 HTML,仅介绍与后续建立 Web 站点紧密相关的一些知识。对 HTML 感兴趣的读者可以参考以下网站上的相关资料或者相关专业书籍。

http://www.w3school.com.cn/html/html_forms.asp

1．网页的主要内容

要让网站为浏览器端的用户提供整齐、规范和漂亮的页面,就必须对网页显示的内容与格式进行约定。

网页显示的内容包括文本、图像、Flash 动画、声音、视频、表格、导航栏和 HTML 表单(Form)等。

HTML 表单:包含表单元素的网页可操作区域。表单元素是指允许用户在网页表单中输入信息的元素,如文本输入框、下拉列表、单选框和复选框等。

表单使用表单标签(<form>)进行定义。下面是包含一个文本输入框的表单。

```
<form> <input /></form>
```

当用户单击确认按钮(submit)时,表单的内容会被传送到 Web 端进行数据处理,例如查询数据库对应的数据记录并返回。

Get 方法(表单默认值)和 Post 方法都提供可选属性 method,告诉表单数据怎样发送。例如,表单用 Post 方法发送输入的数据:

```
<form name="input" method="post">
```

表单里 method 常用的值是 Post,它可以隐藏发送的信息,而 Get 发送的信息会暴露在 URL 中。

2．网页相关格式

根据网页内容是否可以动态变化可以将其分为静态网页和动态网页。

静态网页一般指用 HTML 语言编写的网页,其内容相对固定,无法动态更新。早期的网站大多数是静态网页。静态网页文件的扩展名一般为.htm、.html、.shtml 和.xml 等。

动态网页可以通过参数、数据库和网页异步技术(如 JavaScript 和 AJAX)更新同一个网页的部分内容。换个说法,凡是结合 HTML 与其他高级编程语言和数据库技术生成的网页都是动态网页。这里主要介绍动态网页内容的实现。

动态网页文件的扩展名和相关编程语言的源代码文件扩展名一致,如.aspx 是用微软的 ASP.NET 工具开发的网页文件,.jsp 是用 Java 开发工具开发的网页文件,.php 是用 PHP 工具开发的网页文件,.perl 是用 Perl 工具开发的网页文件。

3．Session简介

对于登录用户信息，如客户端 IP 地址、用户名和密码等，可以通过服务器端 Session 对象统一保存在内存中，当用户退出访问的网站后，存储于 Session 里的信息将自动消失。这种存储方法可以带来很多好处，如统计有多少用户正在访问网站，有多少用户是自动登录网站（无须输入用户名和密码）的，根据用户信息主动在网站上推送商品信息（假如用户登录的是一个电商平台）等。

基于内存的 Session 用户数据存储方式，处理速度快是它的最大优势，但是当用户退出网站后，基于内存的 Session 数据就丢失了。电子商务平台等则希望持续分析用户访问网站的情况，而不只是了解正在使用网站的用户量。如果准备把 Session 数据存放到数据库中，则用户访问的数据就可以被永久性保存下来供后续使用。

4．Cookie简介

当一个网站的用户访问数量猛增后，如日均访问量达到几十万人次，采用 Session 在服务器端存放用户访问信息将会给服务器的内存带来很大的压力，甚至会导致网站无法访问等严重问题。

于是人们设计了叫 Cookie 的技术，把用户访问信息存放到运行浏览器的本地计算机上，这样就可以将一个用户访问一个网站的信息存放到本地计算机上，从而大幅减轻服务器端的压力。

5．Web运行原理

Web 通过 HTTP 进行人机交互，其交互的流程基本是：客户端和服务器端建立连接，客户端发送请求数据给服务器端，服务器端接收请求后进行响应并将处理结果发送到客户端，从而关闭和客户端的连接（HTTP 1.1 后不会立即关闭）。

6．Tomcat简介

Tomcat 是一个免费、开放源代码的 Web 应用服务器，它属于轻量级应用服务器，在中小型系统和并发访问用户不是很多的开发场景中使用较多，是开发和调试前端页面程序的首选[①]。对于一个初学者来说，可以这样认为，在一台机器上配置好 Apache 服务器后，可以利用它来响应 HTML 页面的访问请求。安装 Tomcat 与安装其他软件基本没有区别。在一般的教学中使用 Tomcat 部署项目的情况较多，而在商业开发中则主要用 Nginx 对服务器项目进行部署。

---

① 百度百科 https://baike.baidu.com/item/tomcat/255751?fr=aladdin

7．Nginx简介

Nginx 是一款高性能 HTTP 服务器和反向代理服务器，它一般被部署在 Linux 服务器上。下面介绍在 Windows 10 系统上部署它的方式。Nginx 的下载地址为 http://nginx.org/en/download.html，进行应用开发时一般不选择最新版，而选择稳定的版本。下面介绍 Nginx 1.16.1 版的下载和安装方法。Nginx 的下载页面如图 16.5 所示。

下载后将安装包解压到指定的目录（C:\nginx-1.16.1）下，然后打开命令窗口 cmd.exe，输入 cd C:\nginx-1.16.1 命令，将会转到 Nginx 路径下，执行 start nginx.exe，如图 16.6 所示。

图 16.5　Nginx 下载页面

在浏览器的地址栏中输入 127.0.0.1 或者 localhost，会弹出如图 16.7 所示的 Nginx 欢迎页面，表示安装成功。

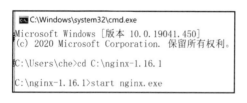

图 16.6　Nginx 安装命令

图 16.7　Nginx 欢迎页面

16.2　HTML 简介

HTML 是一种超文本标记语言，也是创建网页的标准标记语言。可以使用 HTML 创建自己的 Web 站点。HTML 运行在浏览器上，由浏览器负责解析。

16.2.1　第一个 HTML 文件

IDEA 社区版相对企业版少了很多功能，包括 Tomcat 和 Nginx 等对 Web 服务器的支持。在 IDEA 社区版下创建 Web 项目，操作步骤如下：

1）在 IDEA 中选择 File｜Project 命令，弹出如图 16.8 所示的创建新项目对话框。在该对话框的左侧选择 Maven 选项，勾选 Create from archetype 复选框，接着选择 maven-archetype-webapp 选项，最后单击 Next 按钮，进入如图 16.9 所示的路径和项目名称设置对话框。

2）在路径和项目名称设置对话框的 Name 文本框里输入 demo，并在 Location 下指定项目路径，然后单击 Next 按钮，进入如图 16.10 所示的对话框。按照图 16.10 中的标注设置相应的参数，最后单击 Finish 按钮完成设置。这样生成的 main 目录下只有 webapp 目录。

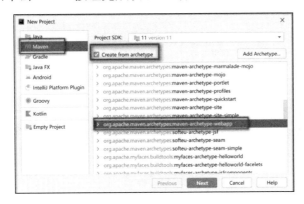

图 16.8　创建新项目

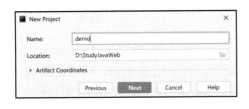

图 16.9　设置项目路径和项目名称

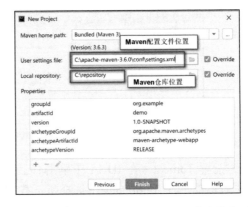

图 16.10　设置 Maven 路径和 Maven 仓库的位置

3）在 IDEA 中选择 File｜Project Structure 命令，然后在 Modules 下设置 Sources(java)、

Resources(resources)和 Tests(test/java)，如图 16.11 所示。

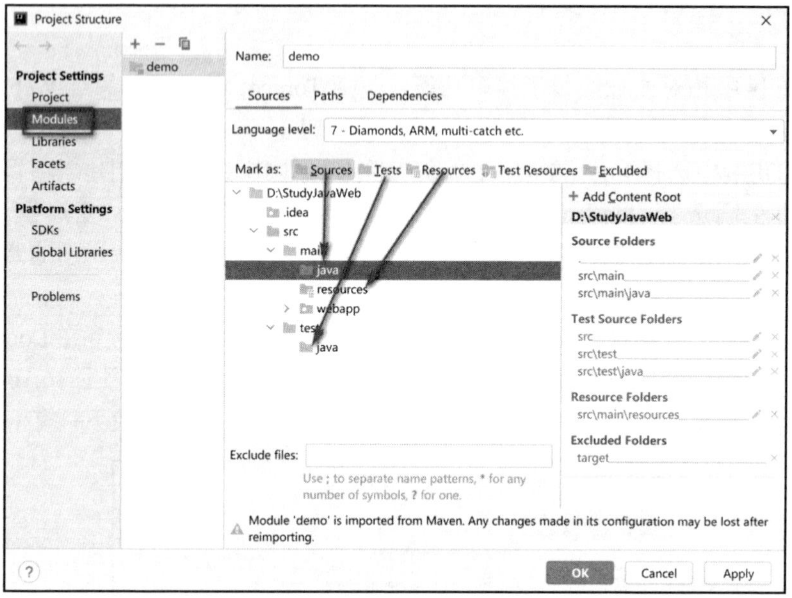

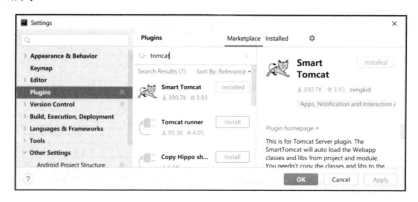

图 16.11　配置项目目录

4）在 IDEA 中选择 file | settings 命令，然后在 plugins 选项中下载 Smart Tomcat 插件，如图 16.12 所示。

图 16.12　下载 Smart Tomcat 插件

5）配置 Tomcat。在 IDEA 中单击右上角的 Add Configuration 按钮，弹出如图 16.13 所示的对话框，在 Templates 下选择所下载的 Smart Tomcat，弹出如图 16.14 所示的配置 Tomcat 对话框。其中，主要的配置项如下：

- Tomcat Server：选择需要启动的 Tomcat。
- Deployment Directory：选择项目中的 webapp。

- Context Path：表示"/项目名"或者"/"路径。其中，在"/项目名"访问路径中需要添加项目名称，而在其他路径下不需要添加。
- Server Port：服务器监听端口。
- VM options：Java 虚拟机参数设置（可不填写）。

图 16.13　选择 Templates 下的 Smart Tomcat

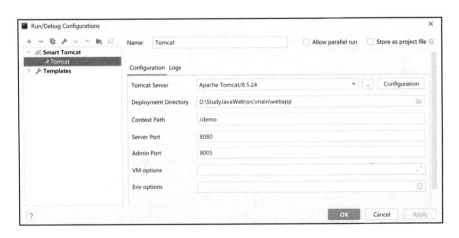

图 16.14　配置 Tomcat

完成上面的配置，就可以创建 Web 项目了。右击 webapp，在弹出的快捷菜单中选择

New | HTML File 命令，新建一个 HTML 5 文件，如图 16.15 所示。

在 IDEA 中单击右上角的下拉按钮，选择  即可启动 Tomcat。在浏览器中输入 http://localhost:8080/demo/first.html，将会显示如图 16.16 所示的信息，表示第一个 HTML 页面部署成功。

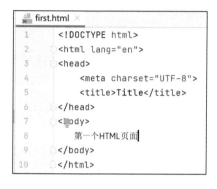

图 16.15　新建 HTML 文件　　　　　图 16.16　第一个 HTML 页面

使用 Nginx 创建和发布 Web 项目的流程如下：

1）Nginx 安装完成后，需要在 IDEA 中进行配置。选择 File | Settings 命令，在 Plugins 下下载 Nginx 插件，如图 16.17 所示。

2）在 IDEA 主界面中，单击右上角运行按钮左侧的 Add Configuration 按钮，在弹出的对话框（参考图 16.13）的 Templates 下选择前面下载的 nginx server，弹出如图 16.18 所示的配置 Nginx 对话框进行设置。

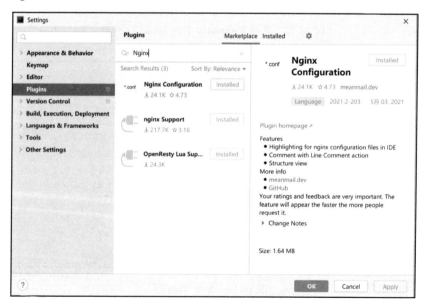

图 16.17　下载 Nginx 插件

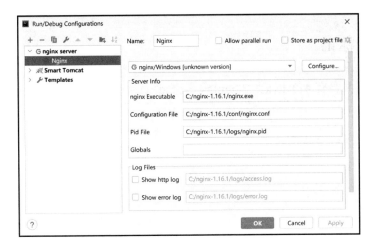

图 16.18　配置 Nginx

3）在 Nginx 安装路径下（C:\nginx-1.16.1\conf）的 nginx.conf 中添加一个 Server 配置项，指定端口和服务器的访问名称，以及项目所在路径（D:\StudyJavaWeb\src\main\webapp）。

```
server {
    listen       9000;
    server_name  localhost;

    location / {
        root  D:\StudyJavaWeb\src\main\webapp;
        index  index.html index.htm;
    }
}
```

4）完成以上配置就可以创建 Web 项目了。右击 webapp 目录，在弹出的快捷菜单中选择 New | HTML File 命令，新建一个 HTML5 文件，如图 16.19 所示。

在 IDEA 中单击右上角的下拉按钮，选择 ![G Nginx ▾ ▶] 即可启动 Nginx。在浏览器中输入 http://localhost: 9000/second.html，将会显示如图 16.20 所示的信息。

图 16.19　新建 HTML 文件

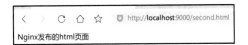

图 16.20　第一个 HTML 页面

16.2.2　常用标记

HTML 文档主要有 4 个标记：<html>、<head>、<title>和<body>。示例如下：

```
<html>
<head>
<title>标记示例</title>
</head>
<body>
  这是一个标记示例
</body>
</html>
```

除此之外，HTML 常用的标记还有以下几种：

- 换行标记：
。
- 段落标记：以<p>标记开头，以</p>标记结束。
- 标题标记：HTML 设定了 6 个标题标记，分别为<h1>至<h6>。其中，<h1>代表 1 级标题，<h2>代表 2 级标题，以此类推，数字越小，文字的字体越大。
- 居中标记：HTML 页面默认的布局方式是从左到右依次排序。如果需要居中显示页面内容，则可以使用进行<center>标记。

这几种标记的示例如下：

```
<html>
<head>
<title>标记示例</title>
</head>
<body>
    这是一个换行标记<br>
    <p>这是一个段落标记</p>
    <h1>这是一个一级标题</h1>
    <center>这是居中显示</center>
</body>
</html>
```

运行结果如图 16.21 所示。

这是一个换行标记
这是一个段落标记
这是一个一级标题
这是居中显示

图 16.21　页面显示

16.2.3　DOM 文档

HTML DOM 是一种获取、修改、添加和删除 HTML 页面元素的标准。通过 document. getElementsByName()获取 username 元素。下面的示例先获取 username 元素，然后通过 length 属性获取元素的个数。

```html
<!DOCTYPE HTML>
<html>
<head>
    <script type="text/javascript">
        function getElements(){
            var num=document.getElementsByName("username");
            alert(num.length);
        }

    </script>
</head>

<body>
    <input name="username" type="text" size="10"/><br/>
    <input name="username" type="text" size="10"/><br/>
    <input type="button" onclick="getElements()" value="'username'共有多少
个? "/>
</body>
</html>
```

16.2.4　HTML 5 简介

HTML 5 是下一代 HTML 语言标准，它是为承载各种丰富多样的 Web 内容而设计的。通过 HTML 5 可以直接展示 Web 内容，而不再需要额外的插件。

HTML 5 可以运行在不同类型的设备（如计算机、手机、平板、电视）上，而且是跨平台的。

16.3　CSS 简介

CSS（Cascading Style Sheets，层叠样式表）是一种可以用来表现 HTML 文件样式的计算机语言。CSS 不仅可以修饰静态网页，还可以对网页的各种元素根据需求进行格式化。

使用 CSS 可以提升网页的开发效率，而且还可以控制多重页面的样式和布局。

1．CSS的使用规则

CSS 由选择器和声明块组成。选择器指向需要设置样式的 HTML 元素，如 body 和 h1 等元素。声明块由一条或多条分号分隔的声明组成。每条声明由一个 CSS 属性名和一个值组成，用冒号分隔；多条 CSS 声明之间用分号分隔，整个声明用花括号括起来。例如：

```
h1:{color:blue;font-size:20px}
```

2. CSS的使用方法

CSS 声明以分号（;）结束，声明用花括号（{}）括起来。

作为初学者，最常见的一种方法是使用<style>和</style>标签将 CSS 包含到 HTML 中。<style>标签可以放在 HMTL 页面任何地方，但是一般放在<head>中。

在<head>标签中插入如下 CSS 样式，可以将 body 标签中的字体设置为宋体，将字号设置为 40px，将字体颜色设置为红色。代码运行结果如图 16.22 所示。

```
<style>
    body{
    color:red;                      /*设置字体颜色为红色*/
    font-size:40px;                 /*设置字号为 40px*/
    font-family:"宋体"}             /*设置字体为宋体*/
</style>
```

CSS 作为一种样式文件，知识点较为琐碎，难度不大，读者可以查阅相关书籍深入学习。

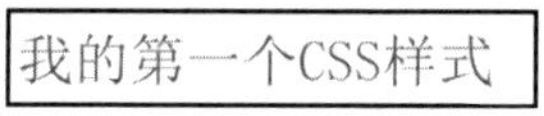

我的第一个CSS样式

图 16.22　代码运行结果

16.4　JavaScript 简介

JavaScript 是一种用于 Web 应用程序开发中的编程语言。现在几乎所有的 HTML 页面开发都会使用 JavaScript。

在 HTML 页面中使用 JavaScript 必须用<script>标签。<script>和</script>用于标识 JavaScript 开始和结束的位置。

HTML 中的 JavaScript 需要放在<script>与</script>标签之间。一般将<script>与</script>标签放在 HTML 页面的<body>和<head>标签之间。

在 HTML 页面的<body>和<head>标签之间插入如下代码，运行程序，在浏览器中将会显示如图 16.23 所示的界面。

```
<script>
    alert("这是我的第一个 JavaScript");
</script>
```

localhost:9090 显示

这是我的第一个JavaScript

确定

图 16.23　程序运行结果

JavaScript 作为一种脚本语言，它与 Java 等语言的语法规则有相似之处，读者可以查阅相关书籍深入学习。

16.5　案例——三酷猫的简易网站

三酷猫需要用 HTML+CSS 代码实现一个简单的商品列表，用于展示商品名称、商品单价和购买数量。要求：表头字体为红色，有边框，第一行和第三行是蓝色字体，第二行是橘色字体。代码如下：

```
<!DOCTYPE html>
<html lang="en">
<head>
    <meta charset="UTF-8">
    <title>三酷猫的商品列表</title>
</head>
<style>
    table tbody{
        color:blue;                 /*设置字体颜色为红色*/
        font-size:20px;             /*设置字号为20px*/
        font-family:"宋体"          /**设置字体为宋体*/
    }
    .color-red{
        color:red;
        font-size:16px;
    }
    .color-orange{
        color:orange;
        font-size:16px;
    }
</style>
<body>
    <table border="1">
        <tbody>
            <td>商品名称</td>
            <td>商品单价</td>
            <td>购买数量</td>
        </tbody>
            <tr class="color-red">
                <td>鲤鱼</td>
                <td>15.60</td>
                <td>3</td>
            </tr>
            <tr class="color-orange">
                <td>鲫鱼</td>
                <td>18.20</td>
                <td>5</td>
            </tr>
            <tr class="color-red">
```

```
                <td>鲢鱼</td>
                <td>16.90</td>
                <td>2</td>
            </tr>
        </div>
    </table>
</body>
</html>
```

16.6　练习和实验

一、练习

1．填空题

1)（　　　）是超文本传输协议，所有以网站形式进行远程访问和操作的都是（　　　）模式。

2）在 Nginx 中，如果想设置监听 8088 端口，应该（　　　）（给出方法）。

3）HTML 文档的主要标记有（　　　）、（　　　）、（　　　）和（　　　）。

4）在通常情况下，CSS 代码写在（　　　）标签中。

5）JavaScript 脚本应该写在（　　　）标签中。

2．判断题

1）Nginx 是一款高性能 HTTP 服务器和反向代理服务器。　　　　　　　　（　　　）

2）在 HTML 中，段落标记是
。　　　　　　　　　　　　　　　　（　　　）

3）HTML 5 代码只能运行在手机和平板上。　　　　　　　　　　　　　（　　　）

4）在 JavaScript 中，弹出消息的关键字是 alert。　　　　　　　　　　　（　　　）

5）在 CSS 中，设置字体大小的属性是 font-size。　　　　　　　　　　　（　　　）

二、实验

在 16.5 节的案例中，单击商品名称，弹出脚本提示。要求如下：

1）在每种鱼的文字上加 JavaScript 函数。

2）函数的返回值是弹出对话框"您选择的是 xxx"。例如，单击鲤鱼，弹出对话框"您选择的是鲤鱼"。

第 17 章　后端开发技术

我们做任何事情时，如果能够吸取别人的经验总结，那么一定会更省力、更快速地完成这件事。从零开始摸索一件事情往往费力、费时，而且还不一定能把事情做好。例如，张三去了一个陌生的城市，如果他没有任何准备就去找一个地方，则很容易走错路，而且还浪费时间。如果他事先找到一张该市的地图，对需要去的地方提前进行了解，那么他就能很快地找到要去的地方。这张地图就是了解这个城市区域分布的经验总结（知识总结）。

编程也一样，如果别人已经总结出了一个基础框架，该框架涵盖数据库访问模块、系统参数配置模块、主界面基本框架模块、注册登录模块，那么程序员可以在这个基础框架上稍微修改一下，调整为自己需要的功能模块，这可以极大地提升程序的开发效率。

另外一个好处是，经过市场验证的应用程序，其技术框架往往是稳定、安全和易于使用的，这也可以避免软件项目的技术风险。

本章主要介绍 Java 的后端技术框架，主要内容如下：

- 后端服务的演变；
- Spring 与 Spring Boot 框架；
- Thymeleaf 模板；
- ORM 简介。

17.1　后端服务的演变

任何事物都有其发展历史，后端服务也不例外。根据后端服务的演变过程，可以将其架构模式发展分为 4 个阶段。

1. Servlet阶段

Servlet 是服务器端的 Java 技术应用，它可以生成动态 Web 页面。Servlet 主要用来处理客户端发送的 HTTP 请求，并根据请求内容返回相应的处理结果。多数 Servlet 指的是 HttpServlet，即对 HTTP 请求进行处理。处理请求的方法主要有 doGet()和 doPost()等。

2．SSH阶段

SSH 是 Struts+Spring+Hibernate 三个框架集成的一种开发模式，前些年较为流行。

3．SSM阶段

SSM 是 Spring+Spring MVC+MyBatis 三个框架集成的一种开发模式，它是继 SSH 框架之后较为主流的企业级框架组合，目前也处于被淘汰的边缘。

4．微服务阶段

微服务架构是一种较新的架构思想，它将系统中的每个微服务独立部署，所有微服务之间松耦合，每个微服务只关注于一个任务，每个任务代表一个较小的业务功能。

5．常用框架

Java 常用框架主要有 SpringMVC、Spring、MyBatis、Dubbo、Maven、RabbitMQ、Log4j、Redis 和 Shiro 等。

17.2　Spring 与 Spring Boot 框架

Spring 框架对 Java 的各种应用项目提供全面支持。常用的 Spring 功能模块主要有 Spring JDBC、Spring MVC 和 Spring AOP 等。利用这些模块可以缩短项目工期，提高程序开发效率。

Spring Boot 在 Spring 基础上进行了扩展，提供了更简单的项目环境搭建方法，让开发人员可以把更多的精力放在业务逻辑开发上。

17.2.1　使用准备

使用 IDEA 开发 Spring Boot 项目前需要先进行环境配置，之后才可以创建 Spring Boot 项目。

1）下载并安装 Maven，然后在 IDEA 中完成对 Maven 的配置。可以根据需要下载相应的版本，这里下载的是 3.6.0 版，如图 17.1 所示。

2）将安装包进行解压缩，然后配置 Maven 环境变量。新建 MAVEN_HOME 变量，变量值为 Maven 的解压目录，如图 17.2 所示。之后在 Path 路径下配置%MAVEN_HOME%\bin。

3）在 cmd 命令窗口中输入:mvn –v，检查 Maven 配置是否成功，结果如图 17.3 所示，表示配置成功。

图 17.1　Maven 下载界面

图 17.2　配置 MAVEN_HOME 环境变量

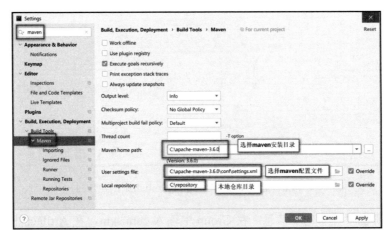

图 17.3　检查 Maven 配置是否成功

4）在 IDEA 中配置 Maven。选择 File | settings，在弹出 Settings 对话框中输入 maven，然后进行如图 17.4 所示的配置。

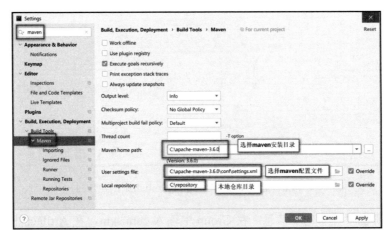

图 17.4　在 IDEA 中配置 Maven

5）打开 Maven 的 setting.xml 文件，在其中搜索 localRepository，然后将其修改为本地仓储路径，如图 17.5 所示。

图 17.5　Maven 仓库路径设置

17.2.2　创建第一个项目

有了前面的铺垫，现在我们可以尝试创建一个 Spring Boot 项目。

1）打开 IDEA 企业版，选择 New Project | Spring Initializr，其他选项保持默认，单击 Next 按钮，如图 17.6 所示。

🔔 注意：由于社区版 IDEA 无 Spring Initializr 选项，因此本例选用 IDEA 企业版。

图 17.6　通过 IDEA 的 Spring Initializr 创建项目

2）设置新建项目的基本信息。在 Group 中输入 com.skm，在 Artifact 中输入 app，在 Description 中输入项目描述"三酷猫电商生鲜项目"，单击 Next 按钮，如图 17.7 所示。

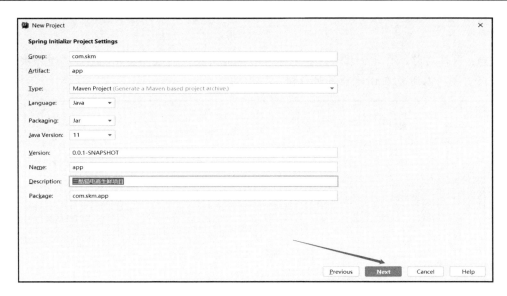

图 17.7　输入项目配置信息

3）选择项目需要的基础依赖。这里根据项目需求进行选择：如果需要连接 MySQL 数据库，就选择 SQL 里面的 MySqlDriver；如果需要 Web，就选择 Web 里面的 SpringWeb。本例选择最基础的 SpringWeb 和 Lombok，然后单击 Next 按钮，如图 17.8 所示。

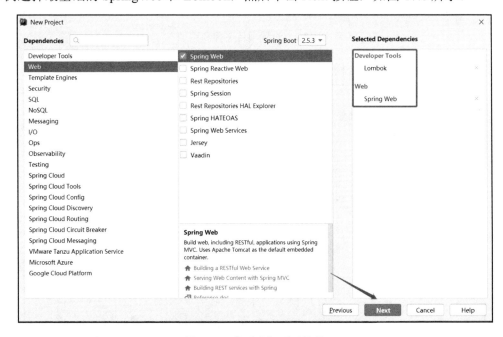

图 17.8　按需选择项目依赖

4）输入项目名称。选择项目所在路径，单击 Finish 按钮，完成项目的创建，如图 17.9

所示。

注意：项目名称、项目安装路径和文件命名等能用英文的就不要用拼音；尽量不要用中文，以避免在创建项目时出错。

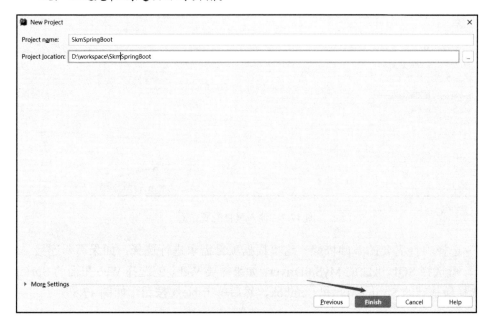

图 17.9　设置项目名称和路径

5）项目初始化之后的结构如图 17.10 所示。

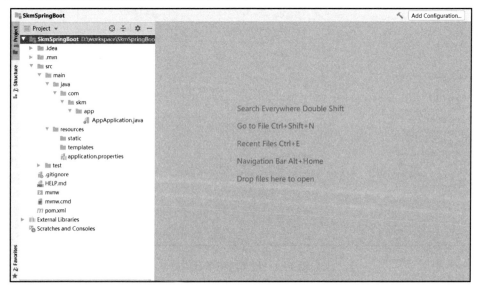

图 17.10　项目初始化后的基本结构

6）选择项目的源码路径。Java 文件夹选择 Sources，resources 文件夹选择 Resources，如图 17.11 所示。

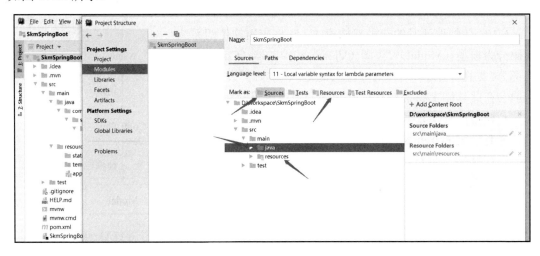

图 17.11　设置源码路径

7）验证项目。在类上增加 Controller 注解，证明该类是一个 Controller。在 AppApplication 中增加如下测试代码：

```
@ResponseBody
@GetMapping("/index")
public String index(){
    return "hello, 三酷猫";
}
```

启动项目，在浏览器中输入 http://localhost:8080/index，返回"hello，三酷猫"，证明项目创建完毕，如图 17.12 所示。

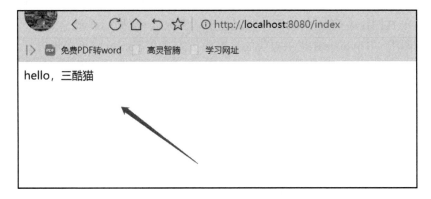

图 17.12　验证项目是否创建成功

17.2.3　MVC 简介

MVC 是软件开发的一种架构模式，它将应用软件的系统代码分为模型（Model）、视图（View）和控制器（Controller）三部分，如图 17.13 所示。需要注意的是，在实际开发过程中，一般会在此基础上将该模式进一步细分为更多层的架构。

- 模型：关联数据库的 Java POJO，它与数据库对应，也有一定的业务逻辑代码处理功能。
- 控制器：负责在模型和视图之间转发请求并对请求进行处理。控制器将模型和视图进行了分离。
- 视图：前端人员进行项目设计的界面。

MVC 架构模式的优点是项目的不同层次之间低耦合，可重用性高，在生命周期中成本较低，有利于工程化管理项目。

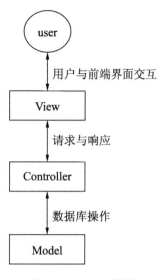

图 17.13　MVC 模型

17.3　Thymeleaf 模板

Spring Boot 项目的代码包是 jar 包而不是 war 包，其内嵌了 Tomcat 中间件。因此在 Spring Boot 中，前端网页开发不再使用 JSP，官方推荐使用 Thymeleaf。Thymeleaf 是一个与 Velocity 和 FreeMarker 类似的模板引擎，它可以完全替代 JSP。

Thymeleaf 有如下两个特点：

- 在无网络的环境下也可以运行。Thymeleaf 既可以作为静态页面供前端工程师调试，也可以在服务端供后台程序员查看带数据的动态效果。Thymeleaf 支持 HTML 原型，可以在 HTML 标签里增加额外的属性来达到模板+数据的展示方式。
- 开箱即用。Thymeleaf 提供自带的标准模板方言和 Spring 标准模板方言，它可以直接套用模板实现 JSTL 和 OGNL 表达式的效果，同时也可以扩展和创建自定义的模板方言。Thymeleaf 可以快速实现表单绑定、属性编辑器和国际化等功能。

Thymeleaf 的官方网址是 https://www.thymeleaf.org/。

在本书第 3 篇中，电商项目的前端页面就是使用 Thymeleaf 搭建的。Thymeleaf 应用在页面上的时候只需要使用 th:属性即可。例如，th:href 用于绑定 href（超文本引用）链接，th:each 用于获取后台列表 List 便于循环使用，th:text 用于展示文字内容……在第 3 篇中，读者可以详细学习 Thymeleaf 的语法。

17.4　ORM 简介

ORM（Object Relational Mapping，对象关系映射）可以将关系数据库中表的数据映射成对象，这样开发人员就可以把对数据库的操作转化为对对象的操作。其根本目的是让开发人员较为方便地使用面向对象编程思想对数据库进行操作。

17.4.1　ORM 概述

目前有很多 ORM 框架，如 Hibernate、MyBatis、Spring MVC 和 Log4j 等，这些 ORM 框架各有特色，Spring 对这些 ORM 框架都提供了很好的支持。

ORM 有如下特点：

- 可以提高项目开发效率。ORM 可以自动对实体对象与数据库中的表进行字段与属性映射，而不再需要一个复杂的数据访问层。
- ORM 提供对数据库的映射，不用再编写复杂的 SQL 语句，可以像操作对象一样对数据库中的数据进行操作。

17.4.2　MyBatis 简介

MyBatis 是一款优秀的持久层框架，它支持自定义 SQL、存储过程和高级映射。MyBatis 几乎免除了所有的 JDBC 代码编写，以及参数设置和结果集获取等工作。它可以通过配置简单的 XML 或注解，将原始类型、接口和 Java POJO（Plain Old Java Objects，普通老式的 Java 对象）映射为数据库中的记录[1]。

在本书的第 3 篇中，电商项目的后台存储使用的就是 MyBatis。MyBatis 有如下诸多优点：

- 简单易学。MyBatis 很小且简单易学，它没有任何第三方依赖，最简单的安装只要两个 jar 文件，配置几个 SQL 映射文件即可。MyBatis 易于学习和使用，通过文档和源代码，就可以较全面地掌握其设计思路和实现方法。
- 灵活。MyBatis 不会对应用程序和数据库的现有设计强加任何影响。SQL 写在 XML 中，便于统一管理和优化。通过 SQL 语句可以满足操作数据库的所有需求。
- 解除 SQL 与程序代码的耦合。MyBatis 提供了 DAO 层，将业务逻辑和数据访问逻辑分离，可以让系统的设计更清晰，更易维护，也更易于进行单元测试。SQL 和代码的分离，可以提高程序的可维护性。

---

[1] MyBatis 简介，https://mybatis.org/mybatis-3/zh/index.html。

- 提供映射标签，支持对象与数据库的 ORM 字段进行关系映射。
- 提供对象关系映射标签，支持对象关系的组建和维护。

17.5　思考——三酷猫的电商项目

学到这里，三酷猫就已经掌握了 Java 语言的脉络。接下来要做的事是如何构造自己的电商生鲜系统。

三酷猫回忆了一下本章通过 IDEA 企业版从零开始创建一个 Spring Boot 项目的相关内容（读者亦可回忆一下 17.2.2 小节的相关内容），例如如何配置和启动端口，如何测试项目是否启动成功等。一切准备就绪后，三酷猫开始构思电商项目的蓝图。在三酷猫的脑海里，电商蓝图的技术架构如图 17.14 所示。

图 17.14　电商蓝图技术架构

此时此刻，三酷猫跳出了程序员的圈子，而去充当一位产品经理。因为对于任何一个项目而言，首先要做的工作就是需求分析和产品设计。于是三酷猫拿起了笔和纸开始电商系统的设计工作。

从本书的第 3 篇开始，我们将跟随三酷猫的脚步，一步一步地构建电商生鲜系统。

17.6　练习和实验

一、练习

1. 填空题

1）后端服务架构模式发展的第一个阶段是（　　　）。
2）在项目中，管理后端 jar 包和依赖的工具是（　　　）。
3）创建 Spring Boot 项目的默认服务器是（　　　），默认启动端口是（　　　）。
4）MVC 是软件开发的一种架构模式，MVC 分为（　　　）、（　　　）和（　　　）三部分。

5）MyBatis 支持两种对象和数据库的映射关系，分别是（　　　）和（　　　）。

2．判断题

1）SSH 是 Spring、Spring MVC 和 Hibernate 的简写。　　　　　　　（　　　）
2）微服务架构是一种较新的架构思想，它将系统中的每个微服务进行独立部署。

　　　　　　　　　　　　　　　　　　　　　　　　　　　　　　　（　　　）
3）Spring Boot 和 Spring 是两个完全不同的框架。　　　　　　　　（　　　）
4）Thymeleaf 模板引擎在无网络的环境下也可以运行。　　　　　　　（　　　）
5）MyBatis 支持自定义 SQL、存储过程和高级映射。　　　　　　　　（　　　）

二、实验

做一个简单的查询列表并将其结果显示在页面上。要求如下：
1）有一个鱼的类，里面有名称、单价和购买数量。
2）创建一个 Controller 类，用于处理前端请求。
3）编写一个初始化的方法（用 List 封装几个固定值的对象，充当数据库返回值）。
4）增加一个接收前端请求的方法，并返回一个 List 给前端页面。
5）简单编写一个 HTML 页面，用于展示从后端返回的 List 对象。

第 3 篇
电商项目实战

学习编程的最终目的是进行项目开发。本篇模拟一个相对完整的电商项目，来展示 Java 技术的综合应用。

本篇围绕三酷猫电商生鲜项目，从项目的整体设计、后端功能实现和前端功能实现的角度进行介绍，最终让读者具备初步开发一个 Web 项目的能力。

本篇内容包括：

▸▸ 第 18 章　三酷猫电商生鲜项目整体设计

▸▸ 第 19 章　项目后端功能实现

▸▸ 第 20 章　项目前端功能实现

第 18 章　三酷猫电商生鲜项目整体设计

在实际工作中，开发一个软件项目时一般先由项目经理或技术经理对项目进行整体设计，然后才给程序员分配具体的开发任务。本章的主要内容如下：

- 项目实施的基本流程；
- 需求分析；
- 数据库设计；
- 项目整体框架设计；
- 项目鸟瞰。

本章从项目实施的角度出发，从整体上介绍项目的需求分析、系统设计、数据库设计和框架设计等内容，在此基础上搭建一个模拟的三酷猫电商生鲜平台，让读者了解商业项目的开发流程。三酷猫生鲜店生意火爆，它的目标是建立全世界范围内业务可达的电商生鲜系统。

18.1　项目实施的基本流程

一个软件项目从无到有往往需要经历如图 18.1 所示的实施流程。

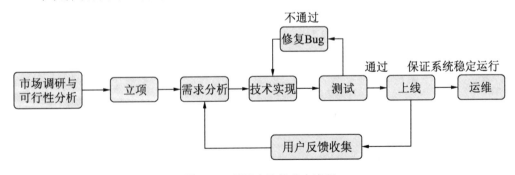

图 18.1　项目实施的基本流程

1）市场调研与可行性分析：根据用户的需求进行初步的需求分析，形成《可行性研究报告》或《初步需求分析报告》。

2）立项：根据《可行性研究报告》，由用户决定是否立项（政府项目由上级主管部门审批是否立项）。

3）需求分析：立项通过后开始进行详细的需求调研，经过反复的需求确认，形成最终的《项目建设方案》。

4）技术实现：《项目建设方案》通过后，通过招投标等形式确定实施单位，进入项目实施开发阶段。这一阶段的工作主要由系统架构师和软件工程师完成，最终通过代码开发实现软件的相关功能；

5）测试：软件功能开发完成后需要进行系统测试（部分过程测试伴随着代码开发过程）。

6）修复 Bug：测试工程师发现问题，把问题反馈给软件开发工程师，由他们进行软件功能的修复和完善。

7）上线：所有功能开发完成并通过系统测试后进行软件系统部署上线，并对用户进行使用方面的培训。

8）用户反馈收集：软件系统上线后，一般要进行半年到一年的试运行。在试运行过程中，用户如果发现软件存在的缺陷，可以提交给软件工程师进行完善。

9）运维：试运行结束用户验收成功后，即可进入正常的使用和系统运维阶段。

18.2 需 求 分 析

需求分析要遵循由粗及细，层层细化，反复迭代和确认的原则，进行需求获取和需求细化定型，并要善于区分需求的重要程度，区分哪些是核心需求，哪些是非核心需求，哪些是真需求和伪需求，从而避免做无用功。

18.2.1 整体需求分析

整体需求分析从业务需求人员和需求范围的角度确定一个项目的需求，从而进行整体框架性的需求设计。电商生鲜项目的需求分析是项目开发的一个重要环节，需要掌握系统相关人员的需求，并梳理清楚需求的范围。

1．人员需求分析

以本项目为例，假设三酷猫电商生鲜项目主要涉及投资方、业务人员和顾客三大类人群，其需求如图 18.2 所示。

- 投资方：希望该项目功能完备，投资合理，具有业务可持续性，他们提出的是宏观需求，体现在合作合同上。

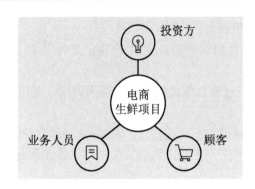

图 18.2　项目相关人员的需求

- 业务人员：这里的业务人员指运作三酷猫电商生鲜系统的具体业务操作人员，他们是项目组重点关注的需求来源对象，从他们那里可以获得详细的功能操作要求、业务流程要求和市场营销要求等信息，他们也是设计电商生鲜系统后台功能的主要需求确认对象。后台功能设计是否符合需求，最终由他们说了算。这里的业务人员可以分为电商平台的商家人员和电商平台的后台管理人员。
- 顾客：指在电商平台购物的人员，需要为他们提供完善的在线购物体验功能，能满足他们的购物需求是电商生鲜系统一个重要的需求关注点。要知道，友好、智能和方便的在线购物体验可以大幅增加购物的成功率，而差的购物体验可能会导致顾客的大量流失。

2. 需求范围

梳理清楚项目的重点需求对象后，就可以根据他们的需求进一步梳理需求的范围。

（1）后端需求范围

一个典型的电商后端业务功能需求分析如表 18.1 所示。

表 18.1　后端业务功能需求分析

序　　号	业务人员需求	对应的功能要求
1	怎么进入后台系统	手机号注册申请 超级管理员审核通过，分配角色（商家、骑手）
2	商家如何维护店铺信息	商家在系统后台创建店铺，实名上传代表经营资格的各种证件，申请开通 管理员验证店铺，审核通过
3	商家如何维护商品	新增或者修改商品信息，包括名称和价格等 上架或者下架商品
4	商家如何维护订单	商家收到顾客下单的商品开始备货，完成备货后把送货信息发送到骑手的App上
5	骑手如何维护订单	骑手搜索附近有无送货需求的商家，找到后就去店里取货，然后送达顾客，完成交易

序　号	业务人员需求	对应的功能要求
6	顾客评论管理	对于交易完成的订单，顾客会对订单商品进行评价，商家需要按需处理顾客的诉求，提升顾客的满意度
……	……	……

（2）前端需求范围

三酷猫电商生鲜系统顾客在线访问功能的需求分析如表 18.2 所示。

表 18.2　前端需求分析

序　号	顾客访问需求	对应的功能要求
1	如何找到商品	通过各种维度的搜索（推荐、名称、销量、好评数和店铺）来定位需要购买的商品，单击商品可以查看商品详情
2	如何购买商品	选择商品的规格和数量之后，在线直接下单购买
3	如何加入购物车	选择商品后可以不购买，先加入购物车
4	如何支付和查看订单	下单支付的订单，可以实时跟踪订单的物流状态；交易完成的订单，可以查看历史交易
5	如何评价订单	交易完成的订单，顾客可以进行主观评价并打分，也可以看到相同品类的商品推荐

由于完整的三酷猫电商生鲜系统是一个庞杂的大型业务系统，这里仅实现其具有代表性的一些功能。

📖提示：需求分析要关注需求带来的数据和业务流程。需求所隐含的数据对应数据库表的设计；业务流程则决定系统应用功能的出现位置和使用权限。

18.2.2　商品信息维护需求

三酷猫电商生鲜系统除了要满足顾客购买商品的基本功能之外，还要方便商家管理商品，以及为送货骑手提供送单信息等，由此设置商品信息，并对商品信息进行灵活维护，这是一项基础功能。

生鲜商品的基本属性包括商品图片、商品名称、商品描述、来源、原价格、优惠价格、单位和促销信息等，这些属性组成了一个商品的基本维度。第二维度是商品编码和 SKU（Stock Keeping Unit，商品库存保有单位）等，这些属性可以方便后台管理查询。第三维度还需要为用户搜索提供一些便捷的属性信息，如设计一些可供用户搜索的关键字等，通过这些信息，用户才能在页面上快速、方便地搜索到需要的商品。简单的商品信息维护分析如表 18.3 所示，其中包括商品名称、商品描述、售货门店名称和每份价格等，还可以增加对属性信息的新增、修改和删除功能。

表 18.3　商品信息维护分析

序　号	属　　性	可 操 作 性
1	商品名称	新增，修改
2	商品描述	新增，修改
3	售货门店名称	新增，修改
4	每份价格	新增，修改
5	是否上架	上架，下架
6	商品图片	新增，修改

18.2.3　商品列表查询需求

商品列表查询可以为商家管理商品提供维护功能，为顾客查询商品提供搜索功能。

商家通过手机号或者其他账号登录后台管理系统，后台管理系统根据商家的权限向其展示商家所在店铺的全部商品，以便商家对商品进行维护。后台的商品列表一般根据创建时间或者修改时间进行排序，便于商家进行维护和快速查找。

用户端的商品列表一般根据用户的使用习惯进行显示，例如价格从高到低排列，购买数量从多到少排列，也可以根据用户的购买和浏览历史记录进行排列，将经常购买的同品类商品及购物车中的促销商品排列在最前面。一个简单的商品列表属性分析如表 18.4 所示。

表 18.4　商品列表属性分析

序　号	属　　　　性
1	商品名称
2	商品描述
3	商品小图
4	商品规格
5	商品价格
6	销量、好评数和推荐度等

18.2.4　商品详情查询需求

顾客从商品列表中看到的信息只是商品的基本信息，更加详细的信息需要通过商品详情来展示。

商品详情页面需要展示商品的详细属性，包括大图、包装规格、促销力度、售后保障和评价晒单等，以方便用户了解商品的细节。商品详情页面的信息会直接影响顾客的下单率。因此，商品详情是电商平台重要功能的实现环节之一。一个简单的商品详情页面属性分析如表 18.5 所示。

表 18.5　商品详情页面属性分析

序　号	属　　性
1	商品名称
2	商品的详细描述
3	商品的完整图
4	包装规格
5	促销力度
6	售后保障
7	晒单评价

18.2.5　加入购物车需求

购物车为用户购物提供了便捷功能。假如用户想连续购买商品，那么把选中的商品先加入购物车，然后一起结账，这是一个很人性化的购物体验。

另外，对于顾客当时不用必须买但有购买意向的商品，可以先将其加入购物车。加入购物车中的商品，用户再次登录时可以直接下单，系统也会定期给顾客推送购物车中的商品优惠信息。因此，购物车中的商品有很大的概率会被顾客下单购买。

在进行系统设计的时候，购物车设计也是很重要的环节。一个简单的加入购物车页面的属性分析如表 18.6 所示。

表 18.6　我的购物车

序　号	属　　性
1	商品名称
2	购买数量
3	自动计算选中商品的总价

18.2.6　生成订单需求

用户在生成订单页面填写收货地址并完成支付（有的可以选择支付方式），这样就完成了下单流程。生成订单后，商家会看到相应的订单和支付金额，接下来商家备货，发送快递，送货上门，最终完成整个交易。

生成订单的操作一定要简洁且方便，最好可以直接计算用户可以使用的最大优惠幅度。收货地址可以让用户选择曾经下过单的地址，以避免重复书写。生成订单页面的属性分析如表 18.7 所示。

表 18.7　生成订单页面的属性分析

序　号	属　性
1	联系电话
2	收货人
3	收货地址
4	快递上门送货或者就近驿站自提
5	选择支付方式
6	订单金额

18.2.7　订单列表查询需求

管理系统的订单列表中有以下 3 种用户角色：
- 第一种是商家。用户下单后，商家就会看到订单，然后开始备货，完成后通知快递取货（快递包括普通骑手和要运送到不同城市的物流公司）。
- 第二种是骑手。骑手分为两种：一种是直接去商家取货，然后再将货送达用户；另外一种是去快递公司指定的取货点取货。不论是哪种，最终都会由骑手将货送到用户手中。
- 第三种是平台的客服。如果涉及纠纷或者一些事必须要和用户或商家之外的第三方打交道，那么平台客服就会介入。

下面以没有跨城的物流公司为例，介绍从用户下单到收到货的完整流程。

用户下单后，订单状态变成"已下单"，商家接单后，修改状态为"备货中"，备货的同时商家还会通知骑手来取货。

附近的骑手收到商家的通知后来商家处取货，订单状态则变为"配送中"。骑手将货送到用户手中之后，就会把订单状态改为"已送达"。这样，从用户下单到骑手将货送到用户手中的一个完整订单流程就通了。下单派送流程如图 18.3 所示。

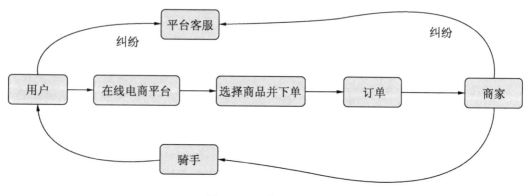

图 18.3　下单派送流程

18.3　数据库设计

根据需求分析，可以进一步明确并设计对应的数据库表。

18.3.1　数据库的整体设计

数据库用于存储业务系统产生的数据，并为各类使用者提供数据读写服务。三酷猫电商生鲜系统的数据库系统也是如此，其在系统中的位置如图 18.4 所示。

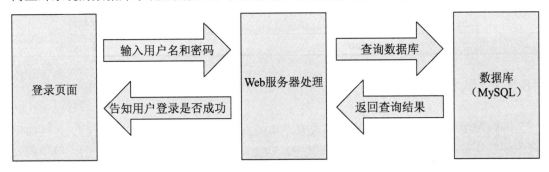

图 18.4　三酷猫电商生鲜系统中的数据库位置

可以看出，三酷猫电商生鲜系统自用户登录界面开始，就通过 Web 服务与数据库系统进行数据读写交流。

这里为了方便读者学习，采用开源、免费和易学的 MySQL 数据库支持三酷猫电商生鲜系统的开发。

通过 18.2 节对三酷猫电商生鲜系统的需求分析，就可以有针对性地进行数据库的设计和实现。

一个管理严格的商业开发团队，在项目开发的前期会严格制定数据库设计规范，如数据库和数据表的命名规则，事务、触发器、存储过程和视图的使用要求等，以及字段的命名及约束要求等。这些都是技术经理和技术架构师应该考虑的问题。

📖说明：在真实的电商平台开发中，一般使用关系型数据库和非关系型数据库管理商业数据，有的场景还需要使用数据库集群甚至异地分布式数据库集群技术管理商业数据。

18.3.2　商品信息表设计

商品信息表是生鲜平台最基础的表，后台可用于商家维护商品，前台可用于用户搜索。

设计商品表的时候，要考虑用户和系统维护这两个方面。

在 18.2.2 小节的基础上，结合代码实现相关功能，增加商品 ID（保证记录的唯一性）、创建时间和修改时间字段信息。完整的商品信息表如表 18.8 所示。

表 18.8　商品信息表 product_info

序　号	列　　名	类　型	长　度	小 数 点	不 能 为 空	备　注
1	product_id	int	8	0	√	商品ID
2	product_name	varchar	255	0		商品名称
3	product_desc	varchar	512	0		商品描述
4	store_name	varchar	255	0		售货门店名称
5	price	decimal	10	2		每份商品的价格
6	create_dt	datetime	0	0		创建时间
7	latest_dt	datetime	0	0		修改时间

18.3.3　购物车表设计

购物车主要用于存储用户选中但没有下单的商品。根据 18.2.5 小节的介绍，经过细化考虑的购物车信息表如表 18.9 所示。其中：购物车 ID 是自动生成且是唯一的，用于插入购物记录的顺序号；用户 ID 用于记录购物用户的 ID 值；商品 ID 用于与商品表 ID 关联，以方便商品单价和金额的自动统计。

表 18.9　购物车信息表 shopping_cart

序　号	列　　名	类　型	长　度	小 数 点	不 能 为 空	备　注
1	cart_id	int	0	0	√	购物车ID
2	user_id	int	0	0		用户ID
3	product_id	int	0	0		商品ID
4	product_name	varchar	255	0		商品名称（冗余）
5	num	int	0	0		数量
6	create_dt	datetime	0	0		添加时间

18.3.4　订单表设计

订单表是用户最关心的业务表之一，本小节将在 18.2.7 小节的基础上，进一步对订单表设计进行分析。

用户订单表记录了用户所有的订单信息，如当时的下单金额、物流状态、评价和对应的商家等。如果用户想重复购买商品，无须从商品搜索页面再次搜索商品，而可以直接从订单表中查到这个商品然后再次下单即可。有时一次下单可能会同时购买多个商品，因此订单表要有一个主表和一个详情表，即从表，并且主表和从表在生成订单的时候要用到事务，以保证操作的一致性。主表用于记录当次下单的总金额和物流信息等。会有多条商品详情记录，用以记录每个商品的下单金额和所用优惠等。用户订单主表和用户订单详情表如表 18.10 和表 18.11 所示。

表 18.10　用户订单主表 product_order

序　号	列　　名	类　　型	长　度	小 数 点	不 能 为 空	备　　注
1	order_id	int	0	0	√	订单ID
2	user_id	int	0	0		用户ID
3	price	decimal	10	2		下单总金额
4	mobile	varchar	16	0		联系电话
5	consignee	varchar	32	0		收货人
6	address	varchar	1024	0		联系地址
7	status	int	0	0		0为待支付，1为已支付，2为取消支付
8	create_dt	datetime	0	0		创建时间
9	update_dt	datetime	0	0		最近一次更新时间

用户订单主表和用户订单详情表主要通过订单 ID 建立主从关联。

表 18.11　用户订单详情表 product_order_detail

序　号	列　　名	类　　型	长　度	小 数 点	不 能 为 空	备　　注
1	detail_id	int	0	0	√	详情表ID
2	order_id	int	0	0		订单ID
3	product_id	int	0	0		商品ID
4	product_name	varchar	255	0		商品名称（冗余）
5	num	int	0	0		数量
6	price	decimal	10	2		每份单价

18.4　项目整体框架设计

三酷猫电商生鲜系统的前端主要用的是 Thymeleaf 模板框架。虽然目前流行的是前后端分离的技术框架，但是本书旨在帮助读者快速熟悉并熟练掌握 Java 语言的核心要点，因此前端框架使用 Thymeleaf 技术仅作为业务串联使用，其页面设计也较简单，并没有使用目前主流的渐进式框架 Vue.js。

项目后端开发选择目前主流的 Spring Boot 框架。Spring Boot 实现了自动配置，可以方便地读写 MySQL 数据库，并可以方便地与前端进行数据通信，从而降低项目搭建的复杂度。利用该技术框架可以快速搭建一套可靠的 Web 应用。

三酷猫电商生鲜系统流程如图 18.5 所示。其中，虚线部分的内容不在本书的讨论范围之内，仅用于展示流程。

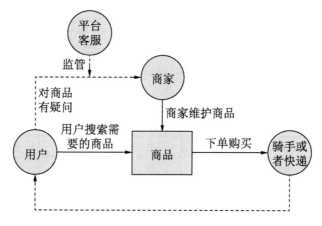

图 18.5　三酷猫电商生鲜系统流程

用户从手机 App 或计算机等终端登录三酷猫电商生鲜系统，在商品展示页面搜索需要的商品，找到后下单购买；快递骑手则根据已经完成的网购订单，对订单商品进行派送。

电商平台上的商家针对平台上的商品进行维护与服务，包括商品上架信息维护和商品咨询服务等。

📖说明：电商生鲜平台架构采用的是 Spring Boot+Thymeleaf，由于模板不在本书的讲解范围内，因此本项目的前端页面采用最简洁的代码来实现。对于前端页面有兴趣的读者，可以找一些相关资料进行学习。

18.5　项目鸟瞰

为了让读者更好地理解电商生鲜项目后续的代码，本节提供该项目的部署方法，并给出其主要功能界面。

18.5.1　项目部署

三酷猫电商生鲜系统的基本部署要求如下：
- Windows（Windows 7 及以上版本）、Linux 或 macOS 操作系统；
- 互联网环境。

三酷猫电商生鲜系统部署清单如表 18.12 所示。

表 18.12　三酷猫电商生鲜系统部署清单

序　　号	部　署　软　件	下　载　说　明
1	MySQL 5.7及以上版本	网上搜索MySQL官网，在官网上下载社区版
2	Navicat	MySQL连接的客户端，可参考网上介绍的安装方法
3	StudyJavaProject电商项目	加入本书QQ交流群，在群文件夹中获取
4	Spring Boot	详见17.2节
5	Thymeleaf	详见17.3节
6	MyBatis	详见17.4.2小节
7	JDK	推荐JDK 11版，下载方法详见官网教程

1）安装 MySQL 数据库系统（MySQL 的安装和使用方法不在本书的讲解范围内，建议读者通过搜索引擎查找相关资料。如果没有特殊说明的话，则保持 MySQL 的默认设置即可）。

2）安装 MySQL 客户端。这里选择 Navicat 客户端管理工具进行安装。客户端的作用是通过 IP+用户名+密码的方法登录 MySQL 服务器（需要独立下载并安装，也可以采用 MySQL 自带的 Workbench 工具进行安装）。

3）安装数据库及表。在项目 StudyJavaProject 的 doc 文件夹中提供了 study_p0072oject.sql 数据库生成文件。启动 Navicat 工具，然后登录 MySQL 服务器进行连接，如图 18.6 所示。

登录之后就可以在当前连接后右击，选择新建数据库命令，弹出"编辑数据库"对话框，在其中设置数据库的名称，如图 18.7 所示。

图 18.6　用 Navicat 连接 MySQL 服务器并通过测试

图 18.7　新建数据库并设置编码和排序

创建好之后选中数据库右击，在弹出的快捷菜单中选择“运行 SQL 文件”命令，然后在弹出的对话框中选中 study_project.sql 文件，单击“打开”按钮，最后单击“开始”按钮，如图 18.8 所示。

文件 编辑 查看 收藏夹 工具
连接 新建查询 表
localhost
information_schema
boot
study_project
关闭数据库
编辑数据库...
新建数据库...
删除数据库
新建查询
命令列界面...
运行 SQL 文件...
转储 SQL 文件
打印数据库
逆向数据库到模型...
在数据库中查找
刷新
运行 SQL 文件
常规 信息日志
服务器: localhost
数据库: study_project
文件:
编码: 65001 (UTF-8)
遇到错误时继续
在每个运行中运行多个查询
SET AUTOCOMMIT=0
开始 关闭
打开
StudyJavaProject › doc
组织 新建文件夹
此电脑
3D 对象
视频
图片
文档
下载
音乐
桌面
Windows (C:)
新加卷 (D:)
新加卷 (E:)
名称 修改日期
study_project.sql 2021/4/24 21:26
文件名(N): study_project.sql
SQL 脚本文件 (*.sql)
打开(O) 取消
1
2
3
4
5

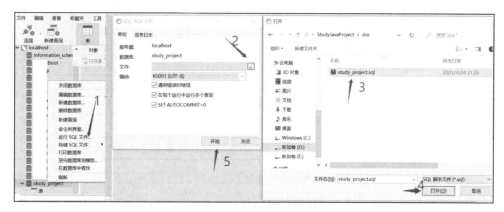

图 18.8　运行初始化项目的脚本

执行完成后单击“关闭”按钮，完成数据库的设置。

4）用 IDEA 工具打开 StudyJavaProject 项目，修改 application.yml 文件中数据库设置的相关参数。按照上述步骤完成 MySQL 客户端的初始化之后，这里仅需要修改 MySQL 的 root 密码。root 账户的默认密码为 123456，如图 18.9 所示，将其修改为新密码即可。

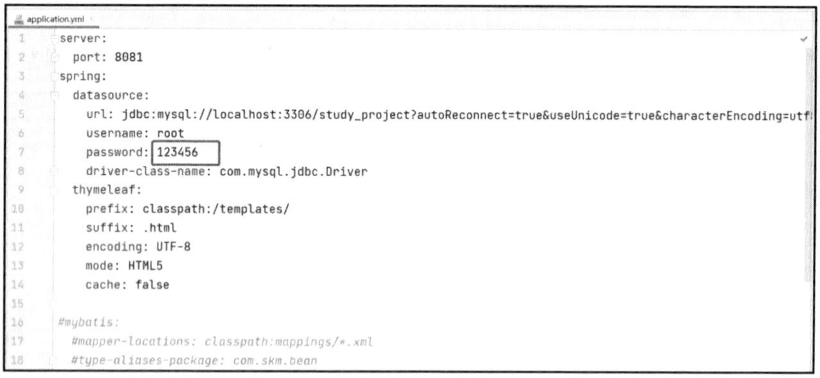

application.yml
server:
port: 8081
spring:
datasource:
url: jdbc:mysql://localhost:3306/study_project?autoReconnect=true&useUnicode=true&characterEncoding=utf
username: root
password: 123456
driver-class-name: com.mysql.jdbc.Driver
thymeleaf:
prefix: classpath:/templates/
suffix: .html
encoding: UTF-8
mode: HTML5
cache: false
#mybatis:
#mapper-locations: classpath:mappings/*.xml
#type-aliases-package: com.skm.bean

图 18.9　修改项目中连接数据库的密码

18.5.2　主要功能预览

三酷猫电商生鲜系统部署完成后就可以运行和使用了。

用 IDEA 工具打开 StudyJavaProject 项目，在项目中找到 com.skm.SkmApplication 类所在的代码文件，单击右上角的绿色三角按钮，即可运行项目，如图 18.10 所示。

图 18.10　在 IDEA 中运行项目

在浏览器中输入 http://localhost:8081/product/front/findProductList 并回车，就可以看到程序运行的主页面，如图 18.11 所示。

图 18.11 显示的是商品列表页面，用于模拟电商平台用户登录后的商品销售页面。在该页面中不仅提供按商品名称查找商品的功能，而且在每条商品信息右边都提供"商品详情"和"添加到购物车"的功能。

图 18.11　"商品列表"页面

单击商品对应的"添加到购物车"链接，进入如图 18.12 所示的"我的购物车"页面，在该页面中可以显示购物记录、删除商品和下单等。

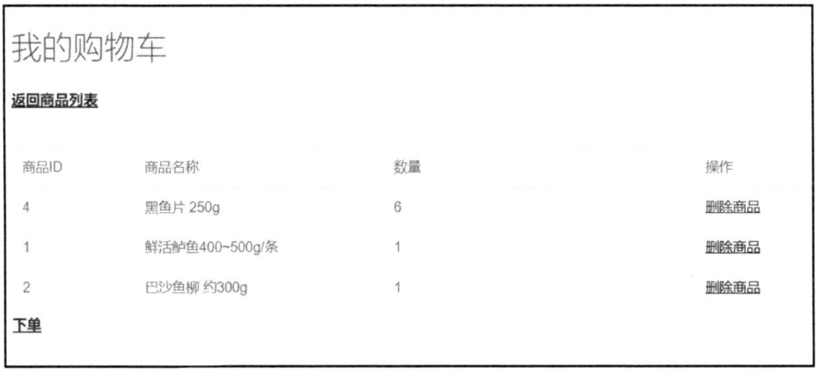

图 18.12　"我的购物车"页面

单击如图 18.12 所示的"下单"链接进入如图 18.13 所示的"订单预览"页面。

订单预览

返回商品列表

订单编号：SKM20210421220612345，请填写收件人相关信息，以便我们为您发货！
联系电话：

139xxxxxxxx

收件人：

三酷猫

送货地址：

钓鱼市场xxx档口

提交订单

图 18.13　"订单预览"页面

第19章 项目后端功能实现

三酷猫电商生鲜系统后端采用 Spring Boot 框架实现，其主要功能有商品列表、添加商品、修改商品、删除商品、添加到购物车、我的购物车和提交订单等。本章将在项目整体结构的基础上实现上述功能。本章的主要内容如下：

- 代码结构介绍；
- 配置文件说明；
- 后端模块实现。

19.1　代码结构介绍

从提供的地址下载三酷猫电商生鲜系统代码后，直接用 IDEA 打开项目文件目录即可，如图 19.1 所示。

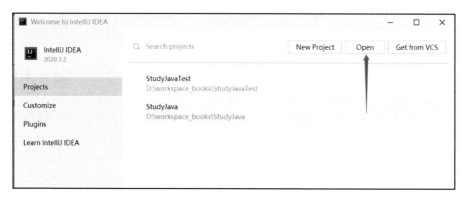

图 19.1　用 IDEA 打开项目文件目录

打开之后的项目文件目录结构如图 19.2 所示。

作为工程化项目，不同的代码文件根据其功能存放的目录也不同。下面介绍如图 19.2 所示的项目文件目录。

- **StudyJavaProject**：本项目的根目录，它是通过 IDEA 开发工具创建的，用于统一管理项目子目录和代码文件。
- **.idea**：用于存放项目的配置信息，包括历史记录和版本控制信息等。

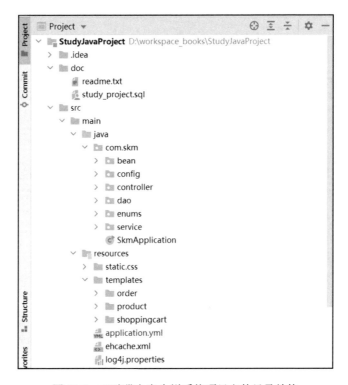

图 19.2　三酷猫电商生鲜系统项目文件目录结构

- doc：用于存放项目文档、操作手册、初始化 SQL 文件，以及后期迭代要用到的 UpdateSql 文件。开发人员打开项目之后，首先要看 doc 目录，以便快速了解项目环境。

- src：用于存放电商生鲜项目的源代码和测试代码，不同的源代码文件实现不同的功能。该目录下有 main 子目录和 test 子目录。

  ➢ main：用于存放项目的源代码。所有的 main 目录下面的代码最后都会通过编译打包生成 war 或者可执行的 jar 文件，用于启动后端服务。

其中，main 目录下面又有两个子目录，分别是 java 和 resources。

java 目录用于存放 Java 文件，按照 MVC 的业务划分，主要有 controller、service 和 dao 目录，在此基础上增加了启动配置目录 config、ORM 映射类目录 bean 和业务枚举目录 enum。

resources 目录用于存放项目的配置文件，如数据库链接、缓存配置和日志配置等。本项目用到的 Thymeleaf 模板引擎的相关文件就存放在 resources/templates 目录下，样式文件则存放在 resources/static/css 目录，如果有 js，则要存放在 resources/static/js 目录下。

  ➢ test：通常用于存储软件工程师的测试用例。在一般情况下，一个 xxxService 服务会对应一个 xxxServiceTest 测试类，用于对 xxxService 方法进行测试。测试通过后才会编写业务代码，这样程序的出错概率会大大降低。

19.2　配置文件说明

在项目目录的 resources 文件夹下有一个 application.yml 文件，它是系统的入口配置文件，如图 19.3 所示。

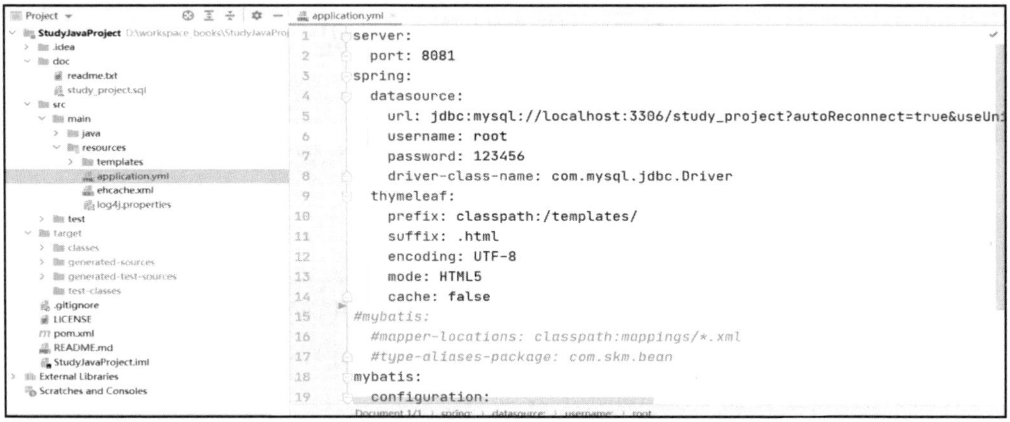

图 19.3　application.yml 配置文件

Spring Boot 配置文件有两种格式：一种是 properties 格式，另一种是 YML 格式。两种格式差不多，默认是 properties 格式，但 YML 格式看起来更有层次感。

YML 格式在书写时的注意事项如下：

- 不同等级用英文冒号隔开。
- 次等级的前面是空格，不能使用制表符（Tab）。
- 冒号之后如果有值，那么冒号和值之间至少有一个空格（实际上紧贴着也不影响功能，但是影响可读性）。
- 要么用 application.properties，要么用 application.yml，不要同时存在两种格式。

配置文件为访问 MySQL 数据库提供了统一的配置参数，其主要配置内容如下：

```
server:
  port: 8081              #服务启用时的端口，默认为 8080，该处设置为 8081
spring:
  datasource:
    url: jdbc:mysql://localhost:3306/study_project?autoReconnect=true&
useUnicode=true&characterEncoding=utf8&zeroDateTimeBehavior=convertToNull&
useSSL=false                            #数据库连接 URL
    username: root                      #登录 MySQL 的用户名
    password: 123456                    #登录 MySQL 的密码
    driver-class-name: com.mysql.jdbc.Driver    #MySQL 的 Java 驱动包
  thymeleaf:
    prefix: classpath:/templates/       #模板的基础路径
```

```
    suffix: .html                                      #模板的后缀
    encoding: UTF-8                                    #模板的编码
    mode: HTML5                                        #模板的校验模式
    cache: false                                       #是否开启缓存
mybatis:
  configuration:
    map-underscore-to-camel-case: true                 #MyBatis 开启驼峰模式
```

19.3　后端模块实现

后端功能模块主要包括商品列表模块、商品详情模块、购物车模块和订单模块。

19.3.1　商品列表模块

商品列表模块用于顾客搜索商品，每件商品可以查看其详情或者将其加入购物车。该模块的代码实现根据 MVC 模型分为数据模型层（Model 层）、数据库层（Dao 层）、服务层（Service 层）和控制层（Controller 层）。

1. Model层实现

在后端代码 com.skm.bean.ProductInfo 中定义商品的模型，代码如下：

```java
package com.skm.bean;

import java.io.Serializable;
import java.math.BigDecimal;
import java.util.Date;

/**
 * 商品基础表
 */
public class ProductInfo implements Serializable {

    private Integer productId ;                         //商品 ID
    private String productName ;                        //商品名称
    private String productDesc ;                        //商品描述
    private String storeName ;                          //售货门店名称
    private BigDecimal price ;                          //商品价格
    private Date createDt ;                             //创建时间
    private Date latestDt ;                             //修改时间

    public Integer getProductId() {
        return productId;
```

```java
    }

    public void setProductId(Integer productId) {
        this.productId = productId;
    }

    public String getProductName() {
        return productName;
    }

    public void setProductName(String productName) {
        this.productName = productName;
    }

    public String getProductDesc() {
        return productDesc;
    }

    public void setProductDesc(String productDesc) {
        this.productDesc = productDesc;
    }

    public String getStoreName() {
        return storeName;
    }

    public void setStoreName(String storeName) {
        this.storeName = storeName;
    }

    public BigDecimal getPrice() {
        return price;
    }

    public void setPrice(BigDecimal price) {
        this.price = price;
    }

    public Date getCreateDt() {
        return createDt;
    }

    public void setCreateDt(Date createDt) {
        this.createDt = createDt;
    }

    public Date getLatestDt() {
        return latestDt;
    }

    public void setLatestDt(Date latestDt) {
        this.latestDt = latestDt;
    }
}
```

2. Dao层实现

在后端代码 com.skm.dao.ProductInfoMapper 中定义商品的 Dao（Data Access Object）层，用于查询数据库，然后返回商品列表。代码如下：

```java
package com.skm.dao;

import com.skm.bean.ProductInfo;                    //引入 Model 层的对象 Bean
import org.apache.ibatis.annotations.*;             //引入 MyBatis 的注释类
//Spring 持久层的注解标记类
import org.springframework.stereotype.Repository;

import java.util.List;

@Mapper
@Repository
public interface ProductInfoMapper {

    @Select("<script>" +
            " select " +
            " * " +
            " from " +
            " product_info " +
            "<where>" +
            "<if test=\"productInfo.productName != null and productInfo.
productName != ''\">" +
            "    and (" +
            "        product_name like concat (\"%\", #{productInfo.productName},
\"%\")" +
            "        or " +
            "        product_desc like concat (\"%\", #{productInfo.productName},
\"%\")" +
            "    )" +
            "</if>" +
            "</where>" +
            " order by " +
            " create_dt desc" +
            "</script>"
    )
List<ProductInfo> findProductList(@Param("productInfo") ProductInfo
productInfo);                                        //查询商品列表
```

3. Service层接口和实现类

在后端代码 com.skm.service.ProductInfoService 类中定义查询商品列表的接口。代码如下：

```java
package com.skm.service;

import com.skm.bean.ProductInfo;                    //引入 Model 层的对象 Bean

import java.util.List;
```

```
public interface ProductInfoService {                    //商品信息接口

    //查询商品列表接口
    List<ProductInfo> findProductList(ProductInfo productInfo) ;

}
```

在后端代码 com.skm.service.impl.ProductInfoServiceImpl 类中定义商品查询列表的实现类。代码如下：

```
package com.skm.service.impl;

import com.skm.bean.ProductInfo;              //引入 Model 层的对象 Bean
import com.skm.dao.ProductInfoMapper;         //引入商品持久化的 Mapper 类
import com.skm.service.ProductInfoService;   //引入商品信息接口
//Spring 的 Service 层的注解标记类
import org.springframework.stereotype.Service;

import javax.annotation.Resource;             //用于注入对象的注解
import java.util.List;                        //列表类，用于组装商品 List

@Service
//商品信息实现类
public class ProductInfoServiceImpl implements ProductInfoService {

    @Resource
    private ProductInfoMapper productInfoMapper ;    //商品持久层 Mapper 类

    @Override
    //查询商品列表的实现
    public List<ProductInfo> findProductList(ProductInfo productInfo) {
        return productInfoMapper.findProductList(productInfo);
    }

}
```

4．Controller层实现

在后端代码 com.skm.controller.ProductController 中定义商品查询的 Controller 实现类。代码如下：

```
package com.skm.controller;

import com.skm.bean.ProductInfo;
import com.skm.service.ProductInfoService;
import org.springframework.stereotype.Controller;
import org.springframework.ui.Model;
//前端访问 URL 前缀
import org.springframework.web.bind.annotation.RequestMapping;

import javax.annotation.Resource;
import java.util.List;
```

```
/**
 * 商品相关处理类
 */
@Controller
@RequestMapping("/product")
public class ProductController {

    @Resource
    private ProductInfoService productInfoService ;

    /**
     * 管理端商品列表
     * @param model
     * @param productInfo
     * @return
     */
    @RequestMapping(value = "/manage/findProductList")
    public String findManageProductList(Model model, ProductInfo productInfo){
        List<ProductInfo> productList = productInfoService.findProductList
(productInfo);
        model.addAttribute("productList",productList);
        model.addAttribute("productInfo", productInfo);
        return "product/manage/product_list";
    }

}
```

后端商品列表模块为 20.2.1 小节的前端商品列表模块提供了可以通过接口地址调用的查询功能接口代码。

19.3.2　商品详情模块

商品详情模块用于给用户展示商品信息的详细描述。该模块的代码实现根据 MVC 模型分为数据模型层（Model 层）、数据库层（Dao 层）、服务层（Service 层）和控制层（Controller 层）。

1．Dao层的接口

在后端代码的 com.skm.dao.ProductInfoMapper 文件中，通过 Dao 层的代码实现对数据库商品详情表的数据读取操作。主要的实现代码如下：

```
...
@Select(" select * from product_info where product_id = #{productId}")
ProductInfo getUniqueProductById(@Param("productId")Integer productId);
...
```

2．Service层的接口和实现类

在后端代码 com.skm.service.ProductInfoService 中定义根据商品 ID 返回商品对象的接

口。主要的实现代码如下：

```
...
ProductInfo getUniqueProductById(Integer productId) ;
...
```

在后端代码 com.skm.service.impl.ProductInfoServiceImpl 中定义根据商品 ID 返回商品
详情的实现类。主要的实现代码如下：

```
...
@Override
public ProductInfo getUniqueProductById(Integer productId){
    return productInfoMapper.getUniqueProductById(productId);
}
...
```

3．Controller层实现

在后端代码 com.skm.controller.ProductController 中定义商品详情的 Controller 实现类。
主要的实现代码如下：

```
...
@RequestMapping(value = "/front/findUniqueProduct")
public String findUniqueProduct(Model model, Integer productId){
    ProductInfo                     productInfo                     =
productInfoService.getUniqueProductById(productId);
    model.addAttribute("productInfo", productInfo);
    return "product/front/product_detail";
}
...
```

后端商品详情模块为 20.2.2 小节的前端商品详情模块提供了可以调用的查询功能接
口代码。

19.3.3　购物车模块

购物车模块用于实现用户所购商品的罗列和展示，以及删除商品等功能。该模块的代
码实现根据 MVC 模型分为数据模型层（Model 层）、数据库层（Dao 层）、服务层（Service
层）和控制层（Controller 层）。

1．Model层实现

在后端代码 com.skm.bean.ShoppingCart 中定义购物车的模型。主要的实现代码如下：

```
...
public class ShoppingCart implements Serializable {

    private Integer cartId ;                        //购物车主键
    private Integer userId ;                        //用户 ID
    private Integer productId ;                     //商品 ID
```

```java
    private String productName ;                          //商品名称
    private Integer num ;                                 //购买数量
    private Date createDt ;                               //创建时间

    public Integer getCartId() {
        return cartId;
    }

    public void setCartId(Integer cartId) {
        this.cartId = cartId;
    }

    public Integer getUserId() {
        return userId;
    }

    public void setUserId(Integer userId) {
        this.userId = userId;
    }

    public Integer getProductId() {
        return productId;
    }

    public void setProductId(Integer productId) {
        this.productId = productId;
    }

    public String getProductName() {
        return productName;
    }

    public void setProductName(String productName) {
        this.productName = productName;
    }

    public Integer getNum() {
        return num;
    }

    public void setNum(Integer num) {
        this.num = num;
    }

    public Date getCreateDt() {
        return createDt;
    }

    public void setCreateDt(Date createDt) {
        this.createDt = createDt;
    }

}
```

...

2．Dao层实现

在后端代码 com.skm.dao.ShoppingCartMapper 中定义购物车模块添加商品和删除商品的相关方法。主要的实现代码如下：

```
...
@Insert(" insert into " +
    " shopping_cart(user_id, product_id, product_name, num, create_dt) " +
    " values" +
    " (#{shoppingCart.userId}, #{shoppingCart.productId}, #{shopping
Cart.productName" +
    "}, #{shoppingCart.num}, now())")
//添加到购物车
int addToShoppingCart(@Param("shoppingCart")ShoppingCart shoppingCart);

@Update("update shopping_cart set num = num+1 where cart_id = #{cartId}")
//购物车的商品数量加 1
int increaseMyShoppintCartProductNum(@Param("cartId")Integer cartId);

@Delete(" delete from shopping_cart where user_id = #{shoppingCart.userId}
and product_id = #{shoppingCart.productId}")
//删除购物车中的某一个商品
int removeProductFromShoppingCart(@Param("shoppingCart")ShoppingCart
shoppingCart);
...
```

3．Service层实现

在后端代码 com.skm.service.ShoppingCartService 中定义购物车的部分接口类。主要的实现代码如下：

```
...
void addToShoppingCart(ShoppingCart shoppingCart);

void removeProductFromShoppingCart(ShoppingCart shoppingCart);
...
```

在后端代码 com.skm.service.impl.ShoppingCartServiceImpl 中定义购物车的部分接口实现类。主要的实现代码如下：

```
...
@Override
public void addToShoppingCart(ShoppingCart shoppingCart){
    ShoppingCart userShoppingCart = shoppingCartMapper.getUserShopping
CartByProductId(shoppingCart);
    if(userShoppingCart == null) {
        shoppingCartMapper.addToShoppingCart(shoppingCart);
    }else{
        shoppingCartMapper.increaseMyShoppintCartProductNum(userShopping
Cart.getCartId());
    }
}
```

```
@Override
public void removeProductFromShoppingCart(ShoppingCart shoppingCart){
    if(shoppingCart.getUserId() != null && shoppingCart.getProductId() !=
null) {
        shoppingCartMapper.removeProductFromShoppingCart(shoppingCart);
    }
}
...
```

4．Controller层实现

在后端代码 com.skm.controller.ShoppingCartController 中定义购物车 Controller 的实现类。部分实现代码如下：

```
...
@RequestMapping(value = "/addToShoppingCart")
public String addToShoppingCart(ShoppingCart shoppingCart){
    shoppingCartService.addToShoppingCart(shoppingCart);
    return "redirect:/shoppingcart/findMyShoppingCartList?userId="+
shoppingCart.getUserId();
}

@RequestMapping(value = "/removeProductFromShoppingCart")
public String removeProductFromShoppingCart(ShoppingCart shoppingCart){
    shoppingCartService.removeProductFromShoppingCart(shoppingCart);
    return "redirect:/shoppingcart/findMyShoppingCartList?userId="+
shoppingCart.getUserId();
}
...
```

后端购物车模块为 20.2.3 小节的前端购物车模块提供了可调用的新增、删除和查询功能接口代码。

19.3.4　订单模块

订单模块主要实现订单信息浏览等功能。该模块的代码实现根据 MVC 模型分为数据模型层（Model 层）、数据库层（Dao 层）、服务层（Service 层）和控制层（Controller 层）。

1．Model层实现

在后端代码 com.skm.bean.ProductOrder 中定义订单的模型。代码如下：

```
...
public class ProductOrder implements Serializable {

    private Integer orderId ;                    //订单主键
    private Integer userId ;                     //用户 ID
    private BigDecimal price ;                   //每份单价
    private String mobile;                       //联系电话
    private String consignee ;                   //收件人
```

```
private String address ;                //快递地址
private Date createDt ;                  //创建时间
private Integer status ;                 //订单状态
private String statusDesc ;              //订单状态描述，用于前端返回

public Integer getOrderId() {
    return orderId;
}

public void setOrderId(Integer orderId) {
    this.orderId = orderId;
}

public Integer getUserId() {
    return userId;
}

public void setUserId(Integer userId) {
    this.userId = userId;
}

public BigDecimal getPrice() {
    return price;
}

public void setPrice(BigDecimal price) {
    this.price = price;
}

public String getMobile() {
    return mobile;
}

public void setMobile(String mobile) {
    this.mobile = mobile;
}

public String getConsignee() {
    return consignee;
}

public void setConsignee(String consignee) {
    this.consignee = consignee;
}

public String getAddress() {
    return address;
}

public void setAddress(String address) {
    this.address = address;
}

public Date getCreateDt() {
```

```
            return createDt;
        }

    public void setCreateDt(Date createDt) {
        this.createDt = createDt;
    }

    public Integer getStatus() {
        return status;
    }

    public void setStatus(Integer status) {
        this.status = status;
    }

    public String getStatusDesc() {
        return statusDesc;
    }

    public void setStatusDesc(String statusDesc) {
        this.statusDesc = statusDesc;
    }

}
...
```

2. Dao层实现

在后端代码 com.skm.dao.ProductOrderMapper 中定义订单的相关持久层。代码如下：

```
...
@Insert(" insert into product_order " +
        "   (user_id, price, status, create_dt) " +
        " values" +
        "   (#{productOrder.userId}, #{productOrder.price}, #{productOrder.
status}, now())")
@Options(useGeneratedKeys = true, keyProperty = "productOrder.orderId",
keyColumn = "order_id")
void doCreateOrder(@Param("productOrder") ProductOrder productOrder);

@Update(" update " +
        "   product_order " +
        " set " +
        "   mobile = #{productOrder.mobile} , " +
        "   consignee = #{productOrder.consignee} , " +
        "   address = #{productOrder.address} , " +
        "   status = #{productOrder.status} " +
        " where " +
        "   order_id = #{productOrder.orderId}"
)
void doSubmitOrder(@Param("productOrder") ProductOrder productOrder);

@Update(" update " +
        "   product_order " +
        " set " +
```

```
    "    status = #{productOrder.status} " +
    " where " +
    "    order_id = #{productOrder.orderId}"
)
void payOrder(@Param("productOrder")ProductOrder productOrder);

@Select(" select * from product_order where user_id = #{userId} order by
create_dt desc")
List<ProductOrder> findMyProductOrderList(@Param("userId")Integer userId);
...
```

3. Service层实现

在后端代码 com.skm.service.OrderService 中定义订单的相关接口类。主要的实现代码如下：

```
...
Integer doCreateOrder(Integer userId);

void doSubmitOrder(ProductOrder productOrder);

void payOrder(Integer orderId);

List<ProductOrder> findMyProductOrderList(Integer userId);
...
```

在后端代码 com.skm.service.impl.OrderServiceImpl 中定义订单的相关接口实现类。主要的实现代码如下：

```
...
@Override
@Transactional
public Integer doCreateOrder(Integer userId){
    List<ShoppingCart> myShoppingCartList = shoppingCartService.
findMyShoppingCartList(userId);
    /** 订单从表 */
    List<ProductOrderDetail> productOrderDetailList = new ArrayList<>();
    BigDecimal allPrice = myShoppingCartList.stream().map(r -> {
        ProductInfo productInfo = productInfoService.getUniqueProductById
(r.getProductId());

        ProductOrderDetail productOrderDetail = new ProductOrderDetail();
        productOrderDetail.setProductId(productInfo.getProductId());
        productOrderDetail.setProductName(productInfo.getProductName());
        productOrderDetail.setPrice(productInfo.getPrice());
        productOrderDetail.setNum(r.getNum());
        productOrderDetailList.add(productOrderDetail);

        return productInfo.getPrice().multiply(new BigDecimal(r.getNum()));
    }).reduce(new BigDecimal("0"), BigDecimal::add);
    ProductOrder productOrder = new ProductOrder();
    productOrder.setUserId(userId);
    productOrder.setPrice(allPrice);
    productOrder.setStatus(OrderStatusEnum.DRAFT.getCode());
    productOrderMapper.doCreateOrder(productOrder);
```

```
/** 插入订单详情表 */
productOrderDetailList.stream().forEach(r->{
    r.setOrderId(productOrder.getOrderId());
    productOrderDetailMapper.insertOrderDetail(r);
});
/** 下单成功后要清空购物车，测试阶段可以注释 */
//shoppingCartService.clearShoppingCart(userId);
return productOrder.getOrderId() ;
}

@Override
public void doSubmitOrder(ProductOrder productOrder){
    productOrder.setStatus(OrderStatusEnum.NEW.getCode());
    productOrderMapper.doSubmitOrder(productOrder);
}

@Override
public void payOrder(Integer orderId){
    ProductOrder productOrder = new ProductOrder();
    productOrder.setOrderId(orderId);
    productOrder.setStatus(OrderStatusEnum.PAYOFF.getCode());
    productOrderMapper.payOrder(productOrder);
}

@Override
public List<ProductOrder> findMyProductOrderList(Integer userId){
    return productOrderMapper.findMyProductOrderList(userId)
        .stream()
        .peek(r->r.setStatusDesc(OrderStatusEnum.getDescByCode(r.get
Status())))
        .collect(Collectors.toList());
}
...
```

4．Controller层实现

在后端代码 com.skm.controller.OrderController 中定义订单的 Controller 类。主要的实现代码如下：

```
...
@GetMapping(value = "/doCreateOrder")
public String doCreateOrder(Model model, Integer userId){
    Integer orderId = orderService.doCreateOrder(userId);
    ProductOrder productOrder = new ProductOrder();
    productOrder.setOrderId(orderId);
    model.addAttribute("productOrder", productOrder);
    return "order/pre_order";
}

@PostMapping(value = "/doSubmitOrder")
public String doSubmitOrder(Model model, ProductOrder productOrder){
    orderService.doSubmitOrder(productOrder);
```

```
    model.addAttribute("productOrder", productOrder);
    return "order/pre_order_pay";
}

@PostMapping(value = "/doPayOrder")
public String doPayOrder(Model model, Integer orderId){
    orderService.payOrder(orderId);
    return "order/pre_order_pay_success";
}
...
```

后端订单模块为 20.2.4 小节的前端订单模块提供了可调用的创建订单和查询订单等功能接口代码。

第 20 章　项目前端功能实现

三酷猫电商生鲜系统前端功能模拟用户登录该平台后所能操作的功能。本章主要内容如下：

- 代码结构介绍；
- 前端模块实现。

20.1　代码结构介绍

三酷猫电商生鲜系统的前端框架采用的是 Thymeleaf 技术。Thymeleaf 是一个与 Velocity 和 FreeMarker 类似的模板引擎，它可以完全替代 JSP。

在项目目录下的 application.yml 文件中，已经配置了模板文件存放的路径和文件后缀名，如图 20.1 所示。

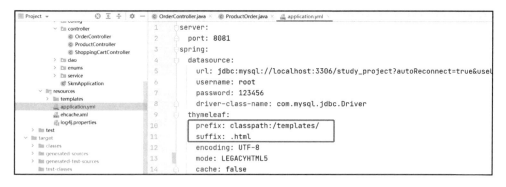

图 20.1　模板文件存放路径配置

模板文件的目录结构如图 20.2 所示。在 templates 目录下有 order（订单目录）、product（商品目录）和 shoppingcart（购物车目录）文件。不同的前端 HTML 文件存放在不同的目录下。

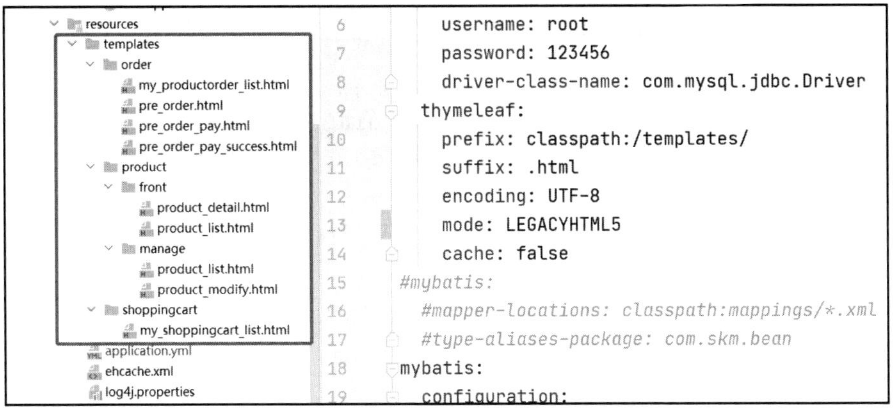

图 20.2 模板文件目录结构

20.2 前端模块实现

在实际项目中，前端网页往往由前端项目工程师开发实现，其主要工作包括前端代码开发和外观美化（涉及美工人员）等。这里仅实现前端的商品列表模块、商品详情模块、购物车模块和订单模块。如果读者想要深入了解前端技术，建议先系统学习 HTML、CSS 和 JavaScript 等技术。

20.2.1 商品列表模块

商品列表模块的前端展示页面的实现代码如下：

```html
<!DOCTYPE html>
<html lang="en" xmlns:th="http://www.w3.org/1999/xhtml">
<head>
    <meta charset="UTF-8">
    <title>商品列表管理</title>
    <link th:href="@{/css/style.css?v=4.1.0}" rel="stylesheet"/>
</head>
<body>
<div class="container">
    <div class="col-md-12">
        <h1>商品列表</h1>
        <form class="form-horizontal" action="/product/manage/findProductList"
method="post">
            <div class="form-group">
                <div class="col-sm-10">
                    <label class="col-sm-2 control-label">商品名称</label>
```

```
                    <input name="productName" th:field="${productInfo.
productName}">
                           
                    <button type="submit">查询</button>
                            
                </div>
            </div>
        </form>
        </br>
        <a href="###" th:href="@{/order/findMyProductOrderList(userId=1)}"
th:text="我的订单"></a>
        </br>
        </br>
        <table class="table">
            <tr>
                <td width="100px">商品 ID</td>
                <td width="220px">商品名称</td>
                <td width="280px">商品描述</td>
                <td width="200px">售货门店名称</td>
                <td width="80px">每份价格</td>
                <td width="240px">操作</td>
            </tr>
            <tr th:each="product: ${productList}">
                <td th:text="${product.productId}"></td>
                <td th:text="${product.productName}"></td>
                <td th:text="${product.productDesc}"></td>
                <td th:text="${product.storeName}"></td>
                <td th:text="${product.price}"></td>
                <!-- 这里用 Theamleaf 语法进行 href 拼接 -->
                <td>
                    <a th:href="@{/product/front/findUniqueProduct(productId=
${product.productId})}">商品详情</a>   
                     
                    <a th:href="@{/shoppingcart/addToShoppingCart(userId=1,
productId=${product.productId},productName=${product.productName},num=1)}">
添加到购物车</a>   
                </td>
            </tr>
        </table>
    </div>
    <!--<div th:text="${msg}"></div>-->
</div>
</body>
</html>
```

其中，th:href 就是前端链接调用后端的入口。下面以"我的订单"为例说明调用流程。其中，前端代码的展示方式如下：

```
<a href="###" th:href="@{/order/findMyProductOrderList(userId=1)}" th:text=
"我的订单"></a>
```

上述代码通过前端花括号中的链接地址调用后端对应的接口功能，最终得到数据反馈结果。该过程分为 3 步：首先从 19.3.1 小节定义的 Controller 类的 Request- Mapping 中找对应关系的接口，然后通过后端接口获取后端数据库中的商品订单数据，最后将获取的商品订单数据返回并展现在前端页面上。

前端模块的"商品列表"页面运行效果如图 20.3 所示。

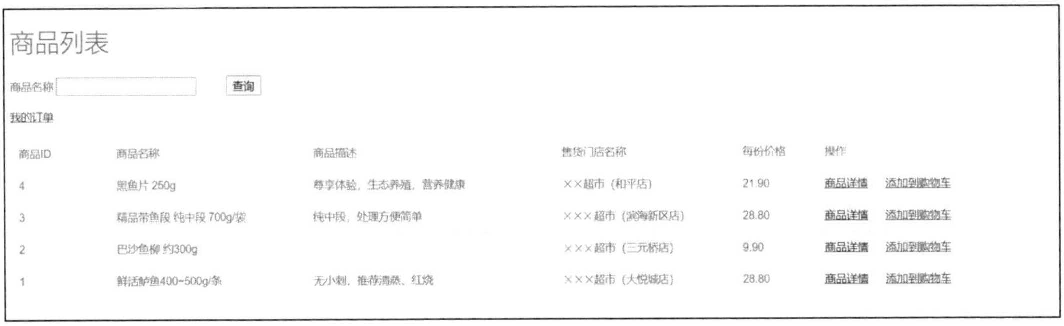

图 20.3　"商品列表"页面效果

20.2.2　商品详情模块

商品详情模块的前端展示页面的实现代码如下：

```
...
<div class="container">
    <h1>商品详情</h1>
    <h4><a href="/product/front/findProductList">返回商品列表</a></h4>
    <div class="row">
      <div class="col-md-8" >
        <div class="form-group">
            <label  class="col-sm-2 control-label">商品名称：</label>
            <span th:text="${productInfo.productName}" />
        </div>
        </br>
        <div class="form-group">
            <label  class="col-sm-2 control-label">商品描述：</label>
            <span th:text="${productInfo.productDesc}" />
        </div>
        </br>
        <div class="form-group">
            <label  class="col-sm-2 control-label">售货门店：</label>
            <span th:text="${productInfo.storeName}" />
```

```
            </div>
            </br>
            <div class="form-group">
                <label  class="col-sm-2 control-label">每份价格: </label>
                <span th:text="${productInfo.price}" />
            </div>
        </div>
    </div>
</div>
...
```

前端模块的"商品详情"页面运行效果如图 20.4 所示。

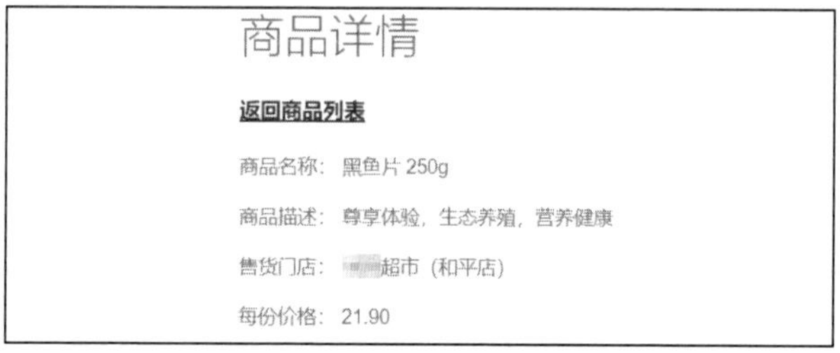

图 20.4　"商品详情"页面效果

20.2.3　购物车模块

购物车模块的前端展示页面的实现代码如下：

```
...
<div class="container">
    <div class="col-md-12">
        <h1>我的购物车</h1>
        <h4><a href="/product/front/findProductList">返回商品列表</a></h4>
        </br>
        <table class="table">
            <tr>
                <td width="100px">商品 ID</td>
                <td width="220px">商品名称</td>
                <td width="280px">数量</td>
                <td width="160px">操作</td>
            </tr>
            <tr th:each="shoppingCart: ${myShoppingCartList}">
                <td th:text="${shoppingCart.productId}"></td>
                <td th:text="${shoppingCart.productName}"></td>
                <td th:text="${shoppingCart.num}"></td>
                <td>
                    <a th:href="@{removeProductFromShoppingCart(userId=1,
```

```
productId=${shoppingCart.productId})}">删除商品</a>
                </td>
            </tr>
        </table>
        <h4><a th:href="@{/order/doCreateOrder(userId=1)}">下单</a></h4>
    </div>
</div>
...
```

前端模块的"我的购物车"页面运行效果如图 20.5 所示。

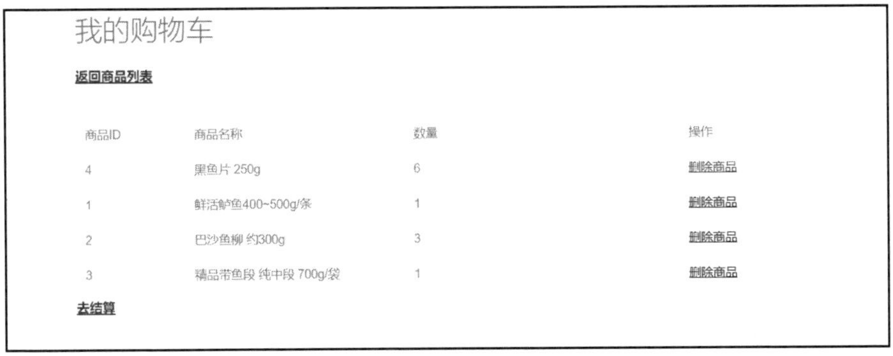

我的购物车				
返回商品列表				
商品ID	商品名称	数量		操作
4	黑鱼片 250g	6		删除商品
1	鲜活鲈鱼400~500g/条	1		删除商品
2	巴沙鱼柳 约300g	3		删除商品
3	精品带鱼段 纯中段 700g/袋	1		删除商品
去结算				

图 20.5 "我的购物车"页面效果

20.2.4　订单模块

订单模块的前端展示页面的实现代码如下：

```
...
<div class="container">
    <div class="col-md-12">
        <h1>我的订单</h1>
        <h4><a href="/product/front/findProductList">返回商品列表</a></h4>
        <table class="table">
            <tr>
                <td width="120px">订单金额</td>
                <td width="120px">联系人电话</td>
                <td width="120px">收件人</td>
                <td width="160px">地址</td>
                <td width="160px">订单时间</td>
            </tr>
            <tr th:each="myProductOrder: ${myProductOrderList}">
                <td th:text="${myProductOrder.price}"></td>
                <td th:text="${myProductOrder.mobile}"></td>
                <td th:text="${myProductOrder.consignee}"></td>
                <td th:text="${myProductOrder.address}"></td>
```

```
                    <td th:text="${#dates.format(myProductOrder.createDt,
'yyyy-MM-dd HH:mm:ss')}"></td>
            </tr>
        </table>
    </div>
</div>
...
```

前端模块的"我的订单"页面运行效果如图 20.6 所示。

订单金额	联系人电话	收件人	地址	订单时间
50.70	1380000000	叮当猫	幸福大街888号	2021-04-11 23:42:15
43.80	1390000000	三酷猫	池塘边的榕树下	2021-04-11 23:25:39

我的订单

返回商品列表

图 20.6　"我的订单"页面效果

附录 A   ASCII 码

Bin （二进制）	Oct （八进制）	Dec （十进制）	Hex （十六进制）	缩写/字符	解 释
00000000	0	0	00	NUL（null）	空字符
00000001	1	1	01	OH（start of headline）	标题开始
00000010	2	2	02	STX（start of text）	正文开始
00000011	3	3	03	ETX（end of text）	正文结束
00000100	4	4	04	EOT（end of transmission）	传输结束
00000101	5	5	05	ENQ（enquiry）	请求
00000110	6	6	06	ACK（acknowledge）	收到通知
00000111	7	7	07	BEL（bell）	响铃
00001000	10	8	08	BS（backspace）	退格
00001001	11	9	09	HT（horizontal tab）	水平制表符
00001010	12	10	0A	LF（NL line feed, new line）	换行键
00001011	13	11	0B	VT（vertical tab）	垂直制表符
00001100	14	12	0C	FF（NP form feed, new page）	换页键
00001101	15	13	0D	CR（carriage return）	回车键
00001110	16	14	0E	SO（shift out）	不用切换
00001111	17	15	0F	SI（shift in）	启用切换
00010000	20	16	10	DLE（data link escape）	数据链路转义
00010001	21	17	11	DC1（device control 1）	设备控制1
00010010	22	18	12	DC2（device control 2）	设备控制2
00010011	23	19	13	DC3（device control 3）	设备控制3
00010100	24	20	14	DC4（device control 4）	设备控制4
00010101	25	21	15	NAK（negative acknowledge）	拒绝接收
00010110	26	22	16	SYN（synchronous idle）	同步空闲
00010111	27	23	17	ETB（end of trans. block）	结束传输块
00011000	30	24	18	CAN（cancel）	取消
00011001	31	25	19	EM（end of medium）	媒介结束

Bin （二进制）	Oct （八进制）	Dec （十进制）	Hex （十六进制）	缩写/字符	解　　释
00011010	32	26	1A	SUB（substitute）	代替
00011011	33	27	1B	ESC（escape）	换码（溢出）
00011100	34	28	1C	FS（file separator）	文件分隔符
00011101	35	29	1D	GS（group separator）	分组符
00011110	36	30	1E	RS（record separator）	记录分隔符
00011111	37	31	1F	US（unit separator）	单元分隔符
00100000	40	32	20	（space）	空格
00100001	41	33	21	!	叹号
00100010	42	34	22	"	双引号
00100011	43	35	23	#	井号
00100100	44	36	24	$	美元符号
00100101	45	37	25	%	百分号
00100110	46	38	26	&	和号
00100111	47	39	27	'	闭单引号
00101000	50	40	28	(	开括号
00101001	51	41	29	)	闭括号
00101010	52	42	2A	*	星号
00101011	53	43	2B	+	加号
00101100	54	44	2C	,	逗号
00101101	55	45	2D	-	减号/破折号
00101110	56	46	2E	.	句号
00101111	57	47	2F	/	斜杠
00110000	60	48	30	0	数字0
00110001	61	49	31	1	数字1
00110010	62	50	32	2	数字2
00110011	63	51	33	3	数字3
00110100	64	52	34	4	数字4
00110101	65	53	35	5	数字5
00110110	66	54	36	6	数字6
00110111	67	55	37	7	数字7
00111000	70	56	38	8	数字8
00111001	71	57	39	9	数字9

Bin （二进制）	Oct （八进制）	Dec （十进制）	Hex （十六进制）	缩写/字符	解　　释
00111010	72	58	3A	:	冒号
00111011	73	59	3B	;	分号
00111100	74	60	3C	<	小于
00111101	75	61	3D	=	等号
00111110	76	62	3E	>	大于
00111111	77	63	3F	?	问号
01000000	100	64	40	@	电子邮件符号
01000001	101	65	41	A	大写字母A
01000010	102	66	42	B	大写字母B
01000011	103	67	43	C	大写字母C
01000100	104	68	44	D	大写字母D
01000101	105	69	45	E	大写字母E
01000110	106	70	46	F	大写字母F
01000111	107	71	47	G	大写字母G
01001000	110	72	48	H	大写字母H
01001001	111	73	49	I	大写字母I
01001010	112	74	4A	J	大写字母J
01001011	113	75	4B	K	大写字母K
01001100	114	76	4C	L	大写字母L
01001101	115	77	4D	M	大写字母M
01001110	116	78	4E	N	大写字母N
01001111	117	79	4F	O	大写字母O
01010000	120	80	50	P	大写字母P
01010001	121	81	51	Q	大写字母Q
01010010	122	82	52	R	大写字母R
01010011	123	83	53	S	大写字母S
01010100	124	84	54	T	大写字母T
01010101	125	85	55	U	大写字母U
01010110	126	86	56	V	大写字母V
01010111	127	87	57	W	大写字母W
01011000	130	88	58	X	大写字母X
01011001	131	89	59	Y	大写字母Y

Bin（二进制）	Oct（八进制）	Dec（十进制）	Hex（十六进制）	缩写/字符	解　　释
01011010	132	90	5A	Z	大写字母Z
01011011	133	91	5B	[	开方括号
01011100	134	92	5C	\	反斜杠
01011101	135	93	5D	]	闭方括号
01011110	136	94	5E	^	脱字符
01011111	137	95	5F	_	下划线
01100000	140	96	60	`	开单引号
01100001	141	97	61	a	小写字母a
01100010	142	98	62	b	小写字母b
01100011	143	99	63	c	小写字母c
01100100	144	100	64	d	小写字母d
01100101	145	101	65	e	小写字母e
01100110	146	102	66	f	小写字母f
01100111	147	103	67	g	小写字母g
01101000	150	104	68	h	小写字母h
01101001	151	105	69	i	小写字母i
01101010	152	106	6A	j	小写字母j
01101011	153	107	6B	k	小写字母k
01101100	154	108	6C	l	小写字母l
01101101	155	109	6D	m	小写字母m
01101110	156	110	6E	n	小写字母n
01101111	157	111	6F	o	小写字母o
01110000	160	112	70	p	小写字母p
01110001	161	113	71	q	小写字母q
01110010	162	114	72	r	小写字母r
01110011	163	115	73	s	小写字母s
01110100	164	116	74	t	小写字母t
01110101	165	117	75	u	小写字母u
01110110	166	118	76	v	小写字母v
01110111	167	119	77	w	小写字母w
01111000	170	120	78	x	小写字母x
01111001	171	121	79	y	小写字母y

Bin （二进制）	Oct （八进制）	Dec （十进制）	Hex （十六进制）	缩写/字符	解　释
01111010	172	122	7A	z	小写字母z
01111011	173	123	7B	{	开花括号
01111100	174	124	7C			垂线
01111101	175	125	7D	}	闭花括号
01111110	176	126	7E	~	波浪号
01111111	177	127	7F	DEL（delete）	删除

附录 B　正则表达式

正则表达式（Regular Expression）又称规则表达式，它通过一定的规则对文本（字符串）内容进行检索和替换。

要搜索的模式和字符串都可以是 Unicode 字符串（str）及 8 位的 ASCII 字符串（字节），但是 Unicode 字符串和 ASCII 字符串不能混合使用。也就是说，无法将 Unicode 字符串与字节模式匹配，反之亦然；同样，当要求替换时，替换的字符串必须与搜索的模式和字符串的类型相同。这些在使用时建立的规则称为模式字符串。

一般采用特殊的语法来表示一个正则表达式：

- 字母和数字表示其自身。一个正则表达式中的字母和数字匹配同样的字符串。多数字母和数字前加一个反斜杠时会拥有不同的含义。
- 标点符号只有被转义时才匹配自身，否则它们表示特殊的含义。
- 反斜杠本身需要使用反斜杠进行转义。

由于正则表达式通常都包含反斜杠，所以最好使用原始字符串来表示它们。模式元素（如 r'\t'等价于'\\t'）匹配相应的特殊字符。

- 正则表达式可以连接起来形成新的正则表达式。如果 A 和 B 都是正则表达式，那么 AB 也是一个正则表达式。通常，如果一个字符串 p 匹配 A，而另一个字符串 q 匹配 B，则字符串 pq 将匹配 AB，除非 A 或 B 中有一个包含低优先级操作。因此，可以很容易地利用简单的基本表达式来构建复杂的表达式。
- 正则表达式可以包含特殊字符和普通字符。大多数普通字符，如'A'、'a'和'0'都是最简单的正则表达式，它们只匹配自己。

一些特殊字符，如'|'或'（'），它们或者代表普通字符类，或者影响它们周围的正则表达式的解释方式。特殊字符的用法如表 B.1 所示。

表B.1　特殊字符的用法

序　号	符　号	使 用 说 明	示　例
1	^	匹配字符串的起始部分	^Cat
2	$	匹配字符串的末尾部分	Cat$
3	.	匹配任意字符，除了换行符（\n）	Cat.cool
4	[...]	匹配字符集里的任意单个字符	[abc]
5	[^...]	匹配不在[]中的字符	[^abc]

序 号	符 号	使 用 说 明	示 例
6	*	匹配0个或多个表达式	[abc] *
7	+	匹配1个或多个表达式	[abc] +
8	?	匹配0个或1个由前面的正则表达式定义的片段	Cat?
9	{n}	精确匹配n次前面出现的表达式	[0-9] {2}
10	{n,}	匹配n次前面出现的表达式	oo{2,}
11	{n, m}	匹配n到m次由前面的正则表达式定义的片段，贪婪方式	[0-9] {2,4}
12	a| b	匹配a或b	Cat|abc
13	(…)	匹配括号内的表达式，然后另存匹配的值	(abc?)
14	(?imx)	正则表达式包含i、m和x三种可选标志，它们只影响括号中的区域	(?imx)
15	(?-imx)	正则表达式关闭i、m或x可选标志，它们只影响括号中的区域	(?-imx)
16	(?:...)	类似（...），但是不另存匹配的值	[?:abc]
17	(?imx: …)	在括号中使用i、m或x可选标志	(?imx:abc)
18	(?-imx: …)	在括号中不使用i、m或x可选标志	(?-imx: abc)
19	(?#...)	注释，所有内容都被忽略	(?#OK)
20	(?= …)	前向肯定界定符	(?= .com)
21	(?!...)	前向否定界定符	(?!.cn)
22	(?> …)	匹配独立模式，省去回溯	(?> 20)
23	\w	匹配任意字母、数字及下划线	(\w)
24	\W	匹配非字母、数字及下划线	(\W)
25	\s	匹配任意空白字符，等价于[\t\n\r\f]	(\s)
26	\S	匹配任意非空字符	(\S)
27	\d	匹配任意数字，等价于[0-9]	(\d)
28	\D	匹配任意非数字	(\D)
29	\A	匹配字符串开始	\Agood
30	\Z	匹配字符串结束，如果存在换行，则只匹配到换行前的结束字符串	good\Z
31	\z	匹配字符串结束	Good\z
32	\G	匹配最后匹配完成的位置	Good\G
33	\b	匹配一个单词边界，也就是指单词和空格间的位置	Good \b and\b
34	\B	匹配非单词边界	T\B
35	\n,	匹配一个换行符	Bird\n
36	\1...\9	匹配第n个分组的内容	\1abc
37	\t	匹配一个制表符	Bird\t

后记

　　经过一年多的辛苦和努力，"五个臭皮匠"终于完成了本书的编写。这本书凝聚了各位作者的智慧和经验，也发挥出了各自的优势。我确定了图书的读者定位和编写风格，并对图书的整体质量进行把关，还引入了可爱的角色——三酷猫；车紫辉老师主导了整个编写的过程，并与李爱华老师贡献了丰富的教学经验；阚伟老师和姜斌老师为本书分享了Java实战经验与项目代码。

　　希望通过本书的学习，读者能够具备一定的项目开发能力，能够达到软件工程师的初级开发水平，为后续深入学习Java技术奠定基础。

　　通过对本书内容的学习，读者不但可以掌握Java的基础知识，而且可以了解Java开发涉及的后端框架、前端技术和数据库等专题知识。这些知识比较庞杂，都可以独立成书。如果读者想成为一名高级软件工程师或系统架构师，甚至资深专家，则需要进行更深入的学习。

刘瑜

于天津